JN279821

阿部龍蔵・川村 清 監修

裳華房テキストシリーズ−物理学

量 子 力 学

東京大学教授
理学博士

小形 正男 著

裳華房

Quantum Mechanics

by

Masao Ogata, Dr. Sc.

SHOKABO

TOKYO

編 集 趣 旨

「裳華房テキストシリーズ－物理学」の刊行にあたり，編集委員としてその編集趣旨について概観しておこう．ここ数年来，大学の設置基準の大綱化にともなって，教養部解体による基礎教育の見直しや大学教育全体の再構築が行われ，大学の授業も半期制をとるところが増えてきた．このような事態と直接関係はないかも知れないが，選択科目の自由化により，学生にとってむずかしい内容の物理学はとかく嫌われる傾向にある．特に，高等学校の物理ではこの傾向が強く，物理を十分履修しなかった学生が大学に入学した際の物理教育は各大学における重大な課題となっている．

裳華房では古くから，その時代にふさわしい物理学の教科書を企画・出版してきたが，従来の厚くてがっちりとした教科書は敬遠される傾向にあり，"半期用のコンパクトでやさしい教科書を"との声を多くの先生方から聞くようになった．

そこでこの時代の要請に応えるべく，ここに新しい教科書シリーズを刊行する運びとなった．本シリーズは 18 巻の教科書から構成されるが，それぞれその分野にふさわしい著者に執筆をお願いした．本シリーズでは原則的に大学理工系の学生を対象としたが，半期の授業で無理なく消化できることを第一に考え，各巻は理解しやすくコンパクトにまとめられている．ただ，量子力学と物性物理学の分野は例外で半期用のものと通年用のものとの両者を準備した．また，最近の傾向に合わせ，記述は極力平易を旨とし，図もなるべくヴィジュアルに表現されるよう努めた．

このシリーズは，半期という限られた授業時間においても学生が物理学の各分野の基礎を体系的に学べることを目指している．物理学の基礎ともいうべき力学，電磁気学，熱力学のいわば 3 つの根から出発し，物理数学，基礎

量子力学などの幹を経て，物性物理学，素粒子物理学などの枝ともいうべき専門分野に到達しうるようシリーズの内容を工夫した．シリーズ中の各巻の関係については付図のようなチャートにまとめてみたが，ここで下の方ほどより基礎的な分野を表している．もっとも，何が基礎的であるかは読者個人の興味によるもので，そのような点でこのチャートは一つの例であるとご理解願えれば幸いである．系統的に物理学の勉学をする際，本シリーズの各巻が読者の一助となれば編集委員にとって望外の喜びである．

阿部龍蔵，川村　清

原子核物理学
固体物理学
物性物理学
量子光学
非線形物理学
素粒子物理学
非平衡統計力学

現代物理学
量子力学
基礎量子力学
相対性理論
解析力学
物理数学

振動・波動
力学
電磁気学
統計力学
熱力学

はしがき

　物理学を学ぶ人たちにとって量子力学は"あこがれ"の科目であるが，実際に授業が始まってみると，さっぱりわからないという場合も多いと思う．その理由は，力学や電磁気学などの日常生活の常識が通用しなくて実感がわきづらい上に，数学がややこしいからである．いきなり「粒子は波でもある」と言われても困るのである．

　量子力学を学ぶコツは，いろいろ疑問を抱えつつも，とにかく問題が解けて，量子力学の奥深い理論が実験と非常によく合うのだ，という感動を味わうということではないかと思う．数式と，その式が意味する奇妙な現象について慣れてくれば，初めの疑問に対する解答も得られてくると思う．しかし最終的には，各自の説明の仕方で納得して，量子力学的感覚を掴むしかないようである．

　筆者も，大学生のとき初めて量子力学を学んだときに，わからなくて苦しんだ想い出がある．しまいには，夢の中で自分が波動関数になっているという事態にまで進んだこともある．眠っている間は波動関数は広がっているのだが，目が醒める瞬間に私である波動関数は収縮しなければならないのだ（考えてみれば恐ろしいことである）．眠っている間は，早く観測されて収縮しなければ，と焦っているという一種の悪夢であった．

　それはさておき，本書は，なるべく基本的な事柄を詳しく説明するという方針で書いたつもりである．読者が疑問をもつようなところで筆者もわからないところは，「わからない」と書いてある．

　また，通常の教科書では数学公式集を参考にして，数行で説明してしまうところを，いろいろと寄り道しながら解いたところも多い．特に量子力学で使われる数学的手法が，19世紀以前の微分方程式論で準備されていたとい

うことは全く不思議な気がする．これらのことが，複雑な数学の海に埋没することなく楽しんで頂ければ幸いである．

本書では，式の複雑さに幻惑されないように，前半はほとんど1次元シュレーディンガー方程式についてのみに限定している．つまり，変数はほとんどの場合 x と t だけで表した．例えば，1次元ポテンシャルでの反射，透過，束縛状態，トンネル効果（第2章），調和振動子（第3章），波の重ね合わせによる波束（第4章）などである．これは1次元での問題がよく理解できれば，量子力学の重要な点が理解できるだろうと思ったからである．それでも，式はまだ少し複雑であるが，物理的な理解の方にエネルギーを費せるようにしたつもりである．

1次元の場合について物理的な理解が進んだ後で，後半では3次元の問題を扱うようになっている．そこでは，角運動量（第6, 8章）とか水素原子（第7章）とかスピン（第9章）など量子力学特有の美しい構造が出てくる．実は，数学による精神的バリアーを乗り越えてしまえば，後半の方が楽なのではないかという気がする．

1次元と3次元のちょうど中間の第5章で，量子力学の数学的な部分を含めた定式化を説明することにした．これは通常の量子力学の教科書に比べれば少し後ろの方で出てくる．1次元で量子力学に慣れたところで，量子力学の基礎付けをしておこうという意味であるが，難しければ最初は第5章を読み飛ばしておいて，後で必要となったときに戻って来ればよいと思う．第11章も，量子力学の定式化に近いものである．

また，数学的手法に関して，つまづきそうな合成関数の偏微分，波動関数の境界条件の取扱い方，変数変換のココロなどについても所々でなるべく丁寧に説明するようにした．

本書の分量としては，だいたい大学の講義での2学期分（1年間）を想定している．ただし，素早く進めば1学期半くらいで終わってしまうだろう．その場合は，演習問題などを解いて，自分で実際に計算できるという喜びを

味わって頂きたい．演習問題は大体が本文の補助のためのものであるが，問題番号に＊が付いている問題は，範囲を超えて難しいものである．元気のある読者は，ぜひ挑戦してみてほしい．

　本書は非常に基本的なことだけに絞ったので，説明の足りない部分，さらにもっと数学的に奥深い部分については，別の然るべき詳しい教科書を参照して頂きたい．また，量子力学は本書だけで終わるものではなく，他の近似法，散乱問題，磁場中の電子，第2量子化，多体系，経路積分の方法，分子や固体への応用など，各自の興味に従って先の教科書を勉強して頂きたい．

　最後になりましたが，原稿を丁寧に読んで下さり，難しい部分を簡明にするよう強力に指導して下さった裳華房編集部の小野達也氏，石黒浩之氏に大変感謝致します．また原稿の最後の段階で，非常に多くの適切なコメントをして下さった伏屋雄紀氏に厚くお礼申し上げます．また本書を書く間，精神的支えとなった妻 智子，子供2人に感謝します．最後に，本書を両親へのささやかな恩返しとしたいと思います．

2007年10月　本郷にて

小　形　正　男

目　　次

1. 量子力学的世界観

§1.1　特徴的な実験事実 ・・・・・2
§1.2　電子の干渉 ・・・・・・・5
§1.3　波動を記述する方程式 ・・9
§1.4　シュレーディンガー方程式と
　　　その性質 ・・・・・・13
§1.5　固有値問題としてのシュレー
　　　ディンガー方程式 ・・・18
§1.6　演算子 ・・・・・・・・20
演習問題 ・・・・・・・・・・23

2. 平　面　波

§2.1　平面波の性質 ・・・・・・26
§2.2　壁による反射 ・・・・・・30
§2.3　透過波 ・・・・・・・・・38
§2.4　井戸型ポテンシャル ・・・41
§2.5　δ関数ポテンシャル ・・・47
§2.6　トンネル効果 ・・・・・49
演習問題 ・・・・・・・・・・52

3. 調 和 振 動 子

§3.1　調和振動子のシュレーディン
　　　ガー方程式 ・・・・・・54
§3.2　エルミート多項式 ・・・57
§3.3　調和振動子の波動関数の性質
　　　・・・・・・・・・・・62
§3.4　波動関数の直交性 ・・・68
演習問題 ・・・・・・・・・・69

4. 波　　束

§4.1　典型的な波束と不確定性関係
　　　・・・・・・・・・・・72
§4.2　波束の時間発展 ・・・・78
§4.3　エーレンフェストの定理 ・81
演習問題 ・・・・・・・・・・84

5. 量子力学の基礎づけ

§5.1 量子力学の基本的な前提 ・86
§5.2 物理量の期待値と交換関係 93
§5.3 エルミート演算子 ・・・96
§5.4 時間発展・・・・・・・102
§5.5 波動関数のいくつかの一般的
　　　性質・・・・・・・・・104
演習問題・・・・・・・・・・105

6. 3次元のシュレーディンガー方程式

§6.1 ラプラシアン・・・・・108
§6.2 角運動量演算子・・・・113
§6.3 球面調和関数・・・・・115
§6.4 ルジャンドル多項式・・・120
§6.5 電子の軌道・・・・・・124
演習問題・・・・・・・・・・128

7. 水素原子の波動関数

§7.1 動径方向の波動関数の一般的
　　　な性質・・・・・・・130
§7.2 クーロンポテンシャル中の
　　　動径方向の波動関数・・134
§7.3 基底状態での不確定性関係 144
§7.4 3次元井戸型ポテンシャル 145
演習問題・・・・・・・・・・146

8. 角運動量の代数

§8.1 角運動量の交換関係・・・148
§8.2 同時対角化・・・・・・151
§8.3 昇降演算子・・・・・・153
§8.4 角運動量演算子の行列表示 157
§8.5 角運動量の一般化・・・159
演習問題・・・・・・・・・・163

9. スピン

§9.1 スピン演算子とスピンの状態
　　　・・・・・・・・・・166
§9.2 傾いたスピンの状態・・・172
§9.3 ラーモア歳差運動・・・176

§9.4　角運動量やスピンの合成 ・179　│　演習問題・・・・・・・・187

10. 摂動論

§10.1　摂動の考え方 ・・・・・189
§10.2　時間に依存しない摂動論　190
§10.3　縮退のある場合
　　　　——永年方程式——・・・196
§10.4　時間に依存する場合の摂動
・・・・・・・・・・・199
§10.5　遷移確率とフェルミの黄金則
・・・・・・・・・・・201
演習問題・・・・・・・・・・206

11. 対称性と保存則

§11.1　物理学における対称性 ・208
§11.2　並進対称性と運動量保存則
・・・・・・・・・・・209
§11.3　回転対称性と角運動量 ・214
§11.4　パリティと選択則 ・・・221
演習問題・・・・・・・・・・222

付録A　特殊関数と直交多項式の公式集

1. エルミート多項式 ・・・・226
2. ルジャンドル多項式 ・・・227
3. ラゲール多項式 ・・・・・228

付録B　平面波展開と δ 関数

1. 正規直交性と完全性 ・・・231
2. フーリエ変換 ・・・・・・231
3. k の和と積分の変換公式 ・・233
4. δ 関数 ・・・・・・・・233
5. 平面波の規格化と直交性 ・・236
6. クロネッカーの δ と δ 関数の関係 ・・・・・・・・・237
7. δ 関数の公式 ・・・・・・237
8. 運動量の確率分布 ・・・・238

付録C　一般の角運動量の合成

xii　目　次

演習問題略解 ・・・・・・・・・・・・・・・・・・・・・・・244
索　引 ・・・・・・・・・・・・・・・・・・・・・・・・・・268

コ ラ ム

ギリシャ文字 ・・・・・・・・・・・・・・・・・・・・24
いろいろな調和振動子 ・・・・・・・・・・・・・・・・71
量子力学を超えて ・・・・・・・・・・・・・・・・・・107
ディラックの陽電子の海 ・・・・・・・・・・・・・・・129
気体原子や気体分子は剛体球？ ・・・・・・・・・・・・147
フェルミ粒子とボース粒子 ・・・・・・・・・・・・・・164
量子情報 ・・・・・・・・・・・・・・・・・・・・・・188
ニュートリノとクォーク ・・・・・・・・・・・・・・・219
鏡の世界 ・・・・・・・・・・・・・・・・・・・・・・223

1 量子力学的世界観

20世紀は量子力学とともに歩んできた．量子力学によって原子内部の状態が明らかになったし，物質の性質もミクロなレベルで調べて理解できるようになった．さらに，電子をコントロールすることもできるようになり，現在のコンピュータ等の技術を支えているのは量子力学を基礎にしたテクノロジーであるといえる．

また，このような技術的なことだけではなく，量子力学は19世紀においてゆるぎない体系として考えられていたニュートン以来の古典力学を根底からゆさぶり，まったく新しい世界観を我々に提供した．つまり，粒子の位置と運動量が同時には決まらないこと（不確定性原理）や，粒子が状況によっては波のように振舞うこと，また逆に，波であると考えられていた光や電磁波も粒子のように振舞うことがあるということが明らかにされたのである．

不確定性原理は，古典力学における決定論的な世界観が少なくともミクロな世界においては成り立っておらず，理由はわからないが，確率論的な解釈に基づく量子力学を認めなければミクロなレベルでの現象を説明することができないということを意味している．例えば，電子の位置は測定するまではどこにいるか決定できないが，ひとたび測定すれば，ある数学的な1点に存在していることになる．しかし，この測定において運動量を同時に決定することはできないので，次の瞬間に電子を測定したときにどこに現れるかは確率的にしかわからないことになる．このため，古典力学で最も基本的な"粒子の軌道"という概念はなくなり，微分による速度の定義というものも不可能になった．こうして，古典力学の世界観，つまり決定論的な力学系の概念は崩れ去ったのである．これは哲学の領域に対しても多大な影響を与えた．

量子力学の体系は，古典力学のような実感がわきづらいものである．数式と，その式の意味する奇妙な現象について慣れた上で，量子力学の感覚をつかむしかないようである．本書では，基本的な例を基にして我々の常識が通用しない量子

力学の世界を少しずつ理解していくことにしよう．

§1.1　特徴的な実験事実

20世紀が始まる頃，原子などのミクロな現象を理解するためにはニュートンによる古典力学やマクスウェルの電磁気学では不十分であることが次第に明らかになってきていた．ここでは，そのいくつかの典型的な実験事実を挙げてみよう．

（1）　古典力学と電磁気学を組み合わせて調べると，原子核の周りを回っている電子はマクスウェル方程式に従って電磁波を放出することになる．その結果，電子はエネルギーを失い，中心の原子核に落ち込んでしまうという結論が得られる．したがって，古典力学の範囲内では，原子は不安定である．しかし現実には，原子の状態は非常に安定である．

（2）　原子の中の電子にエネルギーを与えると高いエネルギー状態に移行するが，その後に光という形でエネルギーを放出して，違うエネルギーの状態に移る．このとき放出される光の波長を測定したものが原子のスペクトルであるが，これが非常にシャープでとびとびの（**離散的**という）値しかもたないということが実験からわかる．もし電子が古典力学に従って運動しているならば，電子はいろいろなエネルギーの値をもてるはずであり，その結果得られるスペクトルは連続的なものになるはずである．

（3）　**光電効果**：　物質に光（X線など）を当てると，物質中の電子は光からエネルギーを受けとって飛び出してくることがある．実験で調べると，飛び出してくる電子がもつエネルギーは，光の強さによらず波長だけによっていることがわかる．また，飛び出す電子の個数は光の強さに比例する．一方，マクスウェルの電磁気学によれば，光は電

磁波の一種でありエネルギーは振幅の2乗に比例するので，光電効果の実験を説明することができない．アインシュタイン（Einstein）は，光が波長に関係したエネルギーをもつ"粒子"として振舞うとすると，実験が説明できることを示した．

（4） **プランクの輻射式**： 物体は高温になると光り出すが，このときの光の強度を波長ごとに測定することができる．これを**強度分布**という．この分布は統計力学を用いて計算することができるが，実験と合う強度分布を理論的に再現するためには，電磁波（光）のもつエネルギーが

$$E = h\nu = \hbar\omega \tag{1.1}$$

の整数倍でなければならないということがプランク（Planck）によって示された．ここで ν は光の周波数，$\omega = 2\pi\nu$ は光の角振動数である．また，$h = 2\pi\hbar$ であり，h は**プランク定数**とよばれる．（$h = 6.63 \times 10^{-34}$ [J・sec] であるが，以下では $\hbar = 1.05 \times 10^{-34}$ [J・sec] を頻繁に使う．）このように，光のもつエネルギーが離散的な値になることを，**エネルギーの量子化**という．

上記（3）と（4）は，光が波（電磁波）であるとともに，$\hbar\omega$ というエネルギーをもつ粒子のようにも振舞うということを意味している．これらの実験事実を元に，ド・ブロイ（de Broglie）は電子についても粒子性と波動性という**両面性**があるのではないかと考えた．もし電子が波の性質をもてば，電子を結晶に当てたときに光の回折現象と同じような現象が起こるはずである．つまり，結晶中の原子間隔と電子の"波長"との関係で，ある特定の角度への散乱が強くなるということが起こるはずである．このド・ブロイの予測の後に実験が行なわれ，実際に回折現象が見られた．つまり，実験事実としてまとめて書くと，次の（5）のようになる．

（5） 電子を結晶に当てると回折現象が起こる．このことは，物質（粒子）も波の性質をもつということを意味する．この物質波を**ド・ブロイ波**という．実験から得られた運動量 p と波の波長 λ および波の波数 k との関係は

$$p = \frac{h}{\lambda} = \hbar k \tag{1.2}$$

である．ただし，波数 k と波長 λ は $k \equiv 2\pi/\lambda$ の関係で結ばれている．(1.2) の関係式には，(1.1) と同じプランク定数 h と $\hbar$ が現れ，E と ω との間の関係が，p と k との間の関係と全く同じ形になっていることがわかる．これは自然界の美しい対称性の一つの現れであるといえる．

例題 1.1

電子が 1 V の電圧で加速されたときの，ド・ブロイ波長を求めよ．

[解] 電子の電荷は 1.60×10^{-19} C で，1 V の電圧で 1.60×10^{-19} J のエネルギーを受けとる．このときの運動量 p は $E = p^2/2m$ の関係から

$$p = \sqrt{2mE}$$
$$= \sqrt{2 \times 9.11 \times 10^{-31} \, [\text{kg}] \times 1.60 \times 10^{-19} \, [\text{J}]}$$
$$\fallingdotseq 5.40 \times 10^{-25} \, [\text{kg·m/sec}]$$

となる（電子の質量などは見返しを参照）．したがって，ド・ブロイ波長 λ は

$$\lambda = \frac{h}{p}$$
$$= \frac{6.63 \times 10^{-34} \, [\text{J·sec}]}{5.40 \times 10^{-25} \, [\text{kg·m/sec}]}$$
$$\fallingdotseq 1.23 \times 10^{-9} \, [\text{m}] = 12.3 \, [\text{Å}]$$

となる．

§1.2　電子の干渉

さて，もし電子が波であるとすると，光と同じように二重スリットを通過した後に波の**干渉効果**が見られるはずである．例えば，図1.1のような二重スリットの実験を行なうことを考えてみよう．

まず，電子を1つずつ飛ばす．この電子はスリットのどちらを通ったかわからないが，スクリーン上のどこかの位置に到達する．この実験をくり返すと，スクリーン上のいろいろな位置に到達した電子の数の分布が得られる．この分布が図1.1のように干渉縞を示すと予想される．

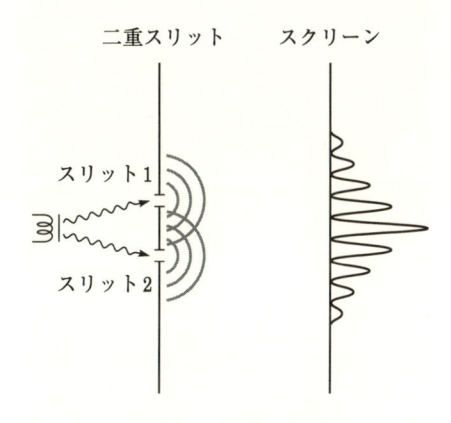

図1.1 電子の干渉

実際，最近の電子線の実験によって，このような干渉縞が観測されている．図1.2は外村彰氏の見事な実験である．この装置は，高い電圧をかけて電子源（陰極）から電子を1つずつ放出し，検出器によって電子の到達した位置を記録するというものである．図の中央の電極にはプラスの電圧がかかっているので，電子は中心方向に曲げられる．このような実験装置を使って電子が到達した位置を集めて示したものが図1.2の写真である．写真aやbのように電子の数が少ないときはわからないが，写真dやeのように電子の数が増えてくると，光と同じような干渉縞がきれいに観測される．これは電子が波として電極の両側を通過し，その結果，干渉が生じたということを示している．

一方，電子は干渉を示すと同時に粒子的な側面ももつ．そのため，図1.1の二重スリットの場合，電子はスリット1か2のどちらかを通ってスクリーンに達したと考えられる．もし電子がスリット1を通ったとすると，その場

6   1. 量子力学的世界観

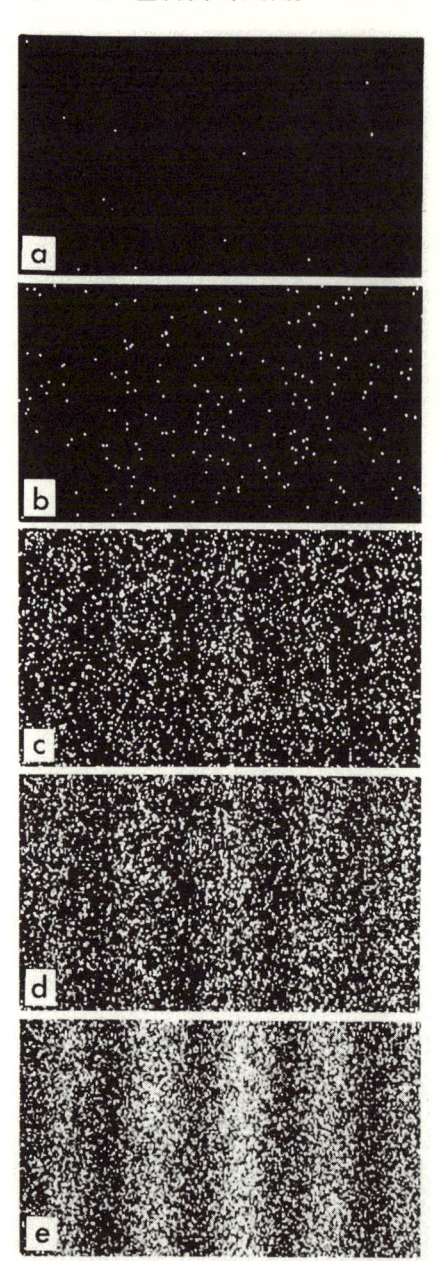

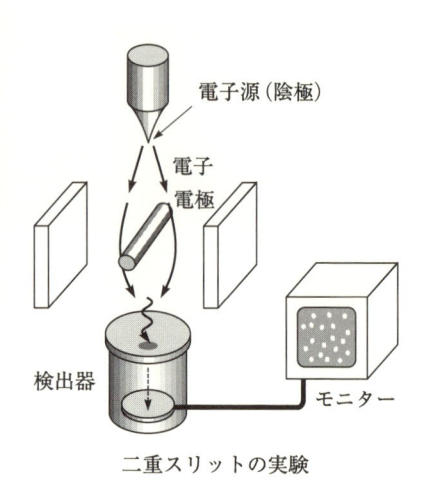

図1.2 電子顕微鏡による電子の二重スリット干渉実験．電子源から放出された電子は，2つのスリットを通過して，位置の分解能のよい検出器に1個ずつ間隔をおいてやってくる．こうして得られた検出器上の電子の位置を示したものが左側の写真a-eである．aからeへ時間の経過とともに検出された電子の数は増えていっている．この干渉縞は1個の電子の量子力学的な干渉による．
（日立製作所基礎研究所 外村 彰 博士 提供）

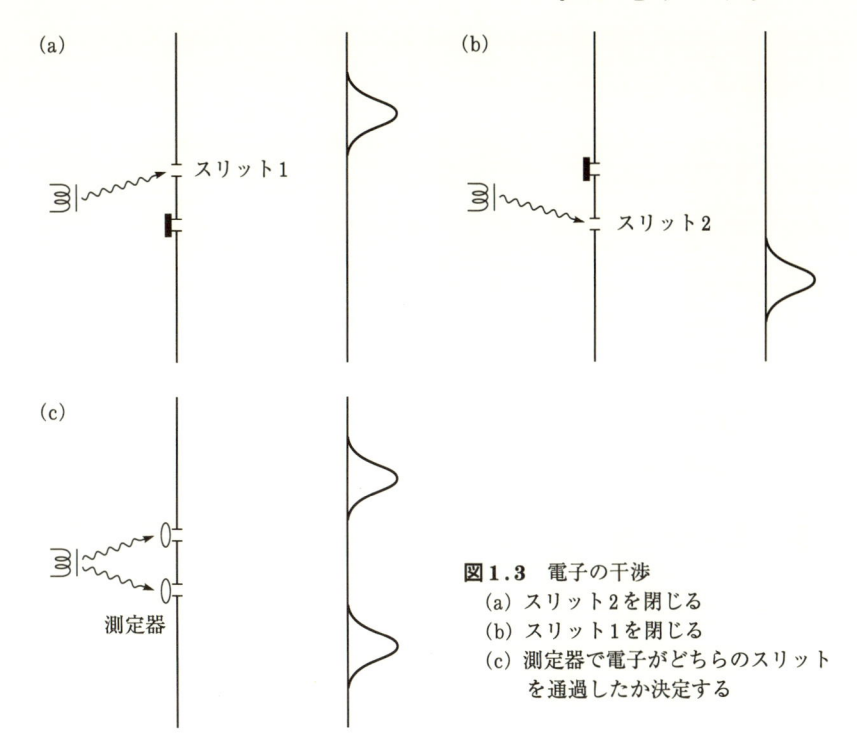

図 1.3 電子の干渉
 (a) スリット 2 を閉じる
 (b) スリット 1 を閉じる
 (c) 測定器で電子がどちらのスリットを通過したか決定する

合の分布は図 1.3(a) のようになると考えられる．一方，電子がスリット 2 を通ったとすると図 1.3(b) のようになる．この両者を単純に足し合わせると，全体では図 1.3(c) のような分布になってしまうので，明らかに図 1.1 の干渉縞の結果と異なる．干渉縞が起こることと，電子は粒子なのでどちらかのスリットを通過したはずだという 2 つのことは，どのように折り合いをつければよいのであろうか．

ここに観測の問題が生じてくる．図 1.3(c) のように，スリット 1 と 2 に測定器を取り付けて，1 つの電子がどちらのスリットを通過したかを毎回決めたとする．このように実験をくり返して数分布を調べると，確かにスリット 1 を通った場合の分布 1.3(a) とスリット 2 を通った場合の図 1.3(b) との足し合わせとなり，結果として図 1.3(c) のようになると考えられる．

8　1. 量子力学的世界観

一方，スリット1，2に取り付けた測定器を"停止"して実験をすると，図1.1の像が得られるのである．

このように，スリットの位置での測定の有無によって結果は大きく変わるのである！　この現象は，ミクロの世界では測定そのものが系の状態を大きく撹乱してしまうので結果が変わるのだ，と解釈されている．

不確定性原理

電子の位置座標を正確に測ろうとすると，運動量の方が不確定になってしまい，逆に電子の運動量を正確に測ろうとすると，位置が不確定になる．これを**不確定性原理**という．このことは，図1.4のような空間に局在した波束というものを考えると少しはっきりしてくるのだが，これについては第4章で述べる．

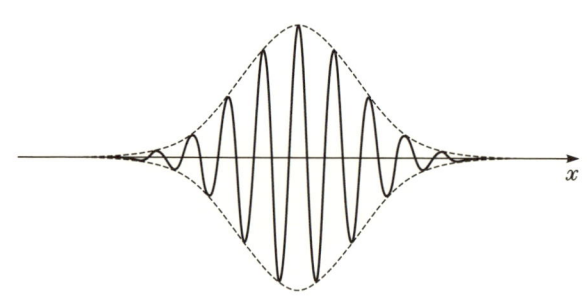

図1.4　波束

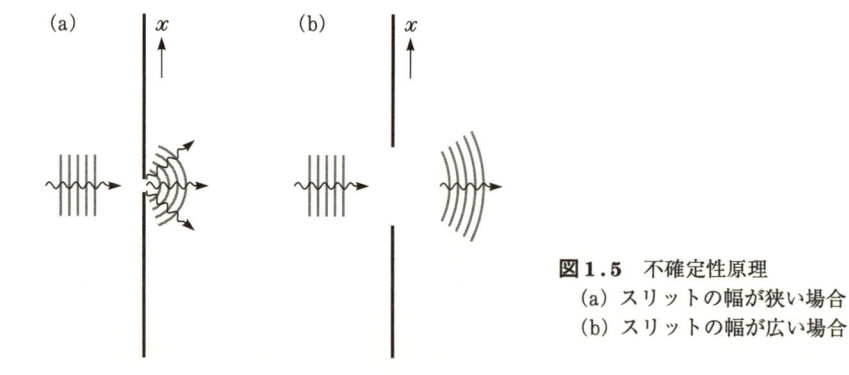

図1.5　不確定性原理
　(a) スリットの幅が狭い場合
　(b) スリットの幅が広い場合

上記のスリットの場合を用いて，不確定性についてもう少し考えてみよう．図1.5(a)のようにスリットの幅を狭くして電子の位置座標xを正確に測ろうとすると，スリット通過後の波としての回折現象が大きくなって，x軸方向の波数ひいてはx軸方向の運動量が不確定となる．一方，図1.5(b)のようにスリットの幅を広くしておくと，電子の運動量は正確になるが，位置座標xはスリットの幅の不確定性をもつようになる．

　ところで，素粒子の発見に貢献したのはウィルソンの霧箱であるが，この霧箱では素粒子が飛んだ軌跡が記録される．さらに，磁場による軌道の円運動から運動量も決定するということを行なっている．これは，位置と運動量が同時に決まらないという不確定性原理に反しないだろうか？　実はこのような測定が可能なのは，ウィルソンの霧箱での位置座標の精度が低いからである．もし位置座標の測定精度を高めると，粒子に対する撹乱が大きくなり，その結果として，運動量の不確定性は増す．したがって，次にどの位置に粒子が見出されるかという不確定性が増すのである．

§1.3　波動を記述する方程式

　さて，いよいよこの節では電子などの粒子を波として記述する方程式を考えてみよう．このためには，「振動・波動」で学ぶ波動方程式が参考になると思われるので，これから考えてみることにする．

　弦の振動などを記述するためには，時刻t，座標xにおける変位を，関数$u(x,t)$と表せばよかった．さらに，運動を記述するためには，ニュートンの運動方程式に代わる方程式が必要で，それは

$$\frac{\partial^2}{\partial t^2}u(x,t) = v^2 \frac{\partial^2}{\partial x^2}u(x,t) \tag{1.3}$$

の形をしている．これを**波動方程式**とよぶ．ここでvは波の速さを表す．この方程式の解のうち，x軸の正の方向へ進む波は

$$u(x,t) = A\cos(kx - \omega t) \tag{1.4}$$

と表される（拙著：本シリーズの「振動・波動」を参照）．ここで A は波の振幅，k は波数，ω は角振動数である．

まず，この式が波動方程式 (1.3) を満たすことを確認しよう．実際に (1.4) を時間 t で1回偏微分すると，

$$\frac{\partial}{\partial t}u(x,t) = A\omega \sin(kx - \omega t) \tag{1.5}$$

となる．この微分は (1.4) の $u(x,t)$ を合成関数 $U(f(x,t)) = A\cos f(x,t)$，$f(x,t) = kx - \omega t$ であると見なして，合成関数の微分の公式

$$\frac{\partial}{\partial t}u(x,t) = \frac{\partial f(x,t)}{\partial t}\frac{dU(f)}{df}$$

$$\frac{\partial}{\partial t}f(x,t) = -\omega, \qquad \frac{d}{df}U(f) = -A\sin f$$

を用いればよい．さらに，もう1回 (1.5) を t で偏微分すると

$$\frac{\partial^2}{\partial t^2}u(x,t) = -A\omega^2 \cos(kx - \omega t)$$

となる．この式の右辺は，元の関数 $u(x,t)$ を用いて

$$\frac{\partial^2}{\partial t^2}u(x,t) = -\omega^2 u(x,t) \tag{1.6}$$

と表すことができる．

例題1.2

同様に，$u(x,t)$ の x についての1階偏微分と2階偏微分を求めよ．

[解] 1階偏微分は $(\partial f/\partial x)(dU/df)$ であるが $\partial f/\partial x = k$ を用いれば

$$\frac{\partial}{\partial x}u(x,t) = -Ak\sin(kx - \omega t)$$

であることがわかる．これをもう1回 x で偏微分すると，再び係数に k がついて

$$\frac{\partial^2}{\partial x^2}u(x,t) = -Ak^2\cos(kx - \omega t) = -k^2 u(x,t) \tag{1.7}$$

となる．

§1.3 波動を記述する方程式　11

以上のように得られた (1.6) と (1.7) を，波動方程式 (1.3) に代入して調べると

$$\omega^2 = v^2 k^2 \qquad (1.8)$$

となっていれば，(1.4) の $u(x,t)$ が波動方程式の解であることがわかる．

自由粒子の波動方程式

さて，ポテンシャルエネルギーがゼロの空間を等速度で進んでいる質量 m の電子を考えよう（これを**自由粒子**ともいう）．この電子の状態を波として表すにはどのように考えたらよいであろうか．まず (1.2) のように，波の波数 k は，粒子としての電子の運動量 p と $p = \hbar k$ という関係で結び付いているとする．さらに波の角振動数 ω についても，光に対する関係式 (1.1) の $E = \hbar\omega$ が，電子などの粒子に対しても成り立っていると仮定しよう．

試しに，電子の従う方程式が (1.3) の波動方程式と全く同じ形のものであるとしてみよう．そうすると，前節と同じ議論によって (1.8) の関係式を満たさなければならなくなる．しかし，$E = \hbar\omega$, $p = \hbar k$ という関係を考慮すると，(1.8) は $E^2 = v^2 p^2$ となってしまい，古典力学でのエネルギー $E = p^2/2m$ と一致しない．量子力学において，自由粒子のエネルギー $E = p^2/2m$ までも否定してしまうのは逸脱し過ぎだと考えられるので，方程式の方を工夫することにしよう．

そこで，成立させたい $E = p^2/2m$ という関係式に，$E = \hbar\omega$, $p = \hbar k$ を代入してみると，

$$\hbar\omega = \frac{\hbar^2 k^2}{2m} \qquad (1.9)$$

となるので，この関係式が成り立てば $E = p^2/2m$ も成り立つことがわかる．そこで，(1.9) が成り立つような偏微分方程式をつくることにする．

まず，(1.9) の右辺の形を得るには，求めたい偏微分方程式の右辺を

$$-\frac{\hbar^2}{2m}\frac{\partial^2}{\partial x^2}u(x,t)$$

とすればよい．実際，(1.7) で示したように，$u(x,t)$ を x で 2 回偏微分すれば $-k^2$ が係数に現れるので (1.9) の右辺の形が得られる．問題は (1.9) の左辺の $\hbar\omega$ であるが，(1.5) のように t で 1 回偏微分すれば ω が係数に現れるので，偏微分 $\partial/\partial t$ を用いればよいということに気付く．しかし，(1.5) の計算からわかるように，$u(x,t)$ を t で 1 回偏微分すると cos 関数ではなく sin 関数になってしまう．一方，右辺として想定した x で 2 回偏微分する方は cos 関数に戻っているので，両者がうまくかみ合わない．

この問題を解決するには，$u(x,t) = A\cos(kx-\omega t)$ という関数形をあきらめて，

$$\Psi(x,t) = Ae^{i(kx-\omega t)} \tag{1.10}$$

という関数形を考えればよい．電子の状態を表すので，気持ちを新たにして $\Psi(x,t)$（ψ（プサイ）の大文字）と書くことにする．(1.10) に現れる虚数の付いた指数関数は cos，sin の関数と，**オイラーの関係式**

$$e^{i\theta} = \cos\theta + i\sin\theta \tag{1.11}$$

で結ばれている．ここで θ は任意の変数である．

(1.10) の $\Psi(x,t)$ を時間 t で 1 回偏微分すると，

$$\frac{\partial}{\partial t}Ae^{i(kx-\omega t)} = -i\omega Ae^{i(kx-\omega t)} = -i\omega\Psi(x,t) \tag{1.12}$$

となる．この計算では (1.5) の場合と同じように合成関数の微分の公式を用いている．いまの場合，$de^f/df = e^f$ であるということと，$f(x,t) = i(kx-\omega t)$ なので，$\partial f(x,t)/\partial t = -i\omega$ となることを用いた．

さて，(1.12) からわかるように，$\hbar\omega$ が係数に現れるためには，求めたい偏微分方程式の左辺を

$$i\hbar\frac{\partial}{\partial t}\Psi(x,t)$$

とすればよい．結局，

$$i\hbar\frac{\partial}{\partial t}\Psi(x,t) = -\frac{\hbar^2}{2m}\frac{\partial^2}{\partial x^2}\Psi(x,t) \tag{1.13}$$

という方程式を考えれば，$\hbar\omega = \hbar^2k^2/2m$ という (1.9) の関係が成立し，自由粒子のエネルギーが $E = p^2/2m$ となることがわかる．($\Psi(x,t) = Ae^{i(kx-\omega t)}$ を x で 2 回偏微分すると，$\cos(kx-\omega t)$ のときと同じように $-k^2$ が付くことは容易にわかる．)

こうして得られた偏微分方程式 (1.13) を，(自由粒子に対する) **シュレーディンガー (Schrödinger) 方程式** という．また，電子の波としての性質を表す関数 $\Psi(x,t)$ を **波動関数** という．(1.13) の左辺に虚数が現れていることからわかるように，実数関数が解になることはあり得ない．つまり，自由粒子を記述するには，$\Psi(x,t)$ は複素数の関数でなければならない．以下で順次わかっていくように，波動関数が複素数であるということも量子力学の重要な点の一つである．

(1.10) のような虚数の付いた指数関数は「振動・波動」においても用いた．しかし「振動・波動」の場合には，単に方程式の解を得るための数学的なテクニックとして用いていたという傾向がある．これに対して量子力学では，cos 関数や sin 関数ではなく，(1.10) の複素数の指数関数こそが自由粒子を表す波動関数となっているのである．

§1.4　シュレーディンガー方程式とその性質

(1.13) では自由粒子を記述するシュレーディンガー方程式を構築したが，一般的には，ポテンシャルエネルギー $V(x)$ 中の粒子の運動を記述したい．「力学」で学ぶように，ポテンシャルの中を運動する粒子の全エネルギー E は，運動エネルギー $p^2/2m$ とポテンシャルエネルギー $V(x)$ の和

$$E = \frac{p^2}{2m} + V(x) \tag{1.14}$$

で与えられる．これに対応して，量子力学でも運動エネルギー $p^2/2m = \hbar^2 k^2/2m$ にポテンシャルエネルギー $V(x)$ を足せばよいと考えて，(1.13) を

$$i\hbar \frac{\partial}{\partial t} \Psi(x,t) = \left\{ -\frac{\hbar^2}{2m} \frac{\partial^2}{\partial x^2} + V(x) \right\} \Psi(x,t) \quad (1.15)$$

のように変更することにしよう．これがポテンシャル $V(x)$ 中での一般的なシュレーディンガー方程式である．(以下では，$V(x)$ を単にポテンシャルとよぶ．)

対応原理

(1.15) のようにポテンシャル $V(x)$ を単純に足せばよいということは，上の説明だけでは納得できないかもしれない．しかし図 1.4 のような波束の運動を調べると，(1.15) の $V(x)$ の入り方が妥当であることがわかる．実際，波の塊まりである波束がシュレーディンガー方程式 (1.15) に従って運動すると，あたかも古典力学での粒子がポテンシャル $V(x)$ 中で運動しているように見えるのである．(これは第 4 章で示す．) つまり，ある状況下で古典力学的振舞いが再現するように量子力学はつくられているといえる．これを**対応原理**という．

シュレーディンガー方程式 (1.15) の導入に関しては，この対応原理という一応の理屈をつけることができるが，古典力学から (1.15) が導き出されるわけではないことに注意しよう．なぜ波動関数は複素関数なのか，なぜプランク定数 h を 2π で割った $\hbar$ が (1.15) の形で現れなければならないのか，なぜ $\hbar = 1.05 \times 10^{-34}$ [J·s] という値であるのかなどは，わからない．

このように，古典力学から量子力学を導き出すことはできないが，逆に量子力学から出発して仮想的に $\hbar \to 0$ とすることによって古典力学（ニュートン力学）を再現することはできる．このため，$\hbar \to 0$ という極限を**古典極限**という．さらに付け加えると，$\hbar \to 0$ の極限で古典力学を再現するような体系は，何種類でもつくることができる．そのうち，実際のいろいろな実験

§1.4 シュレーディンガー方程式とその性質　15

と一致するものが現在の量子力学の体系である（と信じられている）．$\hbar = 0$ の古典力学から $\hbar$ が有限の量子力学を導き出すことができないということも納得して頂けるであろうか．

現在，シュレーディンガー方程式 (1.15) が正しいと考えられている根拠は，広範な実験事実を再現するということである．19世紀まで古典力学が万能であると考えられていたのと同じような意味で，現在までのところ，すべての実験結果と量子力学との間に矛盾は見つかっていない．特に量子力学が考えられ始めた初期の段階において，水素原子のスペクトルを（相対論的効果を除いて）完璧に再現したことによって，量子力学は確立した．

重ね合わせの原理

シュレーディンガー方程式 (1.15) を認めることにして，以下ではその性質をいくつかみていこう．まず，粒子は波の性質をもち，重ね合わせの原理がはたらくことを確認しよう．実際にシュレーディンガー方程式 (1.15) は線形の偏微分方程式なので，重ね合わせが成立する．例えば $\Psi_1(x,t)$ と $\Psi_2(x,t)$ がシュレーディンガー方程式の解であるとしてみよう．この2つの波動関数から新たに

$$\Psi(x,t) = c_1\Psi_1(x,t) + c_2\Psi_2(x,t) \tag{1.16}$$

をつくり (1.15) に代入してみると，$\Psi(x,t)$ も再びシュレーディンガー方程式の解になっていることがわかる（c_1, c_2 は任意の定数）．(1.16) のような $\Psi(x,t)$ を**解の重ね合わせ**または**線形結合**という．

物理的には，(1.16) の状態 $\Psi(x,t)$ を2つの**状態の重ね合わせ**であるという．この状態の重ね合わせということから，様々な現象が起こるのである．再び図 1.1 の二重スリットの例でいえば，スリット1を通過した波が $\Psi_1(x,t)$，スリット2を通過した波が $\Psi_2(x,t)$ で表されると考えればよい．スクリーンに到達する電子は，(1.16) の重ね合わせの状態 $\Psi(x,t)$ で表される．また図 1.3(c) のようにスリットの位置に測定器を取り付けて実験を行なった場合，スリット1を通過したと確認された電子の波動関数は

1. 量子力学的世界観

$$\Psi(x,t) = c_1 \Psi_1(x,t)$$

と表されることになるのである．

確率解釈

波動関数 $\Psi(x,t)$ は時刻 t において位置 x に粒子が存在する確率と何らかの意味でつながっているはずである．しかし $\Psi(x,t)$ 自身は複素数であるし，たとえ $\Psi(x,t)$ の実部や虚部を取り出したとしてもそれらは正負どちらともなり得るので，確率としては不適当である．そのため，$\Psi(x,t)$ の絶対値の2乗，つまり $|\Psi(x,t)|^2$ が，存在確率を表す量としてふさわしいと予想される．これを**確率解釈**という．$|\Psi(x,t)|^2$ を用いると，(1.16) のような状態の重ね合わせの場合に，波の干渉効果が生じることがわかる（演習問題［3］，［4］）．

この存在確率を表す $|\Psi(x,t)|^2$ という量を，時刻 t，位置 x での**確率密度**という．つまり，ある領域で $|\Psi(x,t)|^2$ を積分して得た値が，その領域で粒子が見出される確率となるということである．また，粒子は全空間のどこかで必ず見つかるはずだから，全空間で確率を積分した結果は1にならなければならない．つまり

$$\int |\Psi(x,t)|^2 \, dx = 1 \tag{1.17}$$

でなければならない．この式のように積分が1となっているとき，波動関数は**規格化**されているという．

ここで注意しておくと，$|\Psi(x,t)|^2$ が空間的に広がっていても，これは1個の粒子が空間的に広がって存在しているという意味ではない．測定を行なうと，粒子はどこか空間の1点で見つかるのだが，その場所が確率的になる，ということを意味しているのである．

位相の自由度

シュレーディンガー方程式 (1.15) は線形の偏微分方程式なので，解の波

動関数 $\Psi(x,t)$ には多少の任意性がある．例えば，1つの解 $\Psi(x,t)$ を C 倍したものも解になるのだが，この係数 C は (1.17) の規格化条件を満たすように決めればよい．このようにして波動関数の係数を決めることを**波動関数の規格化**という．

もう1つの重要な自由度は位相の自由度である．1つの解 $\Psi(x,t)$ に位相因子 $e^{i\theta}$ を掛けた $e^{i\theta}\Psi(x,t)$ もシュレーディンガー方程式を満たす．

例題 1.3

規格化条件 (1.17) を用いても，位相 θ は決定することができないことを示せ．

[解] 規格化条件 (1.17) は
$$|e^{i\theta}\Psi(x,t)|^2 = |e^{i\theta}|^2|\Psi(x,t)|^2 = |\Psi(x,t)|^2$$
の積分となるので，この条件式には位相 θ が現れない．したがって，θ は規格化条件によっても決定することができない．（ここで，$e^{i\theta}$ の複素共役は $e^{-i\theta}$ なので，$|e^{i\theta}|^2 = e^{i\theta} \cdot e^{-i\theta} = e^0 = 1$ となることを用いた．）

後でわかるように，どのような物理量にもこの位相因子は現れない．このことは，「波動関数 $\Psi(x,t)$ の状態と $e^{i\theta}\Psi(x,t)$ の状態は区別できない」ということを意味している．つまり，どちらの状態も同じ状態と見なしてよいということになる．また，このことを利用して，波動関数が得られてから，計算の都合のよいように位相因子 $e^{i\theta}$ を付けてもかまわないということになる．

ただし，位相 θ が時間や空間に依存した $\theta(x,t)$ という関数の場合には，$e^{i\theta(x,t)}\Psi(x,t)$ は $\Psi(x,t)$ と同じシュレーディンガー方程式を満たさない．このような位相の一種にベリー位相というものがあるが，それは現在でも活発に研究されている．

時 間 発 展

シュレーディンガー方程式は波動関数の時間発展を決めている．古典力学では粒子の運動の予測ができたが，量子力学では時刻 t に粒子がどこにいるかを予測することはできない．ただ，未来の確率分布のみを予測することができるというわけである．

量子力学では ある時刻で測定を行なうと，ある確率で物理量が確定する．このため，状態は元とは異なったものとなり，過去の状態へ戻ることはできない．一種の不可逆性が生じるのである．

§1.5　固有値問題としてのシュレーディンガー方程式

さて第2章以下で，シュレーディンガー方程式 (1.15) をいくつかの場合について解くのだが，(1.15) は偏微分方程式なので取扱いが多少やっかいである．しかし，**固有関数**（または**固有状態**）という概念を使うと，もう少し簡単化することができる．

まず，$V(x)=0$ の自由粒子の場合を思い出してみると，(1.15) の右辺は $\hbar^2 k^2/2m$ を与えるということだった．これは粒子のエネルギー E なので，$-(\hbar^2/2m)\partial^2 \Psi(x,t)/\partial x^2 = E\,\Psi(x,t)$ と書ける．そこで，この式を自由粒子でない場合にも拡張して

$$\left\{-\frac{\hbar^2}{2m}\frac{\partial^2}{\partial x^2} + V(x)\right\}\phi(x) = E\,\phi(x) \tag{1.18}$$

という式を考えてみよう．

関数 ϕ（Ψ（プサイ）の小文字）は x だけの関数 $\phi(x)$ とするので，偏微分 $\partial^2/\partial x^2$ は常微分 d^2/dx^2 におきかえてもよい．そうすると，(1.18) は常微分方程式ということになり，非常に解きやすくなる．実際の問題においても，(1.18) の形のものをシュレーディンガー方程式とよんで，これを解く場合も多い．このときの関数 $\phi(x)$ も波動関数とよばれる．

§1.5 固有値問題としてのシュレーディンガー方程式　19

---- 例題 1.4 ----
(1.18) を満たすような解 $\phi(x)$ が得られたとする．このとき，(1.15) の時間 t が入ったシュレーディンガー方程式の解 $\Psi(x,t)$ を求めよ．

[解]　偏微分方程式の解法としてよく使われる変数分離の方法によって

$$\Psi(x,t) = f(t)\,\phi(x) \tag{1.19}$$

とおいてみよう．この関数を (1.15) に代入すると

$$i\hbar \frac{\partial}{\partial t} f(t)\,\phi(x) = \left\{-\frac{\hbar^2}{2m}\frac{\partial^2}{\partial x^2} + V(x)\right\} f(t)\,\phi(x)$$

$$= f(t)\,E\,\phi(x) \tag{1.20}$$

となることがわかる．ここで $\phi(x)$ が (1.18) を満たすことを用いた．さらに，両辺に共通な $\phi(x)$ を消去すると $f(t)$ の満たす方程式は $i\hbar\,\partial f(t)/\partial t = E\,f(t)$ となる．この時間依存性は簡単に解けて

$$f(t) = e^{-\frac{i}{\hbar}Et} \tag{1.21}$$

が得られる．実際には，$f(t)$ には係数として未定定数が残るが，これはいずれにせよ波動関数の規格化条件で決定されるので $f(t)$ には付けなくてもよい．したがって (1.19) に $f(t)$ を戻せば，波動関数は

$$\Psi(x,t) = e^{-\frac{i}{\hbar}Et}\phi(x) \tag{1.22}$$

として得られる．

このように (1.18) のシュレーディンガー方程式を解いて E と $\phi(x)$ が求まれば，最終的な解 $\Psi(x,t)$ はすぐに得られるということになっている．

定常状態

粒子の存在確率は $|\Psi(x,t)|^2$ であるが，$|e^{-\frac{i}{\hbar}Et}|^2 = e^{\frac{i}{\hbar}Et} \cdot e^{-\frac{i}{\hbar}Et} = e^0 = 1$ なので，

$$|\Psi(x,t)|^2 = |\phi(x)|^2 \tag{1.23}$$

となる．この式変形では，一般に $e^{i\theta}$ の複素共役が $e^{-i\theta}$ となることを使った．

(1.23) は，粒子の確率密度が時間によらないということを示している．このため，(1.22) で表される状態を**定常状態**という（定常状態でないものについては演習問題［5］を参照）．

§1.6 演算子

本章の最後に，少し数学的だが量子力学の基礎として非常に重要な演算子の固有値，固有関数というものについて述べておこう．現段階ではまだ重要性がわからないかもしれないが，今後の章で用いることになるので，徐々にこのような概念についても慣れていくとよい．ただし多少抽象的なので，最初は読み飛ばしていただいてもかまわない．

シュレーディンガー方程式

$$\left\{-\frac{\hbar^2}{2m}\frac{\partial^2}{\partial x^2} + V(x)\right\}\phi(x) = E\,\phi(x) \tag{1.24}$$

の左辺では，波動関数 $\phi(x)$ を微分したり，別の関数 $V(x)$ を掛け算したりしている．これらは波動関数に対する複数の数学的操作であるといえる．そこで，この式の左辺をまとめて

$$\hat{H}\,\phi(x) \tag{1.25}$$

と書くことにする．つまり，

$$\hat{H} = -\frac{\hbar^2}{2m}\frac{\partial^2}{\partial x^2} + V(x) \tag{1.26}$$

ということである．以下，文字の上に ＾（ハット）を付けたものは，「それに続く関数にいくつかの数学的操作を行なうものを表す」という約束にする．このようなものを**演算子**という．

量子力学で頻繁に出てくる演算子 $\hat{H}$ を，特に**ハミルトン演算子**（ハミルトニアン演算子），または**ハミルトニアン**という．また $\hat{H}\,\phi(x)$ のことを，「波動関数 $\phi(x)$ にハミルトニアン $\hat{H}$ を掛ける」とか「ハミルトニアンを演算する」などのようにいう．

固有値と縮退

この演算子 $\hat{H}$ を用いると，シュレーディンガー方程式 (1.24) は

$$\hat{H}\,\phi(x) = E\,\phi(x) \tag{1.27}$$

と書くことができ，非常にシンプルになる．この式は，「関数 $\phi(x)$ に演算子 $\hat{H}$ を掛けると，関数の形は $\phi(x)$ のまま変わらないが，係数に E が付く」ということを意味している．

このように関数 $\phi(x)$ が演算子を掛けた後でも形を変えないとき，$\phi(x)$ は演算子 $\hat{H}$ の**固有関数**であるという（**固有状態**というときもある）．さらに，演算した結果として現れる右辺の係数（いまの場合は E）を，**演算子の固有値**とよぶ．固有値は普通の数なのでハットを付けない．（これらは線形代数の用語であるが，実際に量子力学は線形代数と非常に密接な関係がある．これは徐々に明らかになってくる．）ハミルトニアン演算子の固有値 E は**エネルギー固有値**とよばれる．

量子力学では，電子の状態が (1.27) の固有関数 $\phi(x)$ で記述できるとき，電子のもつエネルギーは固有値 E の値に確定していると考える．つまり，「この状態のときにエネルギーを測定すると，必ず E となる」と考える．これが量子力学の大きな仮定の1つである．詳しくは第5章で述べる．

後でいくつか例が出てくるが，演算子の固有値は1つだけとは限らず，いろいろな値の固有値があり得る．さらに，それぞれの固有値に対して，異なる固有関数が対応する．また，1つの固有値に対して1つの固有関数しか属していないとき，この固有値は**縮退していない**という．逆に，1つの固有値に対して複数の独立な固有関数があるときには，固有値が**縮退している**という．これらの例も後で順次出てくることになる．

自由粒子の場合の固有値と固有関数

例として，$V(x) = 0$ の自由粒子の場合の固有値と固有関数をまとめておこう．$V(x) = 0$ のとき，(1.24) のシュレーディンガー方程式は

$$-\frac{\hbar^2}{2m}\frac{\partial^2}{\partial x^2}\psi(x) = E\,\psi(x) \tag{1.28}$$

となる．このときの固有関数は

$$\psi(x) = Ae^{ikx} \quad (A\text{ は適当な係数}) \tag{1.29}$$

であり，その固有値は $E = \hbar^2 k^2/2m$ である．これを**自由粒子の波動関数**という．または「振動・波動」のときのよび方で，**平面波の波動関数**ともよばれる．実際に (1.29) の $\psi(x)$ に $-(\hbar^2/2m)(\partial^2/\partial x^2)$ を演算すると，$\psi(x)$ の形は変わらず，係数に $\hbar^2 k^2/2m$ が付くだけである．

また，固有値は波数 k の選び方によって何通りもあるといえる．それに対応して，(1.29) の固有関数も k の値によって異なるものになっている．

特にエネルギー固有値が最低の状態は**基底状態**とよばれ，重要な波動関数である．また，基底状態よりエネルギーが高い状態を**励起状態**とよぶ．いまの場合，基底状態は $k=0$ の場合で，エネルギーが $E=0$ である．

運動量演算子

次に，いままで出てきた偏微分 $\partial/\partial x$ を少し違った観点からみてみよう．平面波の波動関数 $\psi(x) = Ae^{ikx}$ を x で偏微分すると，

$$\frac{\partial}{\partial x}Ae^{ikx} = ikAe^{ikx} \tag{1.30}$$

となる．このように平面波を x で偏微分したときにも，関数形は変わらず係数 ik が付くだけであることがわかる．

この係数に $-i\hbar$ を掛ければ $\hbar k$ となるので，運動量 $p = \hbar k$ と同じものになる．したがって，$-i\hbar$ を掛けた偏微分 $-i\hbar(\partial/\partial x)$ というものを考えて，平面波の波動関数に演算すると，

$$-i\hbar\frac{\partial}{\partial x}\psi(x) = p\,\psi(x) \tag{1.31}$$

となるといえる．この式の右辺には運動量 $p = \hbar k$ が係数として現れている．ここで，$-i\hbar(\partial/\partial x)$ をとり出して考えると，これは演算子の一種である．そうすると，(1.31) は「$\psi(x)$ が演算子 $-i\hbar(\partial/\partial x)$ の固有関数であ

り，固有値が p である」と表現することもできる．このことを考慮し，量子力学では運動量に対して演算子 $\hat{p}$ というものを対応させ，

$$\hat{p} = -i\hbar \frac{\partial}{\partial x} \tag{1.32}$$

であると定義する．これを**運動量演算子**という．この $\hat{p}$ を用いて (1.31) を書き表すと

$$\hat{p}\psi(x) = p\psi(x) \tag{1.33}$$

ということになる．つまり，$\psi(x)$ は運動量演算子 $\hat{p}$ の固有関数であり，同時に (1.28) からわかるように $V(x) = 0$ のハミルトニアン $\hat{H}$ の固有関数でもある．

演習問題

[1] 図1.3(a) のスリット1だけを開けた場合でも，電子が波であることを考慮すると，本当は回折現象が生じる．光の回折現象を参考に，どのような分布（波の振幅）が得られるか調べよ．（フラウンホーファー・パターンが出る．）

[2] 野球のボール（硬球）145 g が時速 150 km で飛んでいるときのド・ブロイ波長を求めよ．

[3] (1.16) の重ね合わせの波動関数 $\Psi(x, t)$ での確率密度を計算せよ．

[4] $\Psi(x, t) = c_1 \Psi_1(x, t)$ のときの確率密度と $\Psi(x, t) = c_2 \Psi_2(x, t)$ のときの確率密度を計算し，前問の結果と比べることにより，図1.1の二重スリットの場合の干渉を表す項を同定せよ．

[5] (1.22) は定常状態であったが，この設問では2種類のエネルギー状態の重ね合わせを考えてみよう．つまり，エネルギー E_1 の状態 $e^{-\frac{i}{\hbar}E_1 t}\psi_1(x)$ とエネルギー E_2 の状態 $e^{-\frac{i}{\hbar}E_2 t}\psi_2(x)$ との線形結合

24　1. 量子力学的世界観

$$\Psi(x,t) = c_1 e^{-\frac{i}{\hbar}E_1 t}\psi_1(x) + c_2 e^{-\frac{i}{\hbar}E_2 t}\psi_2(x) \tag{1.34}$$

をつくってみる（c_1, c_2 は任意定数）．この状態 $\Psi(x,t)$ での粒子の確率密度を調べ，定常状態ではないことを確かめよ．

[6]　2種類の波数をもつ平面波の波動関数の重ね合わせ

$$A_1 e^{ik_1 x} + A_2 e^{ik_2 x}$$

は，運動量演算子 $\hat{p}$ の固有関数ではないことを示せ（A_1, A_2 は任意定数）．

[7]　粒子の位置を測定すると，ある確率で，位置 x に粒子が見い出される．粒子が位置 x に見出される確率は $|\Psi(x,t)|^2$ なので，サイコロを振ったときに出る目の平均値を求めるのと同じように，位置の期待値（平均値）が

$$\bar{x} = \int \Psi^*(x,t)\, x\, \Psi(x,t)\, dx \tag{1.35}$$

で与えられることを説明せよ．ここで $\Psi^*(x,t)$ は $\Psi(x,t)$ の複素共役である．

[8]　ポテンシャル $V(x)$ を定数 V_0 だけ変化させたとき，シュレーディンガー方程式 (1.18) の解の波動関数は変わらないことを示せ．また，$\Psi(x,t)$ はどのようになるかを考えよ．

ギリシャ文字

力学・電磁気学ではまだあまりお目にかからなかったが，量子力学を習い始めるとギリシャ文字のオンパレードである．どこかで一度まとめて覚えておきたいものである．

量子力学で最も重要な ψ をどのように読むのか，始めのうちは混乱する方も多いと思われる．ψ（プサイ）と ϕ（ファイ）を是非うまく区別して覚えて欲しい（図参照）．素粒子で J/ψ（ジェイ・プサイ）という粒子があるのでそれで覚えてもよい．

ψ（プサイ）に ϕ（ファイ）

次頁の表に，ギリシャ文字と主な物理用語をまとめてみた．

アルファベット	ギリシャ文字（大文字）	（小文字）	読み	用 例
A	A	α	alpha	アルファ粒子（ヘリウムの原子核）
B	B	β	beta	ベータ関数（大文字），ベータ粒子（電子）
C	Γ	γ	gamma	ガンマ関数（大文字），ガンマ粒子（光子）
D	Δ	δ	delta	変化分（大文字），Δ粒子，δ関数，微小量
E	E	ε	epsilon	微小量，誘電率
	Θ	θ	theta	階段関数，楕円関数
I	I	ι	iota	
K	K	κ	kappa	熱伝導率，曲率
L	Λ	λ	lambda	Λ粒子，宇宙定数（大文字），波長
M	M	μ	mu	透磁率，μ粒子（ミューオン）
N	N	ν	nu	周波数，ニュートリノ
O	O	o	omicron	ランダウの記号（オーダーを表す）
P	Π	π	pi	積和（大文字），円周率，パイ中間子
R	P	ρ	rho	電気抵抗率，密度
S	Σ	σ	sigma	和（大文字），Σ粒子，電気伝導度，パウリ行列
T	T	τ	tau	τ粒子
U	Υ	υ	upsilon	ウプシロン中間子（大文字）
	Φ	φ	phi	磁束（大文字），角度（θ, φ）
	X	χ	chi	帯磁率
	Ψ	ψ	psi	波動関数
W	Ω	ω	omega	オーム（大文字），Ω粒子，角速度，複素数
X	Ξ	ξ	xi	Ξ粒子，(ξ, η, ζ)として(x, y, z)の代わりに使う
	H	η	eta	
Z	Z	ζ	zeta	ゼータ関数

2 平面波

前章ではシュレーディンガー方程式を導入したが，ここではまず典型的な波動関数である平面波を調べることにしよう．平面波によって表される粒子（例えば電子）がどのような振舞いをするかについて，壁での反射や井戸型のポテンシャルの中に束縛された状態など，いくつかの典型的な例について考える．特に量子力学の最も奇妙な現象であるトンネル効果も示す．ポテンシャルが不連続であったり，特異性がある場合の波動関数の境界条件についても詳しく説明する．

§2.1 平面波の性質

第1章で示したように，エネルギー E をもつ粒子のシュレーディンガー方程式は

$$\left\{-\frac{\hbar^2}{2m}\frac{\partial^2}{\partial x^2} + V(x)\right\}\phi(x) = E\,\phi(x) \tag{2.1}$$

である．この微分方程式を解けば波動関数 $\phi(x)$ が得られる．さらに，時間 t が入ったシュレーディンガー方程式 (1.15) の解 $\Psi(x,t)$ は，(1.22) で述べたように $\phi(x)$ と E を用いて $\Psi(x,t) = e^{-\frac{i}{\hbar}Et}\phi(x)$ と書ける．

さて，まず簡単にポテンシャル $V(x)$ がゼロである場合を考えてみよう．この場合，$\phi(x) = Ae^{ikx}$ という平面波の波動関数が (2.1) の解である．A は，シュレーディンガー方程式からは決まらない係数である．実際，この関数を $V(x) = 0$ のシュレーディンガー方程式 (2.1) に代入すると，

エネルギー固有値は $E = \hbar^2 k^2/2m$ であることがわかる．また，この状態の運動量は $p = \hbar k$ である．

この平面波の波動関数は単純な関数形をしているが，本章で述べるように，量子力学に特徴的な現象をいろいろと示す状態である．

不 確 定 性

時刻 t，位置 x に粒子が存在する確率は $|\Psi(x,t)|^2$ で与えられる．これを平面波の場合に計算してみよう．

時間依存性を含めた平面波の波動関数は $\Psi(x,t) = A e^{-\frac{i}{\hbar}Et} e^{ikx}$ なので，

$$\begin{aligned}
|\Psi(x,t)|^2 &= |A|^2 |e^{-\frac{i}{\hbar}Et} e^{ikx}|^2 \\
&= |A|^2\, e^{-\frac{i}{\hbar}Et} e^{ikx} \times e^{\frac{i}{\hbar}Et} e^{-ikx} \\
&= |A|^2 e^0 = |A|^2 \qquad (2.2)
\end{aligned}$$

となり，$|A|^2$ という一定値となることがわかる．この結果は，粒子が見出される確率がすべての位置 x で同じであることを意味している．これは不確定性原理の最も顕著な例であるといえる．つまり平面波の状態は，運動量 $p = \hbar k$ は確定しているが，位置 x が全く不定であるような状態である．

進 行 波

さて，いままで波数 k の符号については何もいわなかったが，$k > 0$ なら x 軸の正の方向に運動している状態を表し，$k < 0$ なら負の方向に運動している状態を表すと考えてよい．実際，運動量 $p = \hbar k$ は，それぞれ正と負になる．そこで，今後は必ず $k > 0$ とおくことにして，

$$\psi_1(x) = A_1 e^{ikx} \quad \text{と} \quad \psi_2(x) = A_2 e^{-ikx} \qquad (2.3)$$

の2種類の波動関数を考えることにしよう．

これらをシュレーディンガー方程式 (2.1) に代入すると，同じエネルギー固有値 $E = \hbar^2 k^2/2m = p^2/2m$ をもつことがわかる．§1.6 の用語を用いると，エネルギー固有値が 2 重に**縮退**しているということになる．

$\psi_1(x)$ を**右向きの波**，$\psi_2(x)$ を**左向きの波**とよび，実際に時間依存性も含

めた波動関数を書いて変形すると，$\psi_1(x)$ の方は

$$\begin{aligned}\Psi_1(x,t) &= A_1 e^{-\frac{i}{\hbar}Et} e^{ikx} \\ &= A_1 e^{ik\left(x-\frac{E}{\hbar k}t\right)} \\ &= A_1 e^{ik\left(x-\frac{p}{2m}t\right)}\end{aligned} \tag{2.4}$$

と書きかえることができる．A_1 が実数であるとして，この式の実部をとれば $A_1 \cos k(x - pt/2m)$ となり，余弦波の中心が $p/2m$ の速さで右向きに進行している状態を表していることがわかる．ただし，この計算では古典力学での速度 $v = p/m$ と微妙に違った速度が得られる．この違いについては，第4章で波束というものを考えることによって解決する．

一 般 解

ポテンシャルがゼロで，エネルギーが $E = \hbar^2 k^2/2m$ の場合，(2.3) の $\psi_1(x)$ と $\psi_2(x)$ は両方ともシュレーディンガー方程式 (2.1) の解なので，一般解 $\psi(x)$ は，$\psi_1(x)$ と $\psi_2(x)$ の線形結合

$$\psi(x) = A_1 e^{ikx} + A_2 e^{-ikx} \tag{2.5}$$

で表される．(2.1) は2階の微分方程式なので，2つの未定係数 A_1 と A_2 が現れるのである．

右向きの波も左向きの波もエネルギー E は同じなので，時間依存性も含めた波動関数は $e^{-\frac{i}{\hbar}Et}$ を掛けるだけで得られて

$$\Psi(x,t) = e^{-\frac{i}{\hbar}Et}(A_1 e^{ikx} + A_2 e^{-ikx}) \tag{2.6}$$

となる．(2.5) や (2.6) は右向きの波と左向きの波の重ね合わせであるが，右に進む粒子と左に進む粒子がいるということではない．粒子はあくまで1個であることに注意しよう．

定 在 波

進行波の重ね合わせによって，定在波という状態をつくることができる．これについて説明しよう．

例題 2.1

$$\phi(x) = C\cos kx \quad (C \text{ は任意定数}) \qquad (2.7)$$

は，シュレーディンガー方程式 (2.1) を満たすが，運動量演算子 $\hat{p} = -i\hbar(\partial/\partial x)$ の固有関数にはなっていないことを示せ．

[解] §1.6 で定義したように，関数に演算子を掛けてみて，関数形が変化せずに係数が付くだけであれば，その関数は演算子の固有関数（または固有状態ともいう）であるという．実際に (2.7) に $\hat{p}$ を演算すると

$$\hat{p}\,\phi(x) = -i\hbar\frac{\partial}{\partial x}C\cos kx = i\hbar kC\sin kx$$

となるので，右辺は $\phi(x)$ の関数形と違うものになる．つまり，$\phi(x)$ は $\hat{p}$ の固有関数ではない．しかし，$\cos kx$ を x に関して 2 回微分すると $-k^2\cos kx$ となり，$\phi(x)$ に比例するので，$V(x)=0$ の場合のシュレーディンガー方程式 (2.1) を満たすことがわかる．(2.1) の右辺の E は，平面波と同じ $E=\hbar^2 k^2/2m$ である．

(2.7) の $\phi(x)$ はどのような状態なのか，線形結合の概念を使って考えてみよう．三角関数は指数関数とオイラーの関係式 $e^{i\theta}=\cos\theta+i\sin\theta$ で結ばれているので，

$$\phi(x) = C\cos kx = \frac{C}{2}(e^{ikx}+e^{-ikx}) \qquad (2.8)$$

と書きかえることができる．(2.8) は，(2.5) で $A_1=A_2=C/2$ とおいたものと等しい．つまり，右向きの波と左向きの波を均等に重ね合わせたものといえる．

時間発展も加えた波動関数は $\Psi(x,t)=e^{-\frac{i}{\hbar}Et}C\cos kx$（ただし $E=\hbar^2k^2/2m$）である．係数 C を実数として，この実数部分をとると

$$\mathrm{Re}\,\Psi(x,t) = C\cos\left(\frac{E}{\hbar}t\right)\cos kx \qquad (2.9)$$

となるので，波動関数は $\cos kx$ という形のまま，その係数つまり振幅が $C\cos Et/\hbar$ という形で時間的に変動することがわかる（図 2.1）．このよう

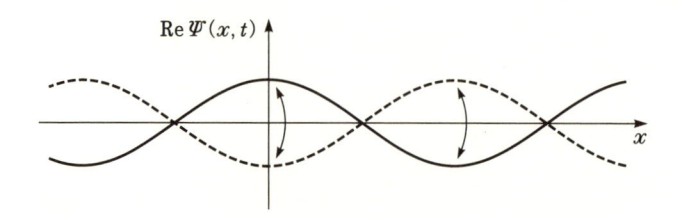

図 2.1 定在波．$\cos kx$ の形は保ったまま，振幅が変動する．

な状態を**定在波**という．一般に，右向きの進行波と左向きの進行波をうまく重ね合わせると定在波が生じる．

§2.2 壁による反射

この節では平面波の波動関数 (2.5) を用いて，いくつかの問題を解いていくことにしよう．まず，電子が図 2.2 に表されるような"壁"にぶつかって反射される場合を考えよう．"壁"というのは抽象的だが，具体的にはポテンシャル $V(x)$ が大きい領域が $x \geqq 0$ に広がっているものを考える．つまり

$$V(x) = \begin{cases} V_0 & (x \geqq 0) \\ 0 & (x < 0) \end{cases} \tag{2.10}$$

とする．例えば，$x \geqq 0$ の領域だけに電圧をかけることによってポテンシャルの変化をつくることができる．また，金属中の電子が金属の外に飛び出そ

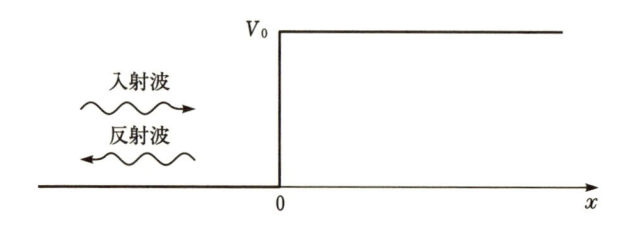

図 2.2 ポテンシャル V_0 の壁による反射

うとするときには，**仕事関数**とよばれるポテンシャルの壁がある．

このポテンシャル $V(x)$ をもつシュレーディンガー方程式 (2.1) を解くには，x の正負によって $V(x)$ の値が変わるので，場合分けして，

$$\left. \begin{array}{ll} -\dfrac{\hbar^2}{2m}\dfrac{d^2}{dx^2}\psi(x) = E\,\psi(x) & (x < 0) \\[6pt] -\dfrac{\hbar^2}{2m}\dfrac{d^2}{dx^2}\psi(x) + V_0\,\psi(x) = E\,\psi(x) & (x \geq 0) \end{array} \right\} \quad (2.11)$$

をそれぞれ解けばよい．

量子力学として解く前に，まず古典力学の場合を考えてみよう．粒子の速さを v とすると，$mv^2/2 + V(x) = E$ が成り立つ．$x < 0$ の領域では $V(x) = 0$ なので，粒子のエネルギーは $E = mv^2/2$ である．エネルギーは保存するので，$E > V_0$ の場合には，$x \geq 0$ の領域で粒子は少し遅い速さ $v' = \sqrt{2(E - V_0)/m}$ で進んで行くことができる．しかし，$E < V_0$ の場合には v' の解がないので，粒子は $x \geq 0$ の領域に入ることができない．つまり，粒子は跳ね返るのである．古典力学でのこのような状況が，量子力学になるとどのように変更を受けるのであろうか．

壁 の 左 側

まず $x < 0$ の領域を考えると，$V(x) = 0$ であるから一般解 (2.5) と同じように波動関数は

$$\psi(x) = A_1 e^{ikx} + A_2 e^{-ikx} \quad (x < 0) \qquad (2.12)$$

となる．エネルギー E を決めておくと，それに対応する波数 k は $E = \hbar^2 k^2/2m$ を逆に解いて $k = \sqrt{2mE}/\hbar$ である．

(2.12) の未定係数 A_1，A_2（一般に複素数）は壁の存在という境界条件によって決まるのだが，これは後で行なう．通常，波との類推から e^{ikx} の部分を**入射波**，e^{-ikx} の部分を**反射波**とよんでいる．

壁の右側

次に，$x \geq 0$ の部分を考える．この領域でのシュレーディンガー方程式は (2.11) の2番目の式である．まず，古典力学で粒子の反射が起こる $E < V_0$ の場合を考えてみよう．

この場合，平面波の関数形 e^{ikx} は $x \geq 0$ でのシュレーディンガー方程式の解にならない．実際に (2.11) の第2式の左辺に e^{ikx} を代入してみると，

$$-\frac{\hbar^2}{2m}\frac{d^2}{dx^2}e^{ikx} + V_0 e^{ikx} = \left(\frac{\hbar^2 k^2}{2m} + V_0\right)e^{ikx}$$

となるので，$\hbar^2 k^2/2m + V_0 = E$ を満たさなければならない．ところが $E < V_0$ なので，この式を満たすような実数の k は存在しない．

このように $x \geq 0$ の領域では平面波の波動関数は存在できないが，その代わりに k が純虚数であるような解が存在する．つまり，$k = \pm i\kappa$ として

$$\kappa = \frac{\sqrt{2m(V_0 - E)}}{\hbar} \quad (E < V_0 \text{に注意}) \tag{2.13}$$

であれば $\hbar^2 k^2/2m + V_0 = E$ を満たすことができる．e^{ikx} に $k = \pm i\kappa$ を代入すると $e^{\mp \kappa x}$ となるので，線形独立な2つの解は $e^{\kappa x}$ と $e^{-\kappa x}$ であるといえる．シュレーディンガー方程式の一般解は，この2つの解の線形結合を考えればよいので，$x \geq 0$ での波動関数は B_1 と B_2 を未定係数として

$$\psi(x) = B_1 e^{\kappa x} + B_2 e^{-\kappa x} \quad (x \geq 0) \tag{2.14}$$

となる．

さて，関数 $e^{\kappa x}$ は x の増加関数で，図 2.2 の右の方へ行くにつれてどんどん大きくなってしまう．つまり，$x \to \infty$ で $e^{\kappa x} \to \infty$ となる．一方，$|\psi(x)|^2$ は位置 x において粒子が見出される確率を表すはずなので，確率が無限大になるということは物理的におかしい．したがって，(2.14) で $B_1 = 0$ とする必要がある．結局，$x > 0$ での波動関数は次のようになる．

$$\psi(x) = B_2 e^{-\kappa x} \quad (x > 0) \tag{2.15}$$

§2.2 壁による反射　33

このように，物理学ではシュレーディンガー方程式を単に数学的に解いているわけではなく，所々に物理的要請という条件を付けて解くのである．いまの場合は，波動関数 $\psi(x)$ が発散しないという条件が付いている．

壁での境界条件

上記のように x が正負の領域でそれぞれ波動関数を決めたので，後は未定係数 A_1, A_2, B_2 を決めればよい．これらの係数を決める条件は $x = 0$ での境界条件である．ただし，$x = 0$ においてポテンシャル $V(x)$ が不連続に変化しているので，波動関数 $\psi(x)$ も不連続にならないかということが気になる．しかしいまの場合，$x = 0$ で波動関数は連続かつ 1 階微分も連続であるとして解けばよい．この理由は次のように考えればよい．

(2.1) のシュレーディンガー方程式は 2 階の微分方程式なので，$V(x)$ が有限である限り，ある位置 x_0 における $\psi(x_0)$ と $\psi'(x_0)$ がわかっていれば，微分方程式を積分することによって，他の位置 x における波動関数 $\psi(x)$ を求めることができる．この場合，得られる波動関数 $\psi(x)$ は連続である．これは，ニュートンの運動方程式を解くときに，ある時刻 t_0 における位置と速度がわかっていれば，その後の時刻 t における位置が積分によって得られるという事情と同じである．

同じように考えて，波動関数の 1 階微分も連続であることが言えるのだが，これについては別の考え方でもう少し詳しくみておこう．いま仮に (2.1) のシュレーディンガー方程式の両辺を $x = 0$ の両側から挟んで $-\varepsilon$ から ε まで積分してみよう．ここで ε は微小な値であるとする．

$$-\frac{\hbar^2}{2m}\int_{-\varepsilon}^{\varepsilon}\frac{d^2}{dx^2}\psi(x)\,dx + \int_{-\varepsilon}^{\varepsilon}V(x)\psi(x)\,dx = E\int_{-\varepsilon}^{\varepsilon}\psi(x)\,dx \tag{2.16}$$

この積分を実行すると，左辺第 1 項は

$$-\frac{\hbar^2}{2m}\left(\frac{d\psi}{dx}\bigg|_{x=\varepsilon} - \frac{d\psi}{dx}\bigg|_{x=-\varepsilon}\right) \tag{2.17}$$

となり，$x=0$ の両側での微分係数の差に $-\hbar^2/2m$ を掛けたものになる．一方，左辺第2項と右辺の積分は，有限の値をもつ関数を $-\varepsilon \leqq x \leqq \varepsilon$ という微小な領域で積分したものなので，$\varepsilon \to 0$ の極限でゼロに近づく．結局 (2.16) の3つの項のうち，$\varepsilon \to 0$ の極限で残る項は (2.17) だけとなる．このことから

$$\lim_{\varepsilon \to 0} \frac{d\psi}{dx}\bigg|_{x=\varepsilon} = \lim_{\varepsilon \to 0} \frac{d\psi}{dx}\bigg|_{x=-\varepsilon} \tag{2.18}$$

といえる．この式は $x=0$ の両側（$\pm \varepsilon$ の位置）で，波動関数の1階微分が連続であることを示している．

以上のように $x=0$ での境界条件は，波動関数 $\psi(x)$ が連続かつ1階微分も連続であるという2つの条件であることがわかった．この条件を波動関数の形 (2.12) と (2.15) を用いて具体的に書き下すと

$$\left.\begin{array}{l}\psi(x=0) = A_1 + A_2 = B_2 \\ \psi'(x=0) = ikA_1 - ikA_2 = -\kappa B_2\end{array}\right\} \tag{2.19}$$

となる．この2つの式を連立して解けば

$$A_2 = \frac{ik+\kappa}{ik-\kappa} A_1 = \frac{k-i\kappa}{k+i\kappa} A_1, \quad B_2 = \frac{2ik}{ik-\kappa} A_1 = \frac{2k}{k+i\kappa} A_1 \tag{2.20}$$

を得る．未定係数は A_1, A_2, B_2 の3つがあるのに境界条件は (2.19) の2つしかないので A_1 を決めることができないが，これは波動関数全体の係数となる．

壁への浸み込み

得られた解の性質についていくつか調べてみよう．粒子の存在確率は $|\psi(x)|^2$ で与えられるので，$x \geqq 0$ の領域では

$$|\psi(x)|^2 = |B_2|^2 e^{-2\kappa x} \quad (x \geqq 0) \tag{2.21}$$

となる．これは壁の中でも粒子が見つかる確率がゼロでないことを意味する．つまり $x \geqq 0$ の領域で，波動関数は $B_2 e^{-\kappa x}$ という形で少しだけ壁の中

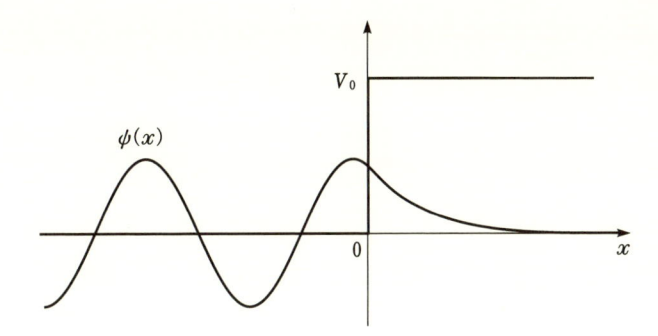

図 2.3 壁による反射と浸み込みがある場合の波動関数. a を単位長さとしたとき, 波数 k が $k=1/a$, κ が $\kappa=1/\sqrt{3}a$, 位相 δ が $\delta=\pi/6$ の場合を図示している (演習問題 [4] も参照).

に浸み込んでいるといえる (図 2.3). ただし, 確率密度は $x=0$ から遠ざかるにつれて指数関数的に減少する.

例題 2.2

$\phi(x) = B_2 e^{-\kappa x}$ も運動量演算子 $\hat{p}$ の固有関数であることを示せ.

[解] 実際に運動量演算子 $\hat{p} = -i\hbar(\partial/\partial x)$ を $B_2 e^{-\kappa x}$ に掛けてみると

$$\hat{p} B_2 e^{-\kappa x} = -i\hbar \frac{\partial}{\partial x} B_2 e^{-\kappa x} = i\hbar \kappa B_2 e^{-\kappa x} = i\hbar \kappa \, \phi(x) \tag{2.22}$$

となるので, 運動量の固有関数になっていることがわかる. ただし, 固有値が虚数 $i\hbar\kappa$ になっていることが平面波の場合と異なる.

例題 2.2 では運動量の固有値が虚数というおかしな結果となってしまったが, これには理由がある. $\phi(x) = B_2 e^{-\kappa x}$ は $x \geq 0$ での波動関数であったが, もし $x \to -\infty$ のところまでこの関数が続くとすると, $B_2 e^{-\kappa x} \to \infty$ と発散してしまう. したがって, 確率密度が無限大になってしまうので物理的ではない. このため, 運動量が虚数というおかしなことになっているのである. しかし, いまの問題で $B_2 e^{-\kappa x}$ を用いてよいのは, この関数が $x \geq 0$ の部分に限られているからである.

36　2. 平面波

逆説的にいうと，$x \geq 0$ では運動量の期待値が虚数であってもよいのだといえる．つまり $x \geq 0$ で全エネルギーは E であるが，ポテンシャルエネルギーは V_0 であり E より大きい．しかし運動量が虚数となっていれば，運動エネルギーは $p^2/2m = -\hbar^2\kappa^2/2m$ という負の値になる．こうして $E = V_0 - \hbar^2\kappa^2/2m$ が成立していると考えてもよい．

--- **例題 2.3** ---

金属の表面で $V_0 - E$ が 4 eV（エレクトロン・ボルト）であるとする．このとき，電子が金属表面から浸み出している距離を $1/\kappa$ から評価せよ．ここで 1 eV とは電子（電荷 1.60×10^{-19} C（クーロン））が，1 V（ボルト）の電位差で得るエネルギーで，1.60×10^{-19} J のことである．

[**解**]　(2.13) の κ の定義式に代入すると

$$\kappa = \frac{\sqrt{2 \times 9.11 \times 10^{-31}\,[\text{kg}] \times 4 \times 1.60 \times 10^{-19}\,[\text{J}]}}{1.05 \times 10^{-34}\,[\text{J}\cdot\text{s}]} \fallingdotseq 1.03 \times 10^{10}\,[\text{m}^{-1}]$$

となる（電子の質量などは見返しを参照）．この逆数をとると $0.97\,\text{Å}$ となる．

壁での反射の性質

次に，$x < 0$ の領域を調べよう．この領域での波動関数は (2.12) となっていて，係数 A_1 と A_2 は (2.20) で得られている．反射波の係数 A_2 の絶対値の 2 乗を (2.20) を用いて計算すると

$$|A_1|^2 = |A_2|^2 \tag{2.23}$$

となることがわかる．この結果は，粒子が運動量 $p = \hbar k$ をもつ入射波と $p = -\hbar k$ をもつ反射波の振幅が等しいことを意味している．これは古典力学で $E < V_0$ のとき，完全反射が起こることに対応している．

(2.20) の A_2 や B_2 の表式を少し整理してみよう．

$$\left.\begin{array}{l} k + i\kappa = e^{i\delta}\sqrt{k^2 + \kappa^2} \\ \text{または,その複素共役} \\ k - i\kappa = e^{-i\delta}\sqrt{k^2 + \kappa^2} \end{array}\right\} \quad (2.24)$$

として,$e^{i\delta}$ を導入すると(δ を**位相**という),

$$A_2 = e^{-2i\delta}A_1, \quad B_2 = 2e^{-i\delta}\cos\delta \cdot A_1 \quad (2.25)$$

と整理することができる.ただしこの式変形では,(2.24) の両辺の実数部分をとって得られる $\cos\delta = k/\sqrt{k^2 + \kappa^2}$ という関係式も用いた.(2.25) のように書くと,反射波の係数 A_2 は入射波の係数 A_1 に位相 -2δ が付いたものになっていることがわかる.これは,壁との衝突によって反射波の位相がずれたと表現することもできる.この位相のずれは,"粒子が壁に浸み込んでいる時間"を使って解釈することも可能である(演習問題 [2]).

さらに,波動関数全体の位相因子は任意にとってよいので(§1.4,例題 1.3 参照),例えば実数 A を用いて $A_1 = (A/2)e^{i\delta}$ とおいてみよう.そうすると $A_2 = (A/2)e^{-i\delta}$,$B_2 = A\cos\delta$ となり,(2.12) と (2.15) の波動関数は整理されて

$$\left.\begin{array}{ll} \psi(x) = \dfrac{A}{2}e^{i\delta}e^{ikx} + \dfrac{A}{2}e^{-i\delta}e^{-ikx} = A\cos(kx + \delta) & (x < 0) \\ \psi(x) = B_1 e^{-\kappa x} = A e^{-\kappa x}\cos\delta & (x \geq 0) \end{array}\right\} \quad (2.26)$$

と書ける.2 つの関数形で $x = 0$ とおくと,両方とも $\psi(0) = A\cos\delta$ となるので連続である.この関数を図に示したものが図 2.3 である.$x < 0$ の領域では,右向きの波と左向きの波が重ね合わさって定在波となっていることがわかる.また,壁との境界 $x = 0$ において波動関数がなめらかにつながっている様子もわかる(演習問題 [3],[4]).

無限大の壁

さて,ここで $V_0 \to \infty$ という極限を考えてみよう.このとき κ の定義式 (2.13) から $\kappa \to \infty$ となることがわかるので,$e^{-\kappa x} \to 0 \; (x \geq 0)$ となる.

したがって，$x \geqq 0$ で (2.15) の波動関数は $\phi(x) = B_2 e^{-\kappa x} \to 0$ となる．このように，ポテンシャル V_0 が無限大という領域では $\phi(x)$ は完全にゼロになり，波動関数は浸み込むことができない．また $\kappa \to \infty$ で $\cos\delta = k/\sqrt{k^2 + \kappa^2} \to 0$ となるので，$\delta = \pi/2$ となることがわかる．$\delta = \pi/2$ を (2.26) に代入すると

$$\left.\begin{array}{ll}\phi(x) = -A\sin kx & (x < 0) \\ \phi(x) = 0 & (x \geqq 0)\end{array}\right\} \quad (2.27)$$

となる．この解の場合，$x = 0$ において $\phi(x)$ の値は連続だが，1 階微分は不連続となる．これはシュレーディンガー方程式で $V(x)$ が $x \geqq 0$ の領域で有限の値ではなくなったため，(2.16)〜(2.18) の説明で用いた前提が成立しなくなったためである．

一般にシュレーディンガー方程式を調べると，$V(x) \to \infty$ の領域では $\phi(x) = 0$ となることがわかる．またこのような場合でも，波動関数 $\phi(x)$ は連続であるとしてよい．

§2.3 透過波

次に，図 2.2 で $E > V_0$ の場合を考えよう．この場合，古典力学の粒子は速度が減少するだけで右方向へ進むが，量子力学では壁の位置での反射も同時に起こる（図 2.4）．

$x < 0$ の領域での波動関数は，再び (2.12) の形となる．しかし，$x \geqq 0$ での波動関数は $E > V_0$ の場合には変更を受ける．今度は $x \geqq 0$ の領域で $e^{-\kappa x}$ とはならず，平面波の解 $e^{ik'x}$ と $e^{-ik'x}$ となる．実際に (2.11) の第 2 式に $e^{ik'x}$ や $e^{-ik'x}$ を代入してみると，k' は $\hbar^2 k'^2/2m + V_0 = E$ を満たせばよいことがわかる．つまり，

$$k' = \frac{\sqrt{2m(E - V_0)}}{\hbar} \quad (2.28)$$

である．したがって，$x \geqq 0$ での波動関数は未定係数を C_1, C_2 とおいて

§2.3 透過波

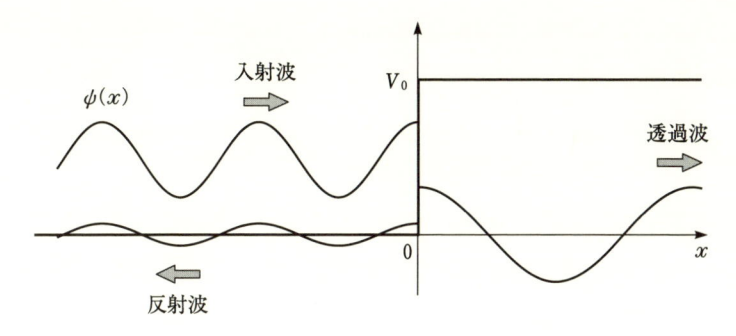

図2.4 壁における入射波，反射波と透過波

$$\phi(x) = C_1 e^{ik'x} + C_2 e^{-ik'x} \qquad (2.29)$$

と書けることになる．第1項は右向き，第2項は左向きの平面波である．

いま考えている状況は，図2.4のように壁の左側から粒子が入射して右側に抜けていく（透過する）場合である．したがって $C_2 = 0$，つまり $x \geqq 0$ の領域には左向きの平面波がないという条件下で解を探そう．*

前節と同じように $x = 0$ での波動関数の境界条件を使って，未定係数 A_1, A_2, C_1 が決まる．波動関数が $x = 0$ で連続かつ1階微分も連続であるという2つの境界条件は (2.19) と同じように書き下すと

$$\left. \begin{array}{l} \phi(0) = A_1 + A_2 = C_1 \\ \phi'(0) = ikA_1 - ikA_2 = ik'C_1 \end{array} \right\} \qquad (2.30)$$

と書けるから，これを解くと

$$A_2 = \frac{k-k'}{k+k'} A_1, \quad C_1 = \frac{2k}{k+k'} A_1 \qquad (2.31)$$

が得られる．実は，この答えは地道に解かなくても (2.20) の結果を使うとすぐにわかってしまう．つまり，(2.20) で $-\kappa$ だったところを形式的に

---

* もちろん問題を逆にして，右側から粒子が入射して左側に透過する場合も考えられる．このときは，$C_2 \neq 0$ で $A_1 = 0$ の解を探すことになる．シュレーディンガー方程式の一般解は，これら2つの状況の解の線形結合である．

ik' におきかえるだけで (2.31) は得られる.

確率の流れの密度

ここで得られた係数 A_1, A_2, C_1 がどのような物理的意味をもつのかを調べよう. このために, 確率の流れの密度というものを考える.

粒子の存在する確率は $|\psi(x)|^2$ で表されるが, この量に古典力学での速度に対応する $p/m = \hbar k/m$ を掛けたものを平面波の場合の**確率の流れの密度**という. この量は, おおまかにいうと確率の"流れ"というものであるが, 何故この式で確率の"流れ"を表すことができるのかについては, 量子力学の基礎とともに後の第5章で説明する. ここでは, 厳密さを気にせずイメージをつかむために, この量を調べてみよう.

$x \geqq 0$ の領域では (2.29) の波動関数 ($C_2 = 0$ に注意) を使うと, 確率の流れの密度は

$$\frac{\hbar k'}{m}|C_1|^2 \tag{2.32}$$

となる. この $x \geqq 0$ での確率の流れを**透過波**とよんでいる. 同様に $x < 0$ の領域での確率の流れの密度は, 右向きの波が $(\hbar k/m)|A_1|^2$ を与え, 左向きの波が $-(\hbar k/m)|A_2|^2$ を与えるということになる. それぞれを**入射波**, **反射波**という (図2.4).

透過波の確率の流れの密度 $(\hbar k'/m)|C_1|^2$ と入射波の確率の流れの密度 $(\hbar k/m)|A_1|^2$ との比をとったものを**透過率** T とよぶ. (2.31) で得られた係数 C_1, A_1 を用いて計算すると

$$T = \frac{\frac{\hbar k'}{m}|C_1|^2}{\frac{\hbar k}{m}|A_1|^2} = \frac{4kk'}{(k+k')^2} \tag{2.33}$$

となる. 一方, 反射波の確率の流れの密度 $(\hbar k/m)|A_2|^2$ と入射波のものとの比をとったものを**反射率** R とよぶ. (2.31) で得られた係数 A_2 を用いると

$$R = \frac{|A_2|^2}{|A_1|^2} = \left(\frac{k-k'}{k+k'}\right)^2 \tag{2.34}$$

と計算できる．この T と R の間には $T+R=1$ という関係式が成立している．つまり，透過率と反射率の和は必ず 1 となる．これは入射波が透過波と反射波に分かれることに対応している．

例題 2.4

粒子のエネルギー E を大きくしていった場合，透過率と反射率はどのようになるか調べよ．

[**解**] E を大きくしていくと，k と k' の定義式から $k' \to k$ と近づいていくことがわかる．その結果，(2.33) と (2.34) で $T \to 1$, $R \to 0$ となる．これは，入射粒子のエネルギーが大きくなるとポテンシャル V_0 の効果は小さくなり，その結果，入射波は反射せずにほとんど透過することを意味している．

§2.4 井戸型ポテンシャル

この節では，いままでとは少し異なった状況として，粒子がポテンシャルの低いところに束縛された状態を考えよう．具体的には，図 2.5 の**井戸型ポテンシャル**とよばれる場合を考えることにしよう．つまり，

$$V(x) = \begin{cases} V_0 & (x \geqq a, \ x \leqq -a) \\ 0 & (-a < x < a) \end{cases}$$

とする．

$E < V_0$ ならば，粒子はポテンシャル中に束縛されると考えられる．これを**束縛状態**という．量子力学で束縛状態がどのように記述されるかをみていくことにしよう．

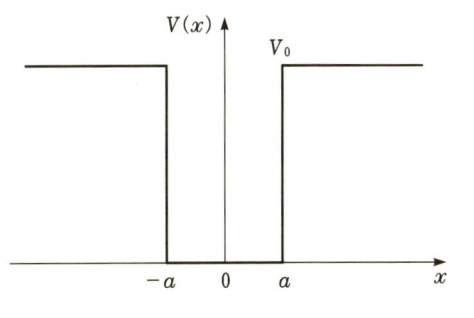

図 2.5 井戸型ポテンシャル

$V_0 \to \infty$ の場合

まず，$V_0 \to \infty$ の場合を考えてみよう．§2.2 の最後に述べたように，V_0 が無限大の領域では $\phi(x) = 0$ となるので，残りの $-a < x < a$ の領域で波動関数を求めればよい．この領域での一般解を (2.5) と同様に

$$\phi(x) = A_1 e^{ikx} + A_2 e^{-ikx} \quad \left(k = \frac{\sqrt{2mE}}{\hbar}\right) \tag{2.35}$$

と書くと，$x = \pm a$ での境界条件は $\phi(a) = 0$ と $\phi(-a) = 0$ だから次のようになる．

$$\left.\begin{array}{ll} A_1 e^{ika} + A_2 e^{-ika} = 0 & (x = a) \\ A_1 e^{-ika} + A_2 e^{ika} = 0 & (x = -a) \end{array}\right\} \tag{2.36}$$

これをそのまま解いてもよいが，行列形式で書き直した方がわかりやすい．(2.36) は

$$\begin{pmatrix} e^{ika} & e^{-ika} \\ e^{-ika} & e^{ika} \end{pmatrix} \begin{pmatrix} A_1 \\ A_2 \end{pmatrix} = \begin{pmatrix} 0 \\ 0 \end{pmatrix} \tag{2.37}$$

と書きかえられる．もし左辺の 2×2 行列の逆行列が存在すると，その逆行列を (2.37) の両辺に掛ければ $A_1 = A_2 = 0$ という解が得られる．しかしこれでは (2.35) の $\phi(x)$ は 0 となってしまい，意味のない解である．したがって (2.37) がゼロでない解 (A_1, A_2) をもつためには，逆行列が存在しない，つまり行列式がゼロでなければならない．(2.37) の 2×2 行列の行列式を計算すると $e^{2ika} - e^{-2ika} = 2i \sin 2ka$ なので

$$\sin 2ka = 0, \quad \therefore \quad k = \frac{\pi}{2a} n \quad (n = 1, 2, 3, \cdots) \tag{2.38}$$

が得られる．($n = 0$ の解は $k = 0$，したがって $\phi(x) = 0$ となり，意味がない解である．）また $k > 0$ と定義したので，n は正の整数である．

エネルギー固有値と波動関数

粒子のエネルギーは各 n の値に対応して

$$E = \frac{\hbar^2 k^2}{2m} = \frac{\hbar^2 \pi^2}{8ma^2} n^2 \quad (n = 1, 2, 3, \cdots) \tag{2.39}$$

となる．ここでエネルギーはとびとびの値しかもたない（**離散的**である）ことに注意しよう．§2.2, 2.3の壁での散乱の場合には境界条件が $x = 0$ のものだけだったが，いまの場合は $x = \pm a$ での2つの境界条件があるので制限が強く，とり得るエネルギーの値が限られてくるのである．§1.6で述べたようなハミルトニアン演算子の固有値，固有関数という言葉でいうと，固有値（いまの場合はエネルギー固有値）が離散的な値しかとらないということになる．

$n = 1, 2, 3, 4$ の場合について具体的な波動関数の形を書けば図2.6のようになる．それぞれの波動関数が書かれている x 軸からの高さは，(2.39)のエネルギー固有値の大きさに合わせてある．これらの関数形は，「振動・波動」で学ぶ両端を固定された弦の振動モードと全く同じものである．*

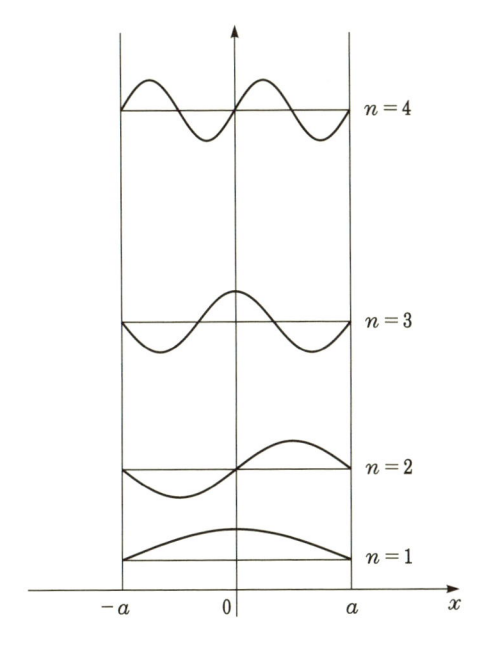

図2.6 $V_0 \to \infty$ のときの井戸型ポテンシャル中の束縛状態の波動関数．それぞれが書かれている高さは，エネルギー固有値 $E = \hbar^2 \pi^2 n^2 / 8ma^2$ の大きさに合わせてある．

---

* 詳しくは，拙著：「振動・波動」（§4.2）を参照．

波動関数が $-a < x < a$ の領域内でゼロとなる位置を**節**というが，n が増えるにつれて，順番に節の数が増加する．節の数は $n-1$ 個である．

零点振動

(2.39) で得られたエネルギー固有値のうち最低エネルギーは $n=1$ のときの

$$E = \frac{\hbar^2 \pi^2}{8ma^2} \tag{2.40}$$

であり，$E = 0$ ではない．これに対して，古典力学では粒子がどこかの位置で静止した状態（つまり $p = 0$）が最もエネルギーが低く $E = 0$ である．古典力学のこの状態は，座標 x と運動量 p が確定した状態であるといえる．量子力学では x と p が同時に確定した状態は不確定性関係によって許されないので，その結果，最低エネルギーは有限の値をもつといえる．これは，基底状態（最低エネルギーの状態）でも粒子が静止しないという意味で，**零点振動**とよばれている．

波動関数の対称性

図 2.6 から見てとれるように，波動関数は左右対称なものと反対称なものが交互に現れる．これはポテンシャルが $x = 0$ に関して左右対称なためである．実際，n が偶数の場合には，(2.38) から ka は π の整数倍となり $e^{ika} = e^{-ika}$ が成立する．このとき (2.37) のゼロでない解は $A_2 = -A_1$ ということになり，波動関数 (2.35) は $\sin kx$ に比例した奇関数となる．一方，n が奇数の場合には，ka は $\pi/2$ の奇数倍であり $e^{ika} = -e^{-ika}$ が成立する．このときの解は $A_2 = A_1$ となり，波動関数は $\cos kx$ に比例した偶関数となる．

一般的に，ポテンシャルの対称性と波動関数の対称性との間には密接な関係があるのだが，これについては第 11 章でまとめて扱うことにする．いまの場合，波動関数が左右対称なものを**パリティが偶**であるといい，左右反対称な波動関数を**パリティが奇**であるという．

V_0 が有限の値のときの井戸型ポテンシャル

次に図2.5に戻って V_0 が有限の大きさの場合を考えてみよう．この場合，もし $E < V_0$ だとすると波動関数は図2.3と同じようにポテンシャルの壁の中に浸み込んでいく．ただし $|x|$ が大きくなるにつれて，粒子の存在確率は指数関数的に減少する．このような状態もポテンシャルに束縛された状態（束縛状態）であるという．逆に $E > V_0$ なら，$|x|$ が大きいところで波動関数は平面波 $e^{\pm ik'x}$, $k' = \sqrt{2m(E-V_0)}/\hbar$ となる．このような状態は**散乱状態**であるという．

ここでは $E < V_0$ の束縛状態について調べよう．ポテンシャル $V(x)$ は左右対称な形をしているので，波動関数も左右対称なものと反対称なものの2種類ある．このことを利用して，まず左右対称の波動関数を求めてみよう．（もしポテンシャルの中心が $x = 0$ からずれている場合には，座標を平行移動して $x = 0$ に対して対称なポテンシャルに変えて解けばよい．）

波動関数は§2.2で行なったのと同じように，3つの領域に分けて考える．まず $-a < x < a$ の領域を考えると，$V(x) = 0$ であるから (2.35) と同じ波動関数を考えればよい．ただし，いまは左右対称の関数を求めたいので，係数は $A_1 = A_2$ とする．さらに式を簡単にするために $A_1 = A_2 = A/2$ とおくと，波動関数は $A\cos kx$ となる．係数 A は境界条件から後で決める．

次に，$x \geq a$ と $x \leq -a$ の領域では $E < V_0$ なので，(2.13) で定義された κ を用いて (2.14) と同じ波動関数を考えればよい．さらにいまは左右対称で，かつ $|x|$ が大きくなったときに発散しない関数を求めたいので，$x \geq a$ で $Be^{-\kappa x}$, $x \leq -a$ で $Be^{\kappa x}$ という波動関数を考える．係数 B も境界条件から後で決める．

この2つの波動関数をまとめて書くと，

2. 平面波

$$\begin{aligned}\phi(x) &= A\cos kx & (-a < x < a) \\ \phi(x) &= Be^{-\kappa|x|} & (x \geqq |a|)\end{aligned} \quad (2.41)$$

となる．ここで k と κ は

$$k = \frac{\sqrt{2mE}}{\hbar}, \quad \kappa = \frac{\sqrt{2m(V_0-E)}}{\hbar} \quad (2.42)$$

である．

$x=a$ での境界条件は，(2.19) や (2.30) のときと同じように $\phi(x)$ と $\phi'(x)$ の両方が連続であるという条件になるので，(2.41) の 2 つの領域での波動関数の形を用いて，

$$\left.\begin{aligned}\phi(a) &= A\cos ka = Be^{-\kappa a}\\ \phi'(a) &= -Ak\sin ka = -\kappa Be^{-\kappa a}\end{aligned}\right\} \quad (2.43)$$

の 2 式である．$x=-a$ での境界条件は，対称性のおかげで全く同じ式になる．

例題 2.5

(2.43) で A, B がゼロでない解が得られる条件を求めよ．

[解] (2.37) のときと同様にゼロでない解が得られるためには，行列式

$$\begin{vmatrix} \cos ka & -e^{-\kappa a} \\ -k\sin ka & \kappa e^{-\kappa a} \end{vmatrix} = 0 \quad (2.44)$$

が成立しなければならない．したがって，$k\tan ka = \kappa$ が成り立てばよい．

$k\tan ka = \kappa$ と (2.42) から得られる $k^2 + \kappa^2 = 2mV_0/\hbar^2$ を連立させて解けば解が得られるのであるが，多少テクニックが必要なので，ここでは結果だけを示す（図 2.7）．左右反対称の場合を含めた詳しい計算は演習問題 [6], [7] で行なうことにする．

まず V_0 がいくら小さくても，左右対称の束縛状態の解が少なくとも 1 つは存在することがわかる．また，V_0 を大きくしていって，$V_0 > \pi^2\hbar^2/8ma^2$

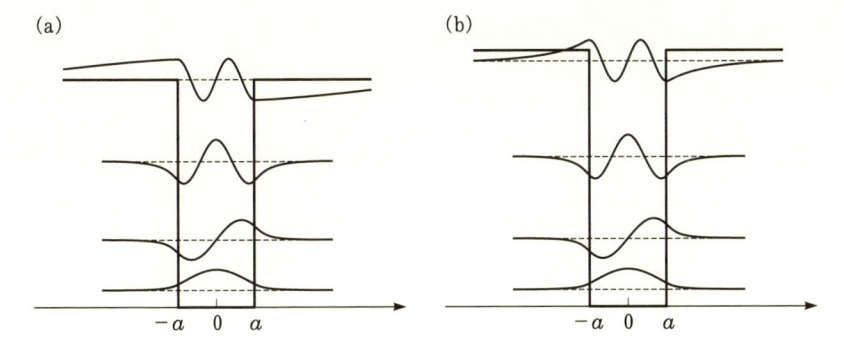

図 2.7 井戸型ポテンシャルでの波動関数．それぞれの波動関数が描かれている高さは，エネルギー固有値の大きさに合わせてある．
(a) V_0 の大きさを適当に選んで束縛状態が3つある場合を示している．下から4番目（一番上）の波動関数は，散乱状態の1つを描き表したものである．
(b) V_0 の大きさを(a)の場合より少しだけ大きくして，束縛状態が4つになった場合を示している．下の1～3番目の波動関数は(a)のものとほとんど同じであるが，(a)の散乱状態が4番目の束縛状態に移行している様子がわかる．

となると左右反対称の束縛状態が1つ現れる．さらに V_0 を大きくしていって，$V_0 > \pi^2 \hbar^2 / 2ma^2$ となると，2番目の左右対称な束縛状態が現れる．このように，V_0 を大きくしていくと束縛状態の数が1つずつ増えていく．この様子を示したのが図2.7である．エネルギーの低い方から，左右対称と左右反対称の波動関数が交互に現れている様子がわかる．

§2.5　δ 関数ポテンシャル

図2.5の井戸型ポテンシャルで，エネルギーの原点をずらして図2.8(a)のようなポテンシャルを考えてみよう．エネルギーの原点がずれただけなので，波動関数の形は図2.5の場合のものと同じである．このポテンシャルにおいて $V_0 \to \infty$ とし，同時に $a \to 0$ という極限をとってみる．ただし，このとき積 $2aV_0 = U_0$ が一定となるように極限をとることにする．このような極限のとり方をすると，関数 $V(x)$ は限りなく細く深くなっていくが，積分値

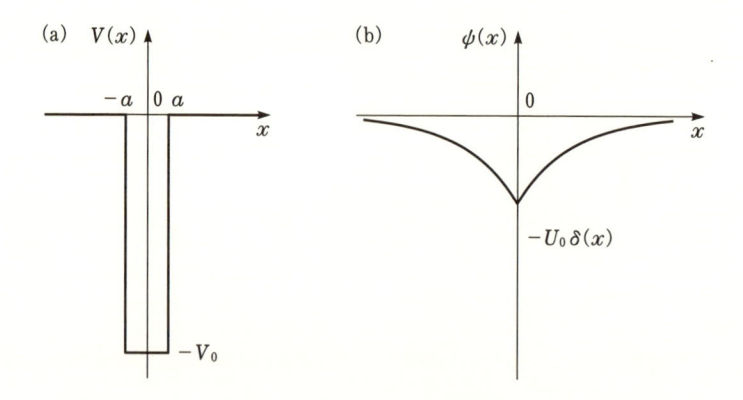

48　2. 平面波

図 2.8　(a) $a \to 0$, $V_0 \to \infty$ とすると δ 関数ポテンシャルとなる．
(b) δ 関数ポテンシャルのときの波動関数

$$\int_{-\infty}^{\infty} V(x)\,dx = -\int_{-a}^{a} V_0\,dx = -2aV_0 = -U_0 \tag{2.45}$$

は一定である．このような関数を

$$V(x) = -U_0\,\delta(x) \tag{2.46}$$

と書くことにし，$\delta(x)$ を **δ（デルタ）関数** とよぶ．$\delta(x)$ の性質は，$x \ne 0$ ではゼロであり，任意の関数 $f(x)$ に対して

$$\int_{x=0 \text{を含む積分}} \delta(x)\,f(x)\,dx = f(0) \tag{2.47}$$

となるというものである．δ 関数の性質や別の定義については，付録 B で再び触れることにする．

さて，このような極限をとったときの束縛状態を前節の結果から求めてみよう．まず，前節のように左右対称な解を調べよう．波動関数の関数形は (2.41) からわかるように

$$\phi(x) = Be^{-\kappa|x|} \tag{2.48}$$

となる．ポテンシャルの幅 a を $a \to 0$ としたので，(2.41) の $\phi(x) = A\cos kx$ の方の領域がなくなってしまい，$x \geq |a|$ の領域での解しか存在

しなくなったのである．ここで $\kappa = \sqrt{2m|E|}/\hbar$ とおいた．（エネルギーの原点を V_0 だけ下にずらしたので，(2.42) の κ 中の $V_0 - E$ のところが $-E = |E|$ となったことに注意．）この関数形を示したものが図 2.8(b) である．

図 2.8(b) からわかるように，波動関数は $x = 0$ において連続ではあるが，1 階微分は不連続になっている．実は δ 関数ポテンシャルの場合には，波動関数の 1 階微分に不連続が生じることを示すことができる．

図 2.2 のポテンシャルのときに詳しく調べた式 (2.16)〜(2.18) を，もう一度思い出してみよう．$-\varepsilon$ から ε まで積分した (2.16) の左辺第 2 項は，δ 関数ポテンシャルのときは，(2.47) に従って

$$\int_{-\varepsilon}^{\varepsilon} V(x)\psi(x)\,dx = -\int_{-\varepsilon}^{\varepsilon} U_0\,\delta(x)\,\psi(x)\,dx = -U_0\,\psi(0) \tag{2.49}$$

となる．このため (2.18) の代わりに

$$-\frac{\hbar^2}{2m}\left(\frac{d\psi}{dx}\bigg|_{x=\varepsilon} - \frac{d\psi}{dx}\bigg|_{x=-\varepsilon}\right) = U_0\,\psi(0) \tag{2.50}$$

が成立する．つまり，$x = 0$ の両側での波動関数の 1 階微分にはとびがあることになる．

この境界条件を用いて (2.48) の中の κ を決めよう．(2.48) の波動関数を (2.50) に代入すると，左辺は $(\hbar^2/m)\kappa B$ となり，右辺は $U_0 B$ となる．したがって，$\kappa = mU_0/\hbar^2$ が得られる．

§2.6　トンネル効果

次に，図 2.9 のようなポテンシャルに左から粒子が入射する場合を考えてみよう．ニュートン力学の場合 $E < V_0$ であれば，§2.2 の壁での反射のときと同じように粒子は跳ね返されてしまう．しかし量子力学では，粒子はある確率で右側へ透過することができる．これを**トンネル効果**という．

50　2. 平　面　波

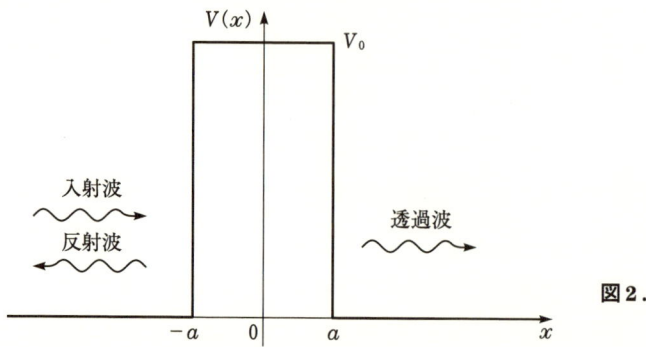

図2.9 トンネル効果

標準的な手法でシュレーディンガー方程式の解を求めてみよう．$x \leq -a$, $-a < x < a$, $a \leq x$ という3つの領域でそれぞれポテンシャルは一定値なので，いままでと同じように k と κ を用いて

$$\phi(x) = \begin{cases} A_1 e^{ikx} + A_2 e^{-ikx} & (x \leq -a) \\ B_1 e^{\kappa x} + B_2 e^{-\kappa x} & (-a < x < a) \\ C_1 e^{ikx} + C_2 e^{-ikx} & (x \geq a) \end{cases} \quad (2.51)$$

とおく．ここで $x \geq a$ の領域では右方向に進む透過波のみを考えるので $C_2 = 0$ とおく．残りの未定定数 A_1, A_2, B_1, B_2, C_1 を $x = \pm a$ での境界条件（つまり $\phi(x)$ と $\phi'(x)$ が連続）から決めればよい．結果は，例えばすべての係数が C_1 に比例するように求めると

$$\left. \begin{aligned} A_1 &= e^{2ika} \left(\frac{k^2 - \kappa^2}{2ik\kappa} \sinh 2\kappa a + \cosh 2\kappa a \right) C_1 \\ A_2 &= \frac{k^2 + \kappa^2}{2ik\kappa} \sinh 2\kappa a \cdot C_1 \\ B_1 &= e^{-\kappa a} \frac{\kappa + ik}{2\kappa} e^{ika} C_1 \\ B_2 &= e^{\kappa a} \frac{\kappa - ik}{2\kappa} e^{ika} C_1 \end{aligned} \right\} \quad (2.52)$$

となる．ここで $\sinh x$ は双曲線関数 $\sinh x = (e^x - e^{-x})/2$ である．これ

らを求める計算はちょっと面倒だが，単純なので各自行なってもらうことにして（演習問題［10］），結果を議論しよう．（せっかくポテンシャルが左右対称なのに，このようなトンネル効果の問題では左右非対称な解を求めるのである．もちろん左右対称，非対称な解を作ってから，同じ結果を得ることもできる（演習問題［11］参照）．）

さて，得られた係数 A_1, A_2, B_1, B_2 などを用いて，確率の流れの密度を計算してみよう．$x \geq a$ の領域では右向きの透過波の流れだけがあり，その大きさは（2.32）と同様にして $(\hbar k/m)|C_1|^2$ となる．また，左側の $x \leq -a$ の領域では右向きの確率の流れと左向きのものがある．右向きのものが入射波だが，その確率の流れの密度は $(\hbar k/m)|A_1|^2$ である．透過率 T は両者の比なので，（2.52）を用いて

$$T = \frac{|C_1|^2}{|A_1|^2} = \frac{4k^2\kappa^2}{4k^2\kappa^2 + (k^2+\kappa^2)^2 \sinh^2 2\kappa a} \tag{2.53}$$

となる．また反射率 R も同様に求めると，$T + R = 1$ となっていることがわかる（演習問題［10］）．

ここでポテンシャル V_0 が非常に大きいときを考えてみよう．この場合，κ が非常に大きくなる．したがって，透過率 T の式の中で最も大きい項は分母の $\kappa^4 \sinh^2 2\kappa a$ である．κ が大きいとき $\sinh 2\kappa a \sim e^{2\kappa a}/2$ となることを用いると

$$T \sim \frac{16k^2}{\kappa^2} e^{-4\kappa a} \tag{2.54}$$

となる．k と κ の定義式（2.42）を代入してポテンシャルの高さ V_0 とエネルギー E で表せば，

$$T \sim \frac{16E}{V_0} e^{-\frac{4a}{\hbar}\sqrt{2m(V_0-E)}} \tag{2.55}$$

のように指数関数的な透過率が得られる．特にポテンシャルの領域の幅 a が大きくなると，透過率 T は指数関数的に減少することがわかる．

例題 2.6

トンネル効果の場合の透過率 (2.55) を, $E = 1\,[\mathrm{eV}]$, $V_0 = 2\,[\mathrm{eV}]$, $a = 5\,[\text{Å}]$, 質量は電子の質量として評価してみよ.

[解] (2.55) に与えられた値を代入する. 1 eV は 1.60×10^{-19} J だから, 指数関数の肩は

$$\frac{4 \times 5 \times 10^{-10}\,[\mathrm{m}]}{1.05 \times 10^{-34}\,[\mathrm{J\cdot s}]} \sqrt{2 \times 9.11 \times 10^{-31}\,[\mathrm{kg}] \times 1.60 \times 10^{-19}\,[\mathrm{J}]} \fallingdotseq 1.03 \times 10$$

である. したがって, 次のようになる.

$$T \cong 8e^{-10.3} \fallingdotseq 2.7 \times 10^{-4}$$

演習問題

[1] 金属中の電子の特徴的な波数が $k = 1.00 \times 10^{10}\,[1/\mathrm{m}]$ (1 Å の逆数) であるとする. このとき電子の速度は光速の何% くらいか.

[2] 壁による反射の場合 (図 2.3) において, 位相のずれ δ を半古典論的に解釈してみよう. まず, 粒子が壁に浸み込んでいる距離を $1/\kappa$ とし, これと古典論的な速度 $\hbar k/m$ から, "粒子が壁の中に浸み込んでいる時間" を評価せよ. さらにこの時間の遅れが, 位相のずれ δ となることを説明してみよ.

[3] $E < V_0$ の場合の壁での反射の波動関数 (2.26) において, 波動関数の 1 階微分係数が $x = 0$ のところで連続になっていることを確かめよ.

[4] 図 2.3 で長さの単位 a を 1 Å とする. 粒子が電子であるとすると, エネルギー E と V_0 は何 eV になるか調べよ.

[5] 壁での反射の問題の場合, ちょうどエネルギーが $E = V_0$ のときの波動関数を求めよ. また, そのときの反射係数はどうなるか.

[6] V_0 が有限の値のときの井戸型ポテンシャルの問題で, 左右対称な波動関数の固有値を求めよ. (ヒント: $\xi = ka$, $\eta = \kappa a$ とおき, ξ と η の満たす 2 つ

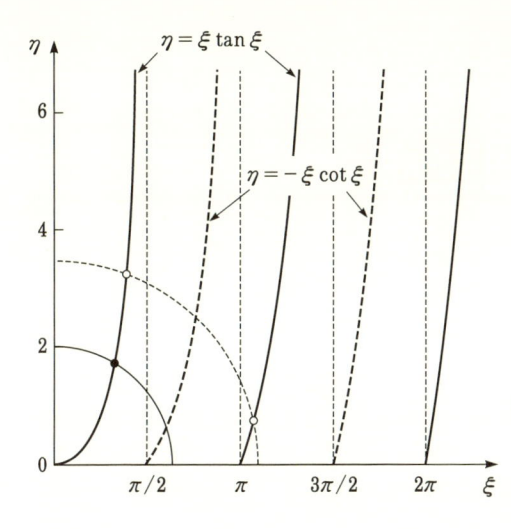

図 2.10 井戸型ポテンシャルの解．グラフの交点が解である．

の式をつくり，それらの ξ-η 平面でのグラフにおける交点を求めるという方法で k と κ を求めてみよ．）

[7] 前問と同じようにして，左右反対称な波動関数の固有値を求めよ．（ヒント： 今度は前問の $k \tan ka = \kappa$ の式の代わりに $-k \cot ka = \kappa$ となる．やはり ξ-η 平面でのグラフにおける交点を求めるという方法で k と κ を求めよ．）

[8] [6]，[7] の解を調べ，V_0 を非常に大きくしたときにエネルギー固有値が (2.39) の値に近づくことを，グラフを用いて説明せよ．

[9] §2.5 の δ 関数ポテンシャルの場合，2 番目の解である左右反対称な解が存在しないことを示せ．

[10] §2.6 のトンネル効果の問題で，$x = a$ と $x = -a$ での境界条件をつくり，係数を求めよ．さらにその結果から，透過係数 T と反射係数 R を求めよ．

[11] [10] と同じ問題であるが，左右対称な解と反対称な解をつくってみよ．さらに，2 つの線形結合から [10] と同じ結果が得られることを示せ．

[12] 井戸型ポテンシャルの場合の $E > V_0$ の散乱状態をつくれ．（[10] や本文の計算から簡単なおきかえで求めることができる．）

3 調和振動子

　第2章では，古典力学の直線運動に対応する平面波を調べた．本章では，もう1つの代表的な運動である単振動の量子力学を調べよう．単振動（調和振動子）は，古典力学でいろいろな場面において基準振動として現れた．量子力学においても様々な局面で調和振動子が重要な役割を果たす．

　調和振動子のエネルギーは，古典力学では任意の値になり得るが，量子力学では $(n+1/2)\hbar\omega$ $(n = 0, 1, 2, \cdots)$ という等間隔の値だけをもつという非常に特徴的な振舞をする（ω は角振動数）．これを**エネルギーの量子化**という．電磁波の基準振動も量子力学で同じように扱うことができるが，この場合のエネルギー $(n+1/2)\hbar\omega$ は，($\hbar\omega/2$ は別にして）$\hbar\omega$ のエネルギーをもつ n 個の光子がいる状態であると解釈されるのである．

§3.1　調和振動子のシュレーディンガー方程式

　単振動を与えるポテンシャル $V(x)$ は x^2 に比例する．例えば，古典力学におけるバネの弾性エネルギーはバネ定数 k を用いて $V(x) = kx^2/2$ と書かれ，これによる力は $F = -dV(x)/dx = -kx$ であった．量子力学でバネ定数 k を使い続けるのも変なので，一般的に使うことのできる角振動数 ω を用いて式を立

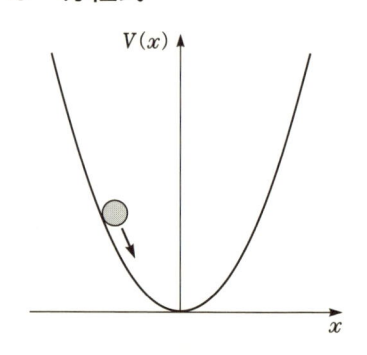

図3.1　調和振動子のポテンシャル

§3.1 調和振動子のシュレーディンガー方程式　55

てることにしよう．バネの単振動の場合の ω は $\omega = \sqrt{k/m}$ で与えられ，座標の時間発展は $\cos\omega t$ というように表される．ポテンシャル $V(x)$ を ω を使って表すと $V(x) = kx^2/2 = m\omega^2 x^2/2$ となるので（図 3.1），この最後の $m\omega^2 x^2/2$ という形を量子力学で用いることにする．(1.18) で示したように量子力学での運動エネルギーと合わせて，調和振動子のシュレーディンガー方程式は

$$\left(-\frac{\hbar^2}{2m}\frac{\partial^2}{\partial x^2} + \frac{1}{2}m\omega^2 x^2\right)\psi(x) = E\,\psi(x) \tag{3.1}$$

と書ける．

(3.1) を少し整理すると

$$\frac{d^2}{dx^2}\psi(x) + \frac{2m}{\hbar^2}\left(E - \frac{1}{2}m\omega^2 x^2\right)\psi(x) = 0 \tag{3.2}$$

となる．変数が x しかないので，偏微分は常微分におきかえた．この方程式の解は簡単に求まるわけではないが，シュレーディンガー方程式を解くときの常套手段を使って解くことができるので，少し丁寧に調べていこう．

解の漸近形

まず，x が非常に大きいところでの解 $\psi(x)$ の振舞いを調べよう．この場合，$m\omega^2 x^2/2 \gg E$ となるから，(3.2) の E の項を無視して

$$\frac{d^2}{dx^2}\psi(x) - \frac{m^2\omega^2}{\hbar^2}x^2\,\psi(x) = 0 \tag{3.3}$$

としてみる．この方程式もすぐに解けるわけではないが，解の予想として指数関数形がよさそうである．1回微分するごとに $\psi(x)$ の係数に $(m\omega/\hbar)x$ が付けばよいので

$$\psi(x) \sim e^{\pm \frac{m\omega}{2\hbar}x^2} \tag{3.4}$$

という解が予想される．±の符号のうち＋の方は $|x|\to\infty$ で発散してしまうので，波動関数としてふさわしくない．したがって，－符号の方を採用する．この場合，$|x|\to\infty$ で $\psi(x)\to 0$ となるので，すべての解は束縛状

態であるといえる．

こうして，x が大きいところの解の予想はついたが，もちろん (3.4) は元のシュレーディンガー方程式 (3.2) の完全な解ではない．そこで

$$\psi(x) = u(x)\, e^{-\frac{m\omega}{2\hbar}x^2} \tag{3.5}$$

とおいて，(3.2) の微分方程式を $u(x)$ についての方程式に変換するのが標準的手法である．こうすれば，関数 $u(x)$ は x が大きいところで素直に振舞うに違いないというわけである．実際にシュレーディンガー方程式 (3.2) に (3.5) を代入して，各項に共通に現れる $e^{-\frac{m\omega}{2\hbar}x^2}$ を消去すると

$$\frac{d^2}{dx^2}u(x) - \frac{2m\omega}{\hbar}x\frac{d}{dx}u(x) + \left(\frac{2m}{\hbar^2}E - \frac{m\omega}{\hbar}\right)u(x) = 0 \tag{3.6}$$

が得られる（演習問題 [1]）．

特徴的な長さ

さて，方程式 (3.6) のままでは，$m, \omega, \hbar$ があちこちについていて多少見づらいので，整理することにする．

―― 例題 3.1 ――――――――――――――――――――――――――――
$m, \omega, \hbar$ の3つの変数から長さの次元をもつ量をつくれ．
――――――――――――――――――――――――――――――――

[解] それぞれの次元は，m が [kg]，ω が [1/sec]，$\hbar$ が [J·sec = kg·m²/sec] である．[kg] と [sec] を消去すると，$\hbar/m\omega$ が [m²] の次元をもつことがわかる．したがって，$\sqrt{\hbar/m\omega}$ が [m]，すなわち長さの次元をもつ量である．

実際，(3.5) で用いた $e^{-\frac{m\omega}{2\hbar}x^2}$ の指数関数の肩をみると，x は長さの次元をもつので $m\omega x^2/\hbar$ は無次元の量になっていることがわかる．そこで，長さの次元をもつ $\sqrt{\hbar/m\omega}$ を新たに

$$\xi = \sqrt{\frac{\hbar}{m\omega}} \tag{3.7}$$

と書くことにする（ξ（グザイ）はギリシャ文字の x に相当する）．さらに，

無次元の変数として $z = x/\xi$ を用いることにしよう．後でわかるように，ξ は調和振動子の特徴的な長さスケールを表していることになる．

新しい変数 z を用いると $e^{-\frac{m\omega}{2\hbar}x^2} = e^{-\frac{1}{2}z^2}$ と簡単になる．さらに $d/dx = (dz/dx)\, d/dz = (1/\xi)\, d/dz$ という関係を用いて，方程式 (3.6) を書きかえると

$$\frac{d^2}{dz^2}u(z) - 2z\frac{d}{dz}u(z) + \left(\frac{2E}{\hbar\omega} - 1\right)u(z) = 0 \qquad (3.8)$$

となって，かなりすっきりする．ついでに $E/\hbar\omega - 1/2 = \varepsilon$ とおけば

$$\frac{d^2}{dz^2}u(z) - 2z\frac{d}{dz}u(z) + 2\varepsilon\, u(z) = 0 \qquad (3.9)$$

となるので，この式を解けばよいことになる．これを次節で少し詳しく説明することにしよう．

§3.2　エルミート多項式

実は方程式 (3.9) は**エルミート（Hermite）の微分方程式**とよばれるものであって，解については昔からよく知られていた．通常の教科書では，数学公式を参照して一気に答えを出してしまうが，ここではいろいろと寄り道して解くことにしよう．

§2.2 で考えたように，$u(z)$ は波動関数の一部なので，z の関数として連続で，かつ1階微分も連続である．そこで複素関数論の議論を用いて，$u(z)$ はテイラー展開できるとする．つまり

$$u(z) = \sum_{n=0}^{\infty} c_n z^n \qquad (3.10)$$

とおこう．ここで c_n はテイラー展開の各項の係数である．また，$z=0$ で発散しないように，z のベキ乗は z^0 から始まるとした．

この $u(z)$ のテイラー展開を方程式 (3.9) に代入してみると，

$$\sum_{n=2}^{\infty} n(n-1) c_n z^{n-2} - 2z \sum_{n=1}^{\infty} n c_n z^{n-1} + 2\varepsilon \sum_{n=0}^{\infty} c_n z^n = 0 \qquad (3.11)$$

58 　3. 調和振動子

となる．さらに，この式を z^n でまとめ直すと

$$\sum_{n=0}^{\infty}\{(n+2)(n+1)c_{n+2} - 2nc_n + 2\varepsilon c_n\}z^n = 0 \qquad (3.12)$$

という式に変形できる．これは (z の多項式 $=0$) という式になっているが，この式が，あらゆる z について成立しなければならない，つまり恒等式になっていなければならないので，z のベキ乗の係数がすべてゼロでなければならないということになる．すなわち，

$$(n+2)(n+1)c_{n+2} - 2nc_n + 2\varepsilon c_n = 0 \qquad (n=0,1,2,\cdots) \tag{3.13}$$

である．これは c_n に関する漸化式と見なすことができるので，

$$c_{n+2} = \frac{2(n-\varepsilon)}{(n+1)(n+2)}c_n \qquad (n=0,1,2,\cdots) \tag{3.14}$$

が得られる．

エネルギーの量子化

さて，ε が整数でないとき，(3.14) は無限級数を与える．つまり，例えば c_0 が与えられると，$c_2, c_4, c_6, \cdots$ というように無限次までの係数が順に決まっていくのである．さて，n が十分大きいとき (3.14) の分子の $n-\varepsilon$ と分母の $n+1$ は大体同じ大きさと見なしてよいので，$c_{n+2} \sim 2c_n/(n+2)$ 程度となる．もちろん n が小さい場合，この式は正確ではなくなるが，c_n の大体の評価を行なうためにこの式を使うと

$$c_n \sim \frac{2}{n}c_{n-2} \sim \left(\frac{2}{n}\frac{2}{n-2}\right)c_{n-4} \sim \cdots$$

$$\sim \left(\frac{2}{n}\frac{2}{n-2}\cdots\frac{2}{2}\right)c_0$$

$$\sim \frac{c_0}{\left(\frac{n}{2}\right)!}$$

となる（n は偶数とした）．

n が十分大きいところで，この c_n の評価が正しいとすると，

$$\sum_{n \text{大きい}} c_n z^n = \sum_{n \text{大きい}} \frac{c_0}{\left(\dfrac{n}{2}\right)!} z^n$$

$$= \sum_{m \text{大きい}} \frac{c_0}{m!} z^{2m} \quad \sim \quad c_0 e^{z^2} \text{ の } z \text{ の大きいところ}$$

のようになる（途中，$n/2$ を m とおいた）．もしこうだとすると，元の変数 x に戻して (3.5) の波動関数 $\phi(x)$ を考えると，$z = x/\xi$ なので

$$\phi(x) = u(x) \, e^{-\frac{x^2}{2\xi^2}} \quad \sim \quad c_0 e^{\frac{x^2}{\xi^2}} e^{-\frac{x^2}{2\xi^2}} = c_0 e^{\frac{x^2}{2\xi^2}}$$

となってしまう．右辺の最後の式は $x \to \infty$ で無限大に発散する関数形になっている．

このように，せっかく $x \to \infty$ のときに発散しない $\phi(x)$ をつくっているつもりであったのだが，$u(z)$ のテイラー展開を解いた結果，発散する解になってしまった．

この解き方で何がいけなかったのかを考えてみると，(3.14) の漸化式を考える際に ε が整数でないとして c_n が無限級数になったところからつまづいたということがわかる．もし $\varepsilon = n$（n はゼロまたは正の整数）が成り立てば，漸化式 (3.14) によって $c_{n+2} = 0$ となる．さらに，これ以降の級数 $\{c_{n+4}, c_{n+6}, \cdots\}$ も常にゼロとなることがわかるので，$\varepsilon = n$ ならば，$u(z)$ が無限級数になることが避けられる．また，$\varepsilon = n$ であっても c_{n-1}, c_{n+1} の系列の級数があると，こちらはゼロにならずに無限に続いてしまうから，やはり同じ問題が生じる．これを避けるためには，この系列が始めからゼロであればよい．具体的には，n が偶数の場合には $u(z)$ は偶数次の項だけから成る有限個の級数，n が奇数の場合には $u(z)$ は奇数次の項だけから成る有限個の級数であればよい．いずれにせよ $\varepsilon = n$ でなければならない．

この $\varepsilon = n$ という条件を，$E/\hbar\omega - 1/2 = \varepsilon$ という関係式を使って元のエネルギーに戻すと

$$E = \left(n + \frac{1}{2}\right)\hbar\omega \quad (n = 0, 1, 2, \cdots) \tag{3.15}$$

が得られる．こうしてエネルギーが離散的になることが示された．これを**エネルギーの量子化**という．つまり E が特別な値のときにのみ，波動関数はおとなしく束縛状態になるというわけである．また $\varepsilon = n$ のとき $c_{n+1} = c_{n+2} = \cdots = 0$ なので，(3.10) のテイラー展開のうちゼロでない係数は c_n が最高次ということもわかる．つまり $u(z)$ は，最大ベキが $c_n z^n$ であるような n 次の多項式である．これを**エルミート多項式**といい，

$$H_n(z) \tag{3.16}$$

と書く習慣になっている．

初等的なエルミート多項式の導出

上記の導出は，わりとややこしかったが，実は解 $H_n(z)$ を求めるだけならば比較的容易に行なうことができる．まずは方程式 (3.9) を満たす $u(z)$ が n 次の多項式であることを認めてしまおう．そうすれば，n が小さいうちは方程式に $u(z)$ の関数形を直接代入することによって直ちに解が得られる．このことを以下で具体的に実行してみよう．

（1）$u(z)$ が 0 次の多項式，つまり $u(z) = $ 一定値 とする．これを微分方程式 (3.9) に代入すれば，

$$\varepsilon = 0$$

のときに解となっていることがわかる．これが 1 つ目の解 $H_0(z)$ である．エネルギー固有値は $E/\hbar\omega - 1/2 = \varepsilon$ という関係式から，$E = \hbar\omega/2$ である．

（2）次に $u(z)$ が 1 次の多項式，つまり

$$u_1(z) = c_1 z + c_0$$

として微分方程式に代入してみよう（左辺の添字 1 は 1 次の多項式という意味である）．すると次式が成り立つが

$$-2c_1 z + 2\varepsilon(c_1 z + c_0) = 0$$

が恒等的に（つまり，すべての z について）成立するためには

$$\varepsilon = 1, \quad c_1 \text{ は任意}, \quad c_0 = 0$$

が条件である．よって，2番目の固有関数は $u_1(z) = c_1 z$ となる．また，エネルギー固有値は再び $E/\hbar\omega - 1/2 = \varepsilon$ の関係式から $E = 3\hbar\omega/2$ となる．

このように順に調べていけばよい．

── 例題 3.2 ──

$u(z)$ が2次の多項式 $u_2(z) = c_2 z^2 + c_1 z + c_0$ であるとして，係数 c_2, c_1, c_0 の満たすべき式と，ε およびエネルギー固有値 E を求めよ．

[解] $u_2(z)$ を (3.9) に代入すれば，$d^2 u_2/dz^2 = 2c_2$ などを用いて
$$2c_2 - 2z(2c_2 z + c_1) + 2\varepsilon(c_2 z^2 + c_1 z + c_0) = 0$$
つまり
$$(2\varepsilon - 4)c_2 z^2 + (2\varepsilon - 2)c_1 z + 2c_2 + 2\varepsilon c_0 = 0$$
となる．これが z に関しての恒等式でなければならない．まず，z^2 の係数がゼロということから $\varepsilon = 2$ が得られる．($c_2 = 0$ という解もあるが，これは $u(z)$ が2次の多項式であるという前提と矛盾する．）したがって，$E = 5\hbar\omega/2$．次に z の係数から $c_1 = 0$，最後の定数項から $c_2 = -\varepsilon c_0 = -2c_0$ となり，結局
$$u(z) = (-2z^2 + 1)c_0 \tag{3.17}$$
が得られる．ただし，全体の係数 c_0 は決まらない．

n が大きくなると，この方法は次第に複雑になるが，$u(z)$ が n 次多項式の場合，特に (3.9) に代入した後の z^n の係数を調べてみよう．d^2u/dz^2 の項からは z^{n-2} 以下の項しか出てこないので，(3.9) の第2項と第3項から z^n の項が現れ
$$-2nc_n z^n + 2\varepsilon c_n z^n + (z^{n-1} \text{次以下の項}) = 0 \tag{3.18}$$
となる．z^n の係数がゼロということから，直ちに $\varepsilon = n$ という関係が得られる．このように，ε とエネルギー固有値 E を求めるだけならば最大ベキ z^n の係数を調べるだけでよい．

§3.3　調和振動子の波動関数の性質

前節で $u(z)$ がエルミート多項式として得られたが，調和振動子の波動関数は，(3.5) のようにエルミート多項式と $e^{-\frac{1}{2}z^2}$ の積として得られる．具体的に n の小さい方の波動関数をまとめておくと

$$
\begin{aligned}
&n=0: \quad E=\frac{1}{2}\hbar\omega, \quad \psi_0(z) = c_0 e^{-\frac{1}{2}z^2} \\
&n=1: \quad E=\frac{3}{2}\hbar\omega, \quad \psi_1(z) = c_1 z e^{-\frac{1}{2}z^2} \\
&n=2: \quad E=\frac{5}{2}\hbar\omega, \quad \psi_2(z) = c_2(-2z^2+1) e^{-\frac{1}{2}z^2} \\
&\left(z=\frac{x}{\xi}=\sqrt{\frac{m\omega}{\hbar}}x \text{ を用いると } e^{-\frac{1}{2}z^2} \text{ は } e^{-\frac{m\omega}{2\hbar}x^2}\right)
\end{aligned}
$$
(3.19)

である．n が 0 から 4 までの波動関数を図 3.2 に示した．

係数 c_n は波動関数の規格化

$$\int_{-\infty}^{\infty} |\psi(x)|\, dx = 1 \tag{3.20}$$

によって決まる．例えば，規格化された $\psi_0(x)$ を書くと

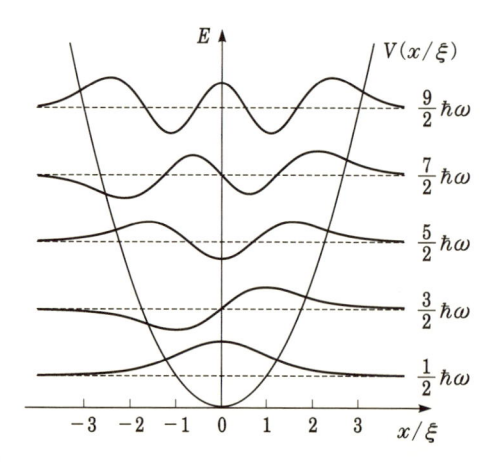

図 3.2　調和振動子のポテンシャルエネルギーと波動関数．それぞれの波動関数が描かれている高さは，エネルギー固有値 $E=(n+1/2)\hbar\omega$ の大きさに合わせてある．ただし規格化はされていない．

§3.3 調和振動子の波動関数の性質   63

$$\phi_0(x) = \frac{1}{\sqrt{\xi\sqrt{\pi}}} e^{-\frac{x^2}{2\xi^2}} \quad (3.21)$$

である．（演習問題［2］参照．規格化の際に必要なガウス積分の公式は演習問題に与えられている．）(3.21) の波動関数は図 3.2 の一番下のものであるが，図からわかるように，だいたい $|x| \sim \xi$ 程度の領域に局在した関数になっている．実際 $x = \xi$ のとき，$\phi_0(x=\xi)/\phi_0(0) = e^{-1/2} \sim 0.6065$ となるので，$\phi_0(0)$ の大きさの大体半分近くになる．このため，ξ は量子力学的調和振動子の特徴的長さであるといわれる．

$n = 0$ の波動関数 $\phi_0(x)$ は常に正であり，ゼロにはならない．これを**波動関数の節がない**という．また，図 3.2 からわかるように，$n = 1$ の波動関数は $x = 0$ のところでのみゼロとなる奇関数，$n = 2$ は 2 箇所で節をもつ偶関数である．このようにエネルギーの低い方から順に節の数は 1 つずつ増えていき，波動関数の対称性（パリティ）も偶関数と奇関数が交互に現れる．これは図 2.6 や図 2.7 の井戸型ポテンシャルの場合の束縛状態と同じであり，1 次元の左右対称なポテンシャル中での波動関数の特徴である．

不確定性原理と零点振動

ところで，得られた波動関数の関数形は，古典力学での単振動とは似ても似つかない形となっている．そもそも，古典力学の最低エネルギー状態は，粒子が $x = 0$ で静止している状態なので，運動量もゼロでありエネルギーもゼロである．しかし，量子力学での最低エネルギー状態は $E = \hbar\omega/2$ という有限な大きさのエネルギーをもち，波動関数は (3.21) の $\phi_0(x)$ で表されるように $x = 0$ の周りに広がっている．つまり，粒子の確率分布は ξ 程度の広がりをもつ．このような状態を**零点振動**という．もちろん $\hbar$ は小さいので，零点振動のエネルギー $\hbar\omega/2$ も小さいものである．

例題 3.3

$\xi = 1.00\,[\text{Å}]$ とし，m として電子の質量を用いたときの零点エネルギーの大きさを求めよ．

---

64   3. 調和振動子

［解］ 角振動数 ω は ξ から逆算すると，

$$\omega = \frac{\hbar}{m\xi^2}$$

$$= \frac{1.05 \times 10^{-34}}{9.11 \times 10^{-31} \times 1.00 \times 10^{-20}} \fallingdotseq 1.15 \times 10^{16}\,[\mathrm{s}^{-1}]$$

となる．零点エネルギーは

$$\frac{1}{2}\hbar\omega \fallingdotseq 6.1 \times 10^{-19}\,[\mathrm{J}]$$

である．量子力学ではエネルギーの単位として $1\,[\mathrm{eV}] = 1.60 \times 10^{-19}\,[\mathrm{J}]$ というのをよく用いるが，この単位では $\hbar\omega/2 \fallingdotseq 3.8\,\mathrm{eV}$ になる．

期待値の計算

(3.21) の基底状態の波動関数 $\psi_0(x)$ を用いて，粒子の位置座標の期待値というものを求めてみよう．

サイコロを振ったときに出る目 $i = 1, 2, \cdots, 6$ に対して，その確率が P_i とすると，出る目の平均値は

$$\sum_{i=1}^{6} i \times P_i \tag{3.22}$$

で求められる．この量を期待される値という意味で**期待値**という．この考え方と同じように粒子の位置座標の期待値を定義しよう．

波動関数が $\psi_0(x)$ である場合，粒子の位置を測定すると，$|\psi_0(x)|^2$ の確率密度に従って座標 x に粒子が見い出される．これが量子力学での確率解釈である．サイコロの場合と比較すると，出る目の値 i に対応するのが粒子の座標 x，確率 P_i に対応するのが $|\psi_0(x)|^2$ ということになる．

したがって (3.22) に対応して，座標 x と確率 $|\psi_0(x)|^2$ の積をいろいろな x について和をとったもの，つまり積分

$$\bar{x} = \int_{-\infty}^{\infty} x\,|\psi_0(x)|^2\,dx \tag{3.23}$$

が x の期待値である．具体的に (3.21) の関数形を代入すると，

$$\bar{x} = \frac{1}{\xi\sqrt{\pi}} \int_{-\infty}^{\infty} x e^{-\frac{x^2}{\xi^2}} dx \qquad (3.24)$$

となるが，被積分関数は x に関して奇関数なので，積分値はゼロとなる．この理由は簡単である．調和振動子の位置座標の測定値は，測定ごとに原点を中心にプラスやマイナスの値になるので，その平均値はゼロになってしまうのである．

しかしこれでは面白くないので，次に x^2 の期待値を計算してみよう．これを $\overline{x^2}$ と書く．粒子を測定するごとに x の値自体は正負になるのだが，x の 2 乗は必ずゼロまたは正の値である．このため，期待値 $\overline{x^2}$ も必ずゼロまたは正の値になる．($\overline{x^2} = 0$ となるのは，毎回 $x = 0$ が得られる場合だけである．) 実際に，$\psi_0(x)$ を用いて (3.23) と同じように計算してみよう (演習問題 [3])．すると

$$\overline{x^2} = \int_{-\infty}^{\infty} x^2 |\psi_0(x)|^2 dx = \frac{1}{\xi\sqrt{\pi}} \int_{-\infty}^{\infty} x^2 e^{-\frac{x^2}{\xi^2}} dx = \frac{\xi^2}{2} \qquad (3.25)$$

となる（ガウス積分については演習問題 [2] を参照）．

このように，x の期待値 $\bar{x}$ はゼロであるが，$\overline{x^2}$ はゼロではない．測定される粒子の座標の絶対値はどれくらいであるかを考えると，大体 $\sqrt{\overline{x^2}}$ が目安になると考えてもよいだろう．この量は $\xi/\sqrt{2}$ となるので，大体原点から距離 ξ 程度に粒子は束縛されているということがわかる．これが波動関数の大まかな広がりを表している．

古典力学での単振動との対応

古典力学での単振動と量子力学での波動関数とはどのようにつながっているのか考えてみよう．図 3.2 のように $n = 0, 1, 2$ など n が小さいときの波動関数は量子力学の典型的な状態であって，古典力学の単振動のイメージとかけ離れている．しかし，n が大きくエネルギーが大きい場合の波動関数で表される状態は，古典力学での単振動の運動に近づいていく様子が以下のようにしてわかる．

いくつかの n の場合の波動関数の 2 乗 $|\phi(x)|^2$ を示したものが図 3.3 である．それぞれ，節が n 個ある．図 3.3 のうち，特に n が大きい $n = 20$ や $n = 50$ の場合に着目しよう．節があるために，粒子の存在確率がゼロとなる位置がたくさんあるが，それを気にしなければ，大まかな形は $x = 0$ 付近では小さく，端付近で最大になる形をしている．このような粒子の存在確率の振舞いは，古典力学ではどうなっているだろうか？

粒子が振幅 A で単振動しているとすれば，古典力学でのエネルギー E は（$x = \pm A$ の位置で速度ゼロとなるので）$E = m\omega^2 A^2/2$ である．したがって，$A = \sqrt{2E/m\omega^2}$．一方，量子力学の調和振動子で $n = 50$ の場合，エネルギーは $E = (50 + 1/2)\hbar\omega$ である．したがって，古典力学で同じエネルギーをもつ粒子の振幅 A は $\sqrt{101\hbar/m\omega} = \sqrt{101}\xi \cong 10\xi$ であり，ちょうど図 3.3 の右下の $n = 50$ の場合の存在確率の端の位置に当る．

古典力学での粒子の運動は

$$x(t) = A \sin \omega t \tag{3.26}$$

と書けるが，$x = \pm A$ 付近では粒子はゆっくり進むので，滞在時間は長い．逆に $x = 0$ 付近では速度が速いので，滞在時間は短い．この長短が図 3.3 での存在確率の大小となって現れていると考えられる．そこで，古典力学で粒子が位置 x 付近にいるときの，粒子の滞在時間を計算してみよう．

粒子が位置 x にいる時刻は，(3.26) を逆に解いて $t = (1/\omega) \sin^{-1}(x/A)$ である．また，位置が $x + \varDelta x$ となる時刻は $t' = (1/\omega) \sin^{-1}\{(x + \varDelta x)/A\}$ である．t' と t の差をとると，粒子が位置 x から $x + \varDelta x$ の間にいる滞在時間がわかる．$\varDelta x$ が十分小さければ

$$\varDelta t = t' - t = \frac{1}{\omega}\frac{d}{dx}\sin^{-1}\frac{x}{A}\cdot \varDelta x = \frac{\varDelta x}{\omega\sqrt{A^2 - x^2}} \tag{3.27}$$

となる．この関数は $x = \pm A$ のところで発散する．(3.27) を x の関数として書いたものが図 3.3 の $n = 50$ の場合の破線であり，$|\phi(x)|^2$ に比例していることがわかる．（破線は $|\phi(x)|^2$ の実線と重ならないように，縦に

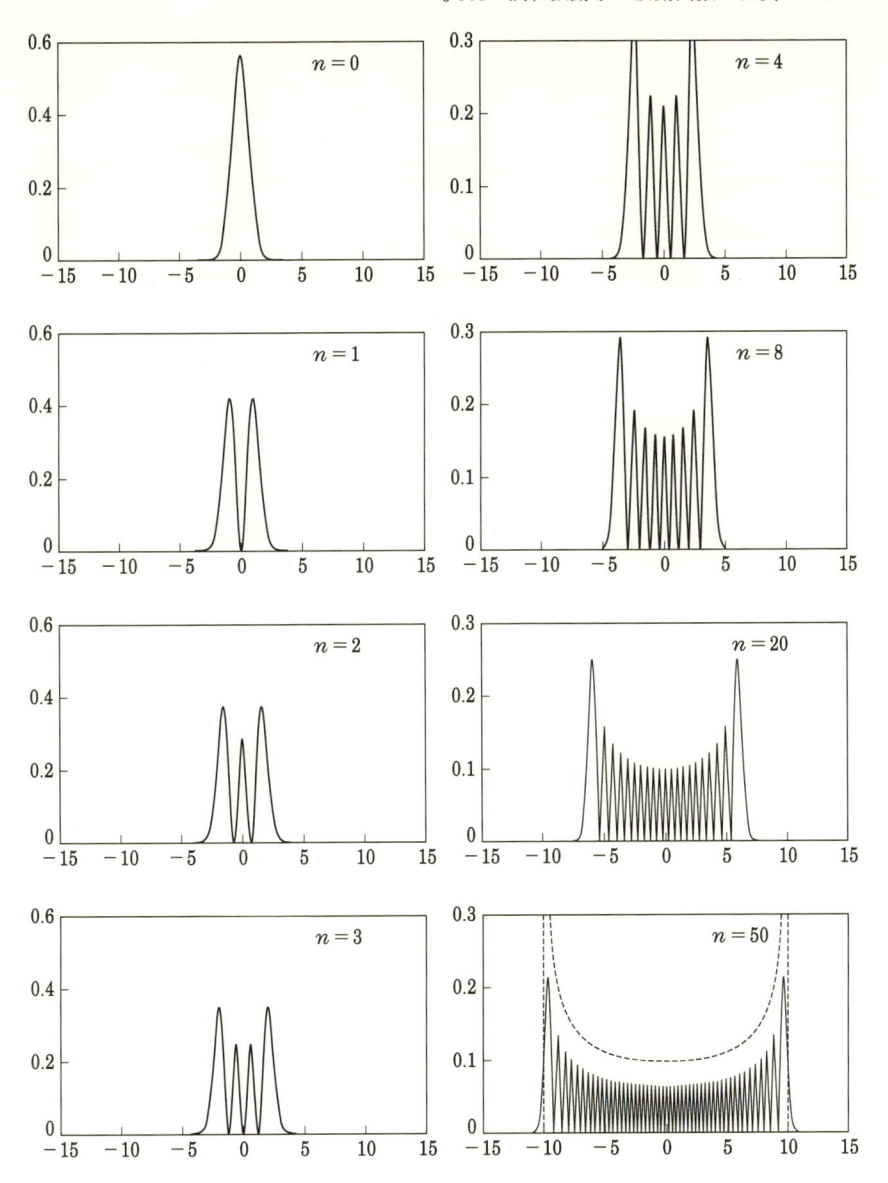

§3.3 調和振動子の波動関数の性質　67

図 3.3 波動関数の絶対値の2乗．$n=50$ の図の破線は，古典力学での粒子の滞在時間を示す．（実線と重ならないように縦に3倍してある．）

3倍してある.)

§3.4 波動関数の直交性

第5章などでも再び触れるが,一般にエネルギー固有値が異なる波動関数同士には**直交性**という性質がある.このことを調和振動子の場合に示してみよう.エネルギーが E_n である波動関数を $\psi_n(x)$,エネルギーが E_m である波動関数を $\psi_m(x)$ とする.このとき2つの波動関数の積の積分

$$\int_{-\infty}^{\infty} \psi_n{}^*(x)\,\psi_m(x)\,dx \tag{3.28}$$

をベクトルの内積に相当するものと考え,この積分がゼロになる場合,$\psi_n(x)$ と $\psi_m(x)$ は**直交する**という.ここで $\psi_n{}^*(x)$ は $\psi_n(x)$ の複素共役を表す.

実際に (3.28) の積分を計算してみよう.$\psi_m(x)$ の満たすシュレーディンガー方程式 (3.1) を書いてみると,

$$\left(-\frac{\hbar^2}{2m}\frac{\partial^2}{\partial x^2}+\frac{1}{2}m\omega^2 x^2\right)\psi_m(x)=E_m\,\psi_m(x) \tag{3.29}$$

である(少し紛らわしいが,添字の m と質量の m は区別して扱うこと).この式の両辺に左から $\psi_n{}^*(x)$ を掛けて積分すると

$$\int_{-\infty}^{\infty}\psi_n{}^*(x)\left(-\frac{\hbar^2}{2m}\frac{\partial^2}{\partial x^2}+\frac{1}{2}m\omega^2 x^2\right)\psi_m(x)\,dx=\int_{-\infty}^{\infty}\psi_n{}^*(x)\,E_m\,\psi_m(x)\,dx \tag{3.30}$$

となる.一方,$\psi_n(x)$ が満たすシュレーディンガー方程式の複素共役をつくり,さらに $\psi_m(x)$ を掛けて積分すると

$$\int_{-\infty}^{\infty}\psi_m(x)\left(-\frac{\hbar^2}{2m}\frac{\partial^2}{\partial x^2}+\frac{1}{2}m\omega^2 x^2\right)\psi_n{}^*(x)\,dx=\int_{-\infty}^{\infty}\psi_m(x)\,E_n\,\psi_n{}^*(x)\,dx \tag{3.31}$$

が得られる.(3.30) と (3.31) の左辺を見比べると,第2項同士は同じ積分である.また,左辺第1項も2回部分積分すれば同じものになることがわ

かる．（部分積分の途中で現れる $\psi_m(\pm\infty)$ などはゼロである．）最後に (3.30) と (3.31) の両辺を引き算すると

$$0 = (E_m - E_n)\int_{-\infty}^{\infty}\psi_n{}^*(x)\,\psi_m(x)\,dx \qquad (3.32)$$

となる．固有値が異なる場合は $E_m - E_n \neq 0$ であるから，右辺の積分がゼロでなければならないことが示される．つまり，$\psi_n(x)$ と $\psi_m(x)$ が直交することが示された．

この直交関係を用いると，エルミート多項式の積分に関して特殊な関係が成立することを示すことができる．実際，$\psi_n(x)$ は変数 z を用いて $H_n(z)\,e^{-\frac{z^2}{2}}$ と書けるから，(3.28) の直交性は

$$\int_{-\infty}^{\infty} H_n(z)\,H_m(z)\,e^{-z^2}\,dz = 0 \qquad (n \neq m) \qquad (3.33)$$

を意味している．なお，エルミート多項式の数学公式は付録 A にまとめた．

演習問題

[1] (3.6) を導け．

[2] ガウスの積分公式

$$\int_{-\infty}^{\infty} e^{-cx^2}\,dx = \sqrt{\frac{\pi}{c}}, \qquad \int_{-\infty}^{\infty} xe^{-cx^2}\,dx = 0$$

$$\int_{-\infty}^{\infty} x^2 e^{-cx^2}\,dx = \frac{1}{2c}\sqrt{\frac{\pi}{c}}, \qquad \int_{-\infty}^{\infty} x^4 e^{-cx^2}\,dx = \frac{3}{4c^2}\sqrt{\frac{\pi}{c}}$$

（c は任意定数）を使って，調和振動子の波動関数 (3.19) を規格化せよ．

[3] x^2 の期待値 (3.25) を確かめよ．

[4] x^2 の期待値を用いると，ポテンシャルエネルギー $V(x)$ の期待値というものも計算できる．(3.25) を使って，$V(x)$ の期待値がエネルギー E のちょうど半分になっていることを示せ．

[5] エネルギーが下から 2 番目の状態 $\psi_1(x)$ を用いて，波動関数の広がりの目安である $\Delta x = \sqrt{\overline{x^2}}$ を計算してみよ．また，このときの $V(x)$ の期待値を求め，エネルギー固有値 E のちょうど半分になっていることを示せ．

[6]* 調和振動子におけるビリアル定理を証明せよ．

[7] 縮退していない波動関数は実数関数とすることができることを証明せよ．（ヒント： シュレーディンガー方程式の複素共役をとってみると，$\psi^*(x)$ は，元の $\psi(x)$ と全く同じ方程式を満たすことがわかる．このことを用いてみよ．）

[8]* 1次元のシュレーディンガー方程式の場合，束縛状態のエネルギー準位は縮退しないことを証明せよ．（ヒント： もし同じエネルギー E の 2 つの線形独立な束縛状態の波動関数 $\psi_1(x)$, $\psi_2(x)$ があったとする．この場合，ロンスキアン (Wronskian) とよばれる関数 $f(x) = \psi_1'(x)\psi_2(x) - \psi_1(x)\psi_2'(x)$ を使うとよい．実はこの関数が恒等的にゼロになることを示すことができる．）

いろいろな調和振動子

「振動・波動」で習うように，単振動という運動形態はいろいろな局面で現れる．特にポテンシャルの底を中心とした微小振動は，必ずといってよいほど単振動になる．

量子力学では，単振動は第3章で示したような調和振動子として扱い，その結果，振動は量子化されるといえる．例えば，結晶格子を構成する原子は平衡位置を中心に単振動するが，これをもとに格子振動を調和振動子として扱うことができる．そうすると，エネルギーは整数 n を用いて $(n+1/2)\hbar\omega$ となる．このことは，エネルギーの量子単位が $\hbar\omega$ であり，このエネルギー単位をもつ量子化された格子振動が n 個存在するというように解釈することもできる．

このように量子化された格子振動には名前が付いていて，**フォノン**（phonon）とよばれている．結晶中の音は格子振動によって伝えられるので，音を意味する「phone」と，粒子を意味する結尾語「-on」を合成して作られた単語である．（日本語では「音子」とよんでもよいのだが，フォノンとそのままよぶようになった．）電子が結晶中を移動するとき，1つのフォノンを放出したり吸収したりすることができるのである．

同じように，電子のプラズマ振動を量子化したものを**プラズモン**（plasmon），磁気モーメントの振動を量子化したものを**マグノン**（magnon），分極を量子化したものを**ポーラロン**（polaron）などとよび，いろいろな現象を理解するのに非常に役に立っている．

液体ヘリウムの表面波は，「さざ波」を意味する ripple から，**リプロン**（ripplon）とよばれている．さらに最近では，位相（phase）を量子化した**フェイゾン**（phason），スピン（すでに量子的であるが）を量子化した**スピノン**（spinon）とか，固体中のミクロな"穴"を量子化した**ホロン**（holon）などといったものもあり，乱立状態である．新しい粒子を考え出して -on と名付けることができれば一人前の物理学者である．

4 波束

　第2章では，平面波を用いていろいろと詳しい計算をしたので，平面波の感覚がつかめてきたのではないかと思う．そこで本章では，平面波の重ね合わせを使って，"粒子的に振舞う波"というものを調べてみよう．これを一般に波束という．

　実験では，粒子は波と同じような性質を示すとともに，その名の通り粒子的な性質も示す．例えば電子が電場や磁場中で運動する様子を調べるときには，質量 m，電荷 $-e$ をもつ粒子がニュートンの運動方程式に従って運動するとして実験をうまく説明することができる．また，素粒子の発見に貢献したのはウィルソンの霧箱であるが，この霧箱では素粒子が飛んだ軌跡が記録される．このように電子や素粒子が粒子的に振舞うようにみえるときは，波束状態となっていると考えればよい．

§4.1　典型的な波束と不確定性関係

　時刻 $t=0$ で図4.1のように空間的に局在した波動関数

$$\phi(x) = u(x)\, e^{ik_0 x} \tag{4.1}$$

を考えてみよう．粒子の確率密度は $|\phi(x)|^2 = u^2(x)$ であり，$u(x)$ は図4.1の点線のように，ある領域だけで大きな値をもつ関数であるとする．このような局在した波を**波束**とよぶ．

　(4.1)の波動関数が，平面波 Ae^{ikx} を用いた積分で表すことができるのかどうか考えてみよう．例えば，積分

§4.1 典型的な波束と不確定性関係　73

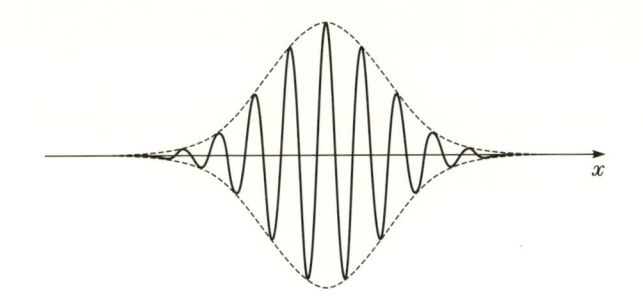

図4.1 波束

$$\psi(x) = \int_{-\infty}^{\infty} A e^{-\frac{a^2}{2}(k-k_0)^2} e^{ikx}\, dk \qquad (4.2)$$

を考えてみる．この式は波数 k の平面波 Ae^{ikx} に係数

$$e^{-\frac{a^2}{2}(k-k_0)^2} \qquad (4.3)$$

を掛けて k 積分したものである（指数関数の肩の中の分母の2は計算が少し楽になるように付けたものである）．(4.3) の関数を k の関数として書くと図4.2のようになり，$k = k_0$ を中心に大体 $1/a$ くらいの範囲で値をもっていることがわかる．積分を図4.3のような面積の合計であると考えると，(4.2) は

$$\sum_n A e^{-\frac{a^2}{2}(k_n-k_0)^2} e^{ik_n x}\, \delta k \qquad (4.4)$$

と書くことができる．ここで k_n は図4.3での離散的な k の値で，δk は図の

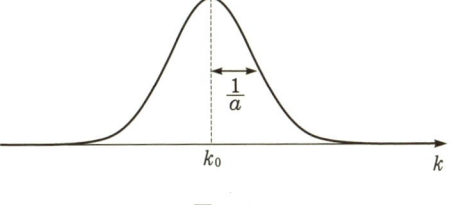

図4.2

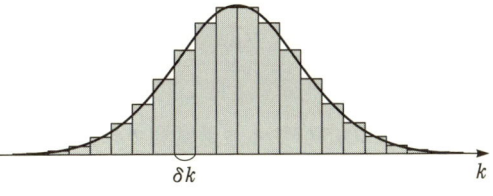

図4.3 面積の合計としての積分

1つ1つの長方形の底辺である．このように考えれば，(4.2) の積分は平面波の一種の足し合わせ，つまり重ね合わせであることがわかる．

例題 4.1

(4.2) の k 積分を実行して，波動関数 $\phi(x)$ の具体的な形を求めよ．さらに，規格化条件によって係数 A を決めよ．

[解] (4.2) の指数関数の肩を平方完成すると

$$-\frac{a^2}{2}(k-k_0)^2 + ikx = -\frac{a^2}{2}\left(k-k_0-\frac{ix}{a^2}\right)^2 - \frac{x^2}{2a^2} + ik_0x \quad (4.5)$$

である．こうすれば (4.2) はガウス積分（第3章の演習問題［2］を参照）を用いて

$$\phi(x) = A\sqrt{\frac{2\pi}{a^2}}\, e^{-\frac{x^2}{2a^2} + ik_0x} \quad (4.6)$$

となる．

次に，規格化条件は

$$\int_{-\infty}^{\infty} |\phi(x)|^2\, dx = \frac{2\pi |A|^2}{a^2}\int_{-\infty}^{\infty} e^{-\frac{x^2}{a^2}}\, dx = 1$$

であるが，再びガウス積分の公式を用いて $A = (a/2\pi\sqrt{\pi})^{1/2}$ を得る．

結局，規格化された波動関数 (4.2) は

$$\phi(x) = \frac{1}{\sqrt{a\sqrt{\pi}}}\, e^{-\frac{x^2}{2a^2} + ik_0x} \quad (4.7)$$

ということになる．この関数形は (4.1) で考えた波束の形をしている．実際，(4.1) の局在した関数 $u(x)$ が $e^{-x^2/2a^2}/\sqrt{a\sqrt{\pi}}$ の場合に対応しており，$u(x)$ は，ガウス分布と同じ関数形になっている．

実空間での広がりと波数空間での広がり

さて，得られた波動関数 (4.7) をもう少し詳しく調べてみよう．波動関数の実空間での大体の広がりは距離 a である．これを具体的に調べてみる

には，$\phi(x)$ を用いて x^2 の期待値 $\int_{-\infty}^{\infty} x^2 |\phi(x)|^2 \, dx$ を調べてみればよい．再び第 3 章の演習問題［2］のガウス積分の公式を用いて計算すると

$$\overline{x^2} = \int_{-\infty}^{\infty} x^2 |\phi(x)|^2 \, dx = \frac{a^2}{2} \tag{4.8}$$

が得られる（演習問題［1］）．

第 3 章の (3.25) を使った議論と同じように，$\Delta x = \sqrt{\overline{x^2}}$ が波動関数の大まかな広がりを表していて，いまの場合 $\sqrt{\overline{x^2}} = a/\sqrt{2}$ となる．したがって公式的にまとめておくと，

$$\text{実空間（x 空間）で } e^{-\frac{x^2}{2a^2}} \iff \text{関数の広がり } \Delta x \text{ は } \frac{a}{\sqrt{2}} \tag{4.9}$$

と表される．

次に，**波数空間**での広がりというものを考えてみよう．波数空間とは聞き慣れない言葉であるが，座標 x で表される実空間に対して波数 k を変数とする空間のことである．いま考えている波束の波動関数は，(4.4) のようにいろいろな波数 k の平面波を重ね合わせたものである．このような場合，関数 $\phi(x)$ は波数空間で広がりをもっているという．(4.4) の重ね合わせの係数は図 4.2 の関数 $e^{-\frac{a^2}{2}(k-k_0)^2}$ なので，この関数の広がりが波数空間での広がりだと考えればよい．

$e^{-\frac{a^2}{2}(k-k_0)^2}$ の k の関数としての広がりを考えるとき，(4.9) の対応関係を参考にして考えることにしよう．$e^{-\frac{x^2}{2a^2}}$ と $e^{-\frac{a^2}{2}(k-k_0)^2}$ とを比較すると，変数が x から $k - k_0$ に変更されている他に，分母の a^2 のところが $1/a^2$ に変更されていることがわかる．したがって，(4.9) の対応関係を参考にすると，

$$\text{波数空間（k 空間）で } e^{-\frac{a^2}{2}(k-k_0)^2} \iff \text{関数の広がり } \Delta k \text{ は } \frac{1}{\sqrt{2}\, a} \tag{4.10}$$

となる．

(4.9) と (4.10) を比較すると，（$\sqrt{2}$ を除いて）実空間での波動関数の広がり Δx と，波数空間での広がり Δk との間には反比例の関係があることがわかる．もし a を大きくすると，波動関数 (4.7) の中の $x^2/2a^2$ はゼロに近づくので，(4.7) は波数 k_0 をもつ空間的に広がった平面波 $e^{ik_0 x}$ に近づいていく．これと同時に，関数 $e^{-\frac{a^2}{2}(k-k_0)^2}$ は $k=k_0$ 付近でのみ値をもつような鋭くとがった関数となる．

また反対に a を小さくしていくと，波動関数 (4.7) は実空間で非常に鋭い関数となり，同時に関数 $e^{-\frac{a^2}{2}(k-k_0)^2}$ は $k=k_0$ 付近だけでなく，かなり広い範囲の k の値で大きな値をとるようになる．つまり，k 空間で広がった関数となる．このように，いつも逆の関係になることがわかる．

不確定性関係

波数 k と運動量 p とは，$p=\hbar k$ の関係でつながっているというのが量子力学での基本的な仮定だった．したがって，波数空間 k で広がりがあるということは，運動量が確定していなくて，幅をもっているということを意味する．実際に波束状態で運動量を観測すると，$\hbar k_0$ を中心としてある程度ばらついた値が測定され，この幅は

$$\Delta p = \hbar \, \Delta k = \frac{\hbar}{\sqrt{2}\,a} \tag{4.11}$$

で与えられる．この Δp を**運動量の不確定性**とよび，Δx を**位置座標の不確定性**とよぼう．

いまの波束の場合，位置座標と運動量の不確定性の積は

$$\Delta x \cdot \Delta p = \frac{a}{\sqrt{2}} \cdot \frac{\hbar}{\sqrt{2}\,a} = \frac{\hbar}{2} \tag{4.12}$$

となる．これを**不確定性関係**という．Δx と Δp は反比例するので，一方を精度良く測定してしまうと，もう片方の不確定性が増加してしまう．

例えば，粒子の位置を測定する場合，原理的には非常に精度を上げることが可能である．つまり，Δx はいくらでも小さくすることができる．しか

し，そうすると先ほど説明したように測定後の波動関数が空間的に非常に鋭い関数（つまり (4.7) の関数形では a が小さいもの）となってしまう．その結果，波数空間での分布が広がり，運動量の不確定性が増えてしまう．

逆に，粒子の運動量を精度よく測定して，運動量が p_1 であると測定されたとする．この場合，測定後には状態が $k_1 = p_1/\hbar$ という決まった波数をもつ平面波になってしまう．その結果，実空間での粒子の存在確率が広がってしまい，次に粒子の位置を測定するときの不確定性が増えてしまうのである．これが (4.12) が示す不確定性関係である．なお，第5章の§5.2で示すように，(4.12) の右辺の $\hbar/2$ は不確定性の最小値であることが証明される．また，ここでは運動量の測定値ということを漠然と用いたが，正確な定義は第5章で行なう．実空間と波数空間の関係は数学的にはフーリエ変換として美しくまとめられている．これについては，付録Bにまとめた．

粒子が粒として運動していると見なされる場合には，量子力学的には上記の波束が運動していると考えればよい．粒子の存在位置は Δx 程度の広がりをもっている．このとき，粒子の運動量も確定しているわけではなく，Δp の幅をもっている（演習問題［2］，［3］）．

例題 4.2

霧箱の実験では，粒子の位置は有限の大きさをもった痕跡として記録される．この大きさを 1 mm の精度だとすると位置座標の不確定性は $\Delta x = 1.0 \times 10^{-3}$ [m] である．このとき運動量の不確定性 Δp を求めよ．

［**解**］(4.12) を使って

$$\Delta p = \frac{\hbar}{2\Delta x} \fallingdotseq 5.3 \times 10^{-32} \, [\text{kg·m/s}]$$

程度である．粒子が電子だとすると，質量は $m = 9.11 \times 10^{-31}$ [kg] だから，速さの不確定性は

$$\Delta v = \frac{\Delta p}{m} \fallingdotseq 5.8 \times 10^{-2} \, [\text{m/s}]$$

程度となる．Δx と Δp は互いにこれくらいの精度で決まるということである．

§4.2 波束の時間発展

前節で得られた波束の波動関数 (4.2) が，時間とともにどのように形を変えていくか調べてみよう．第1章の (1.22) で述べたように，波動関数の時間発展は $\psi(x)$ に $e^{-\frac{i}{\hbar}Et}$ を掛ければよい．

平面波 e^{ikx} はエネルギー $E = \hbar^2 k^2/2m$ をもっているので，(4.2) 中の e^{ikx} は各々時間発展 $e^{-\frac{i}{\hbar}\frac{\hbar^2 k^2}{2m}t}$ が掛かる．これらを重ね合わせて積分したものが時刻 t での波束となるので

$$\Psi(x,t) = \int_{-\infty}^{\infty} A e^{-\frac{a^2}{2}(k-k_0)^2} e^{-\frac{i}{\hbar}\frac{\hbar^2 k^2}{2m}t} e^{ikx} \, dk \qquad (4.13)$$

である（演習問題 [4]）．

もし仮に時間発展が k によらない E_0 を用いて $e^{-\frac{i}{\hbar}E_0 t}$ だったとすると，この指数関数は (4.13) の積分の外に出せてしまうので，

$$e^{-\frac{i}{\hbar}E_0 t} \int_{-\infty}^{\infty} A e^{-\frac{a^2}{2}(k-k_0)^2} e^{ikx} dk = e^{-\frac{i}{\hbar}E_0 t} \psi(x)$$

となる．この場合は，波動関数に位相因子が付くだけである．しかし，正しくは (4.13) のように，波数 k ごとに違う時間発展 $e^{-\frac{i}{\hbar}\frac{\hbar^2 k^2}{2m}t}$ を掛けて積分しなければならない．その結果，(4.13) の積分を実行すると，時間とともに波束の形が乱れていくと予想される（図 4.4）．

少し計算は複雑になるが，(4.13) の積分を実行してみよう．複素数であることを気にせずに (4.13) の指数関数の肩を平方完成すると

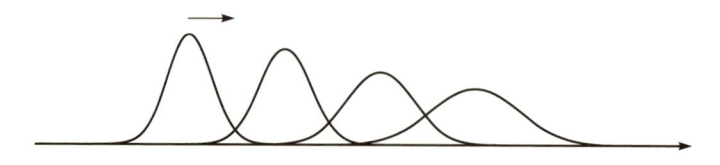

図 4.4 波束の伝播．時間とともに波束の幅は大きくなっていく．

$$-\frac{a^2}{2}(k-k_0)^2 - \frac{i}{\hbar}\frac{\hbar^2 k^2}{2m}t + ikx$$
$$= -\frac{1}{2}\left(a^2 + \frac{i\hbar t}{m}\right)\left(k - \frac{a^2 k_0 + ix}{a^2 + \frac{i\hbar t}{m}}\right)^2 + \frac{1}{2}\frac{(a^2 k_0 + ix)^2}{a^2 + \frac{i\hbar t}{m}} - \frac{a^2}{2}k_0^2$$

となる.これを用いて (4.13) の積分を実行すると (再びガウス積分を用いる),

$$\Psi(x,t) = \sqrt{\frac{a}{\left(a^2 + \frac{i\hbar t}{m}\right)\sqrt{\pi}}} \exp\left[-\frac{1}{2}\frac{(x - ia^2 k_0)^2}{a^2 + \frac{i\hbar t}{m}} - \frac{a^2}{2}k_0^2\right]$$
(4.14)

が得られる.(先頭のルートの中の分母に虚数が入っているが,これの正しい処理の仕方は演習問題［5］を参照.)

群 速 度

(4.14) の波動関数だけをみていても,物理的にどうなっているのかちょっとわかりづらいので,時刻 t での確率密度 $|\Psi(x,t)|^2$ を計算しよう (演習問題［6］). 結果は

$$|\Psi(x,t)|^2 = \frac{1}{\sqrt{\pi}}\frac{1}{\sqrt{a^2 + \frac{\hbar^2 t^2}{m^2 a^2}}} \exp\left[-\frac{\left(x - \frac{\hbar k_0}{m}t\right)^2}{a^2 + \frac{\hbar^2 t^2}{m^2 a^2}}\right]$$
(4.15)

となる.この式は x に関してガウス型の関数である.この確率密度と時刻 $t=0$ での確率密度

$$|\Psi(x,0)|^2 = |\phi(x)|^2 = \frac{1}{\sqrt{\pi}\,a}e^{-\frac{x^2}{a^2}} \qquad (4.16)$$

とを比較してみよう.

まず,(4.15) の指数関数の肩にある分数の分子は

$$\left(x - \frac{\hbar k_0}{m}t\right)^2$$

である.これは波束の中心が速度 $v = \hbar k_0/m$ で等速運動していることを意

味している．このような波束の速度を**群速度**という．分子の $\hbar k_0$ は代表的な運動量だから，波束は古典粒子と同じ $v = p/m$ という関係を満たしているといえる．もちろん，粒子の位置は (4.15) の確率密度に従って測定されるし，運動量の方も平均値が $\hbar k_0$ になるというだけで，実際に運動量を測定すると，ある確率に従って測定値が得られる．

「振動・波動」の教科書に詳しく述べられているように，一般に分散関係が $\omega(k)$ で，波束の各成分が $e^{-i\omega(k)t}$ のように時間発展すると，波束の中心は群速度 $d\omega(k)/dk$ で移動する（演習問題 [7]）．いまの場合，$\omega(k) = E/\hbar = \hbar k^2/2m$ であるために，群速度が $\hbar k_0/m$ となったのである．第2章の (2.4) のところで，平面波の位相が等しい位置が $x = \hbar kt/2m$ となっていて，速度が古典力学での速度と異なる $\hbar k/2m$ になってしまうと述べたが，これはいわゆる位相速度 $\omega(k)/k$ だからである．

波束の広がりの時間発展

(4.15) の指数関数の肩にある分数の分母は，波束の広がりを表している．実際に x^2 の期待値を (4.8) で行なったのと同じように計算してみると

$$\overline{x^2(t)} = \int_{-\infty}^{\infty} x^2 |\Psi(x,t)|^2 \, dx = \frac{a^2}{2} + \frac{\hbar^2 t^2}{2m^2 a^2} \tag{4.17}$$

となる（演習問題 [6]）．したがって，波動関数の広がり $\Delta x(t)$ は

$$\Delta x(t) = \frac{a}{\sqrt{2}} \sqrt{1 + \frac{\hbar^2 t^2}{m^2 a^4}} \tag{4.18}$$

である．このように波束の幅は始めの $\Delta x(0) = a/\sqrt{2}$ から時間とともに大きくなっていくことがわかる．この様子を示したのが図4.4である．

時刻 $t=0$ のときの波動関数 (4.2) では，いろいろな平面波 e^{ikx} をすべて実数の係数 (4.3) で重ね合わせてつくった．これに対し，時間発展した波動関数 (4.13) では係数に時間発展に相当する位相が付いている．このため，波束は広がったと考えられる．一般に位相が乱れると，波動関数は広がってしまう．

§4.3 エーレンフェストの定理

前節でみたように、波束は時間が経つにつれて広がっていくが、しばらくの間は粒子的な塊として等速運動をする。ただし、この計算ではポテンシャル $V(x)$ をゼロ

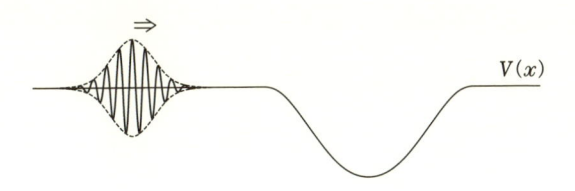

図4.5 ポテンシャル $V(x)$ 中を運動する波束

としていた。それでは、ポテンシャル $V(x)$ がある場合、波束はどのような運動をするのか次に考えてみよう（図4.5）。はたして古典力学における粒子の運動と同じようになるだろうか。

このためには、波束を表す波動関数 $\Psi(x,t)$ が、ポテンシャル $V(x)$ をもつシュレーディンガー方程式に従って時間発展しているとして、この状態での粒子の位置座標 x の期待値 $\overline{x(t)}$ と、その時間発展の様子を調べてみればよい。以下、ニュートンの運動方程式での質量 × 加速度に相当する

$$m \frac{d^2}{dt^2} \overline{x(t)} \tag{4.19}$$

を計算してみよう。

まず、時刻 t での x の期待値は

$$\overline{x(t)} = \int x |\Psi(x,t)|^2 \, dx = \int \Psi^*(x,t) \, x \, \Psi(x,t) \, dx \tag{4.20}$$

として得られる（$-\infty$ から ∞ の積分領域を書くのを省略した）。この時間微分は $\Psi^*(x,t)$ と $\Psi(x,t)$ の両方の t に関する偏微分となるから、

$$\frac{d}{dt} \overline{x(t)} = \int \left\{ \frac{\partial}{\partial t} \Psi^*(x,t) \cdot x \, \Psi(x,t) + \Psi^*(x,t) \, x \, \frac{\partial}{\partial t} \Psi(x,t) \right\} dx \tag{4.21}$$

である。時間微分 $\partial \Psi^*(x,t)/\partial t$ と $\partial \Psi(x,t)/\partial t$ は $V(x)$ があるときの

シュレーディンガー方程式

$$i\hbar\frac{\partial}{\partial t}\Psi(x,t) = \left\{-\frac{\hbar^2}{2m}\frac{\partial^2}{\partial x^2} + V(x)\right\}\Psi(x,t)$$

とその複素共役から得られるので，それらを (4.21) に代入すると

$$\begin{aligned}\frac{d}{dt}\overline{x(t)} &= \frac{i}{\hbar}\int\left[\left\{-\frac{\hbar^2}{2m}\frac{\partial^2}{\partial x^2} + V(x)\right\}\Psi^*(x,t)\,x\,\Psi(x,t)\right.\\ &\quad\left. - \Psi^*(x,t)\,x\left\{-\frac{\hbar^2}{2m}\frac{\partial^2}{\partial x^2} + V(x)\right\}\Psi(x,t)\right]dx\\ &= \frac{i}{\hbar}\int\left[-\left\{\frac{\hbar^2}{2m}\frac{\partial^2}{\partial x^2}\Psi^*(x,t)\right\}x\,\Psi(x,t)\right.\\ &\quad\left. + \Psi^*(x,t)\,x\left\{\frac{\hbar^2}{2m}\frac{\partial^2}{\partial x^2}\Psi(x,t)\right\}\right]dx\end{aligned} \quad (4.22)$$

である．ここで，$V(x)$ が含まれる 2 つの項はお互いに打ち消しあった．

(4.22) の最後の表式の第 1 項に対して部分積分を実行してみよう．波動関数 $\Psi(x,t)$ は波束の状態を表しているので，積分の両端 $(x=\pm\infty)$ でゼロであるとしてよい．したがって部分積分の結果，第 1 項は

$$-\frac{i\hbar}{2m}\int\Psi^*(x,t)\frac{\partial^2}{\partial x^2}\{x\,\Psi(x,t)\}\,dx$$

と変形できる．この式に現れた 2 階微分は

$$\begin{aligned}\frac{\partial^2}{\partial x^2}\{x\,\Psi(x,t)\} &= \frac{\partial}{\partial x}\left\{\Psi(x,t) + x\frac{\partial}{\partial x}\Psi(x,t)\right\}\\ &= 2\frac{\partial}{\partial x}\Psi(x,t) + x\frac{\partial^2}{\partial x^2}\Psi(x,t)\end{aligned}$$

と計算できるので，最後の表式の第 2 項はちょうど (4.22) の右辺の最後の項と打ち消し合うことがわかる．したがって，

$$\frac{d}{dt}\overline{x(t)} = -\frac{i\hbar}{m}\int\Psi^*(x,t)\frac{\partial}{\partial x}\Psi(x,t)\,dx \quad (4.23)$$

が得られる．この式の右辺は，粒子の運動量の期待値を質量 m で割ったものであるといえるので（演習問題 [8]），(4.23) は古典力学での速度と運

§4.3 エーレンフェストの定理 83

動量の関係と見なすことができる．

---**例題 4.3**---

(4.23) をもう 1 回時間 t で微分して，ニュートンの運動方程式での質量 × 加速度に相当する $m\,d^2\overline{x(t)}/dt^2$ を求めよ．

[解] (4.23) の時間微分も再び $\Psi^*(x,t)$ と $\Psi(x,t)$ の t に関する微分となるから，

$$m\frac{d^2}{dt^2}\overline{x(t)} = -i\hbar\int\left\{\frac{\partial}{\partial t}\Psi^*(x,t)\frac{\partial}{\partial x}\Psi(x,t)\right.$$
$$\left.+\Psi^*(x,t)\frac{\partial}{\partial x}\frac{\partial}{\partial t}\Psi(x,t)\right\}dx$$
(4.24)

となる．この式に再び波動関数の時間に関する偏微分を代入すると

$$m\frac{d^2}{dt^2}\overline{x(t)} = \int\left[\left\{-\frac{\hbar^2}{2m}\frac{\partial^2}{\partial x^2}+V(x)\right\}\Psi^*(x,t)\frac{\partial}{\partial x}\Psi(x,t)\right.$$
$$\left.-\Psi^*(x,t)\frac{\partial}{\partial x}\left\{-\frac{\hbar^2}{2m}\frac{\partial^2}{\partial x^2}+V(x)\right\}\Psi(x,t)\right]dx$$
$$=\int\left[V(x)\,\Psi^*(x,t)\frac{\partial}{\partial x}\Psi(x,t)\right.$$
$$\left.-\Psi^*(x,t)\frac{\partial}{\partial x}\{V(x)\,\Psi(x,t)\}\right]dx$$
(4.25)

となる．ここで，右辺に現れた x に関する 2 階微分の項は，部分積分を行なうとちょうどお互いに打ち消し合うということを用いた．

(4.25) の右辺最後の項の被積分関数を少し詳しく書くと

$$\Psi^*(x,t)\frac{\partial}{\partial x}\{V(x)\,\Psi(x,t)\}$$
$$=\Psi^*(x,t)\left\{\frac{d}{dx}V(x)\cdot\Psi(x,t)+V(x)\frac{\partial}{\partial x}\Psi(x,t)\right\}$$

となる．この右辺第 2 項は，(4.25) の $V(x)\,\Psi^*(x,t)\partial\Psi(x,t)/\partial x$ の項と打ち消すので，結局

$$m\frac{d^2}{dt^2}\overline{x(t)} = -\int \Psi^*(x,t)\left\{\frac{d}{dx}V(x)\right\}\Psi(x,t)\,dx$$
$$= \int\left\{-\frac{d}{dx}V(x)\right\}|\Psi(x,t)|^2\,dx \tag{4.26}$$

が得られる．

　(4.26) の右辺は，位置 x における古典力学での"力" $-dV/dx$ に，位置 x において粒子が見出される確率 $|\Psi(x,t)|^2$ を掛けて積分した形になっている．

　波動関数 $|\Psi(x,t)|$ は波束の状態を表していて波束の中心付近に局在しているので，(4.26) の右辺は，波束の中心付近での"力"の大きさを表しているといえる．一方，(4.26) の左辺は古典粒子の"加速度"に相当するものなので，(4.26) はちょうど古典力学での運動方程式に対応するということがわかる．これを**エーレンフェスト（Ehrenfest）の定理**という．このように，波束の運動はニュートンの運動方程式に従うのである．

　後でみるように水素原子中の 1s 電子などは，このような波束の描像では理解できない．これは，原子核に近い電子が感じる"力"が及ぶ範囲が，粒子が存在する領域の大きさと同じ程度であるからである．また，第 3 章で調べた調和振動子の場合，エネルギーが十分大きい場合に波束をつくると，いかにも調和振動子のポテンシャル $m\omega^2x^2/2$ の中を運動するような波束をつくることもできる（演習問題 [9]）．

▄▄▄ 演習問題

[1] ガウス積分の公式（第 3 章の演習問題 [2] 参照）を用いて，期待値 (4.8) を確かめよ．

[2] 電子の位置の不確定性が原子の大きさ 1 Å 程度としたとき，運動量の不確定性 Δp を評価せよ（第 2 章の演習問題 [1] も参照）．

[3] §2.4 で得た $V_0 \to \infty$ の井戸型ポテンシャルの基底状態 $\psi_0(x) = C\cos(\pi x/2a)(-a < x < a)$ を用いて x^2 の期待値 $\overline{x^2}$ を計算せよ．係数 C は規格化によって決めよ．また，波動関数の大体の広がり $\Delta x = \sqrt{\overline{x^2}}$ を求めよ．

[4] (4.13) の $\Psi(x,t)$ が次のシュレーディンガー方程式を満たすことを示せ．
$$i\hbar \frac{\partial}{\partial t} \Psi(x,t) = -\frac{\hbar^2}{2m} \frac{\partial^2}{\partial x^2} \Psi(x,t)$$

[5] 積分（b, c は任意定数）
$$\int_{-\infty}^{\infty} e^{-(c+ib)x^2} dx = \int_{-\infty}^{\infty} (\cos bx^2 - i\sin bx^2) e^{-cx^2} dx$$
を計算せよ（または数学公式集で調べよ）．さらに $\sqrt{c+ib}$ の位相を正しくとれば，積分値は $\sqrt{\pi/(c+ib)}$ と書いてもよいことを示せ．

[6] (4.15), (4.17) を確かめよ．

[7] 一般に分散関係 $\omega(k)$ で波束の各成分が時間発展するときに，波束の中心が群速度 $d\omega(k)/dk$ で進むことを示せ．計算する際，$\omega(k)$ が $k=k_0$ 付近で
$$\omega(k) = \omega(k_0) + \left.\frac{d\omega(k)}{dk}\right|_{k=k_0} (k-k_0) + \cdots$$
と近似してみよ．

[8] (4.23) の右辺を運動量演算子 $\hat{p}_x = -i\hbar(\partial/\partial x)$ を用いて表すと，
$$\frac{1}{m} \int \Psi^*(x,t) \hat{p} \Psi(x,t) \, dx \tag{4.27}$$
となることを示せ．この式は運動量の期待値 $\bar{p}$ を質量 m で割ったものといえる．

[9]* 調和振動子の固有関数 $\psi_n(x)$ の線形結合によって，$x=x_0$ を中心とした波動関数 $\psi(x) = (1/\sqrt{\xi\sqrt{\pi}}) e^{-\frac{(x-x_0)^2}{2\xi^2}}$ をつくれ．（ヒント：付録 A のエルミート多項式の母関数を使って $H_n(z)$ と $\psi_n(x)$ の関係を考えるとよい．）さらに $\psi(x)$ の時間発展を調べ，波束がポテンシャル中を単振動する様子を再現せよ．

5 量子力学の基礎づけ

　前章までは波動関数の具体的な例について調べ，特に1次元の平面波や調和振動子の量子力学の特徴について詳しくみてきた．次に3次元空間中の回転運動などの量子力学に移っていくのだが，その前に本章では，量子力学の基礎づけについてまとめて整理しておこう．いままでも線形結合（重ね合わせ）や，固有値・固有関数，直交性などいくつかの重要な概念が出てきたが，今後も折に触れて使うので，ここでよく納得しておいた方がよい．しかし多少抽象的な基礎論であり数学的なので，馴れない場合には読み飛ばしてもらってもかまわない．その場合には，後の章で気になる事柄が出てきたときに，本章に戻ってくればよい．

§5.1　量子力学の基本的な前提

　§1.6で少し述べたが，シュレーディンガー方程式 $\{-(\hbar^2/2m)(\partial^2/\partial x^2) + V(x)\}\phi(x) = E\phi(x)$ の左辺をハミルトニアン $\hat{H}$ を用いて $\hat{H}\phi(x)$ という形に書くことができる．このように x に関する偏微分を含む"演算子"というものが量子力学では特別な役割を果たしている．また§1.6では，運動量演算子 $\hat{p} = -i\hbar(\partial/\partial x)$ というものも考えた．そこで，この考えを一般化して量子力学の基本的な前提としてみよう．

　（A）　物理量は線形演算子であるとする．

　演算子とは，関数（波動関数）に作用する偏微分や別の関数の掛け算などである．いままで出てきたものは，ハミルトニアン $\hat{H}$ と運動量演算子 $\hat{p}$ で

ある．また，演算子 $\hat{f}$ が線形であるとは，任意の複素数 a, b, 任意の関数 ψ_1, ψ_2 に対して演算子 $\hat{f}$ が

$$\hat{f}(a\psi_1 + b\psi_2) = a\hat{f}(\psi_1) + b\hat{f}(\psi_2) \tag{5.1}$$

を満たすことである．（以下では，この式のように関数 $\psi(x)$ の x を省略することがある．）

（B） 演算子 $\hat{f}$ に対応する物理量を測定したとき，とり得る測定値は演算子 $\hat{f}$ の固有値である．

ある関数 ψ_n に対して

$$\hat{f}\psi_n = f_n \psi_n \tag{5.2}$$

が成り立つとき，f_n を演算子 $\hat{f}$ の**固有値**，ψ_n を $\hat{f}$ の**固有関数**（または**固有状態**）という．固有値などが線形代数の用語であることからわかるように，量子力学と線形代数との間には密接な関係がある．また，固有関数 $\psi_n(x)$ は

$$\int |\psi_n(x)|^2 \, dx = 1 \tag{5.3}$$

のように規格化されているとする．固有値は数値なので，演算子と区別するために **c-number**（c は古典的の略）という．これに対して，演算子は **q-number**（q は量子的（quantum）の略）という．固有値は複数個あり得るので，添字 n（$n = 0, 1, 2, \cdots$）を付けて区別している．

固有関数と固有値の代表的な例は，シュレーディンガー方程式 $\hat{H}\psi(x) = E\psi(x)$ である．固有値がいくつもあることを考慮すると

$$\hat{H}\psi_n(x) = E_n \psi_n(x) \tag{5.4}$$

と書ける．演算子がハミルトニアンのときの固有値は**エネルギー固有値**とよばれる．また，運動量演算子 $\hat{p}$ に対する固有関数は平面波の波動関数 Ae^{ikx} であり，

$$\hat{p}(Ae^{ikx}) = \hbar k (Ae^{ikx}) \tag{5.5}$$

と書くことができる．この場合の固有値は $\hbar k$ であるが，k の値によってい

ろいろな値をとり得る．このため，固有関数を区別するためには (5.2) のような添字 n を用いるのではなく，連続変数の k を用いる．これにともなって，固有関数 Ae^{ikx} も $\psi_n(x)$ ではなく $\psi_k(x)$ と書けばよい．

さらに，ある状態が固有関数 ψ_n で記述されるとき，演算子 $\hat{f}$ に対応する物理量を測定すると必ず f_n という測定値が得られると考える．例えば (5.4) の場合で考えると，状態が固有関数 $\psi_n(x)$ のとき，エネルギーを測定すると必ず E_n が得られるという意味である．このことを状態 $\psi_n(x)$ は確定したエネルギー E_n をもつという．

固有値 f_n のとり得る値の集合全体を**スペクトル**とよぶ．スペクトルには**連続スペクトル**と**離散スペクトル**の場合がある．例えばエネルギー固有値に関しては，平面波の場合には $E = \hbar^2 k^2/2m$（k は連続変数）なので，連続スペクトルである．また§2.4の井戸型ポテンシャルや§3.3の調和振動子などで考えた束縛状態の場合には，エネルギーはとびとびの値しかもたないので，離散スペクトルになっている．これは，古典力学でエネルギーの値が常に連続的なのとは対照的である．

（C） 重ね合わせの原理

上で述べたように状態が1つの固有関数 ψ_n で記述されるとき，物理量は確定している．これに対し，物理量を測定すると，ある確率に従っていろいろな固有値 f_n が測定されることもある．この場合，波動関数 ψ は ψ_n の線形結合

$$\psi = \sum_{n=0}^{\infty} c_n \psi_n \tag{5.6}$$

で表されると仮定する（c_n は複素数の定数）．さらに，このとき

$$\text{物理量の測定値が } f_n \text{ になる確率は } |c_n|^2 \text{ である} \tag{5.7}$$

とする．

このように仮定すれば，確率 $|c_n|^2$ は必ず正となる．特に $c_0 = 1, c_1 =$

$c_2 = \cdots = 0$ という特殊な場合には $|c_0|^2$ だけが 1 となって他は 0 なので，(5.7) に従って物理量は必ず f_0 という値をもつ．このとき (5.6) の波動関数は $\psi = \psi_0$ となるので，(B) で述べたことと矛盾しない．

物理量を測定すると f_n のうちのどれか 1 つが必ず得られるので，確率の和は 1 にならなければならない．すなわち，

$$\sum_n |c_n|^2 = 1 \tag{5.8}$$

でなければならない．（ここで，n の和 $\sum_n$ は，固有値が離散スペクトルの場合には単に和であるが，連続スペクトルの場合には $\sum_n$ は積分を意味するというように適宜読みかえて用いる．）

さて，以上の (A) 〜 (C) が量子力学の大前提（仮定）であるとして，以下，いろいろな性質をみていこう．*

関数の展開

関数 ψ が (5.6) のように書き表されているとき，物理的には**複数の状態が重ね合わされた状態である**という．図 1.1 の電子の波の干渉は，(1.16) で表したように，重ね合わせの例である（第 1 章の演習問題 [3]，[4] も参照）．また，数学では (5.6) のように表すことを，**ψ を関数の組 $\{\psi_n\}$ で展開する**という．

以下，関数を関数の組で "展開する" ということの意味を考えておこう．よく知られている展開の例はテイラー展開である．これは関数の組としてベキ乗関数 $\psi_n = x^n$ を用いて級数展開したものと考えればよい．もう 1 つの非常に重要な展開は，平面波 Ae^{ikx} による展開である．これはフーリエ級数展開とよばれるもので，詳しくは付録 B にまとめた．また，関数の展開

---

* これが唯一のスタンダードな定式化ではなく，いろいろな出発点があり得る．しかし，結果はいずれも同じである．§5.2 で示す "物理量はエルミート演算子である" ということを量子力学の前提として定式化した方が数学的にはすっきりするが，ここでは少し泥臭い方法となっている．量子力学に慣れてきたら，状態が張る空間をヒルベルト空間として扱う方が数学的にすっきりする．

(5.6) は図 5.1 のように 3 次元空間の位置ベクトル $\boldsymbol{r}$ を直交座標 (x_1, x_2, x_3) で表すことに似ているともいえる．つまり，それぞれの方向の単位ベクトルを $\boldsymbol{e}_1, \boldsymbol{e}_2, \boldsymbol{e}_3$ と書くと，$\boldsymbol{r}$ は

$$\boldsymbol{r} = \sum_{n=1}^{3} x_n \boldsymbol{e}_n \qquad (5.9)$$

と表される．この場合は $n=1,2,3$ であり，(5.6) の展開係数 c_n が x_n，関数 ψ_n が $\boldsymbol{e}_n$ に対応している．このように考えれると，関数の展開というものの感じがわかりやすくなるだろう．

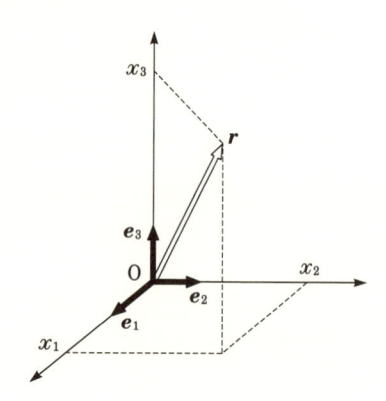

図 5.1 位置ベクトル $\boldsymbol{r}$ を直交座標 (x_1, x_2, x_3) に分解する．

完全系

さて，任意の波動関数 $\psi(x)$ が与えられたとき，これを (5.6) のように固有関数の組 $\{\psi_n(x)\}$ で展開できるかどうかは自明ではない．そのため，任意の関数 $\psi(x)$ を (5.6) の形に展開することができるような関数の組 $\{\psi_n(x)\}$ を**完全系**という．実際には，物理で出てくるいろいろな演算子の固有関数は完全系を成す．このことは，各々の場合について証明すべきであるが，それは数学の問題なのでここでは行なわない．

もし固有関数の組が完全系を成していないと仮定すると，物理的におかしなことになることが以下のようにして理解できる．まず (B) によって，どのような波動関数であっても，物理量を測定すると固有値 f_n のうち必ずどれか 1 つが測定されるはずである．そこで，もし固有関数 $\psi_n(x)$ が完全系でないとして，波動関数 $\psi(x)$ が (5.6) の形で書き表されないとしてみよう．つまり

$$\psi(x) = \sum_{n=0}^{\infty} c_n \psi_n(x) + \phi(x)$$

§5.1 量子力学の基本的な前提　91

というように，おつりの関数 $\phi(x)$ が付いたとする．

さて，この式ですべての c_n がゼロであって，$\psi(x) = \phi(x)$ となる場合を考えてみよう．この状態では，(5.7) に従って物理量の測定値が f_n となる確率 $|c_n|^2$ はすべてゼロになってしまう．もしそうだとすると，(B) において演算子 $\hat{f}$ に対応する物理量を測定すると f_n のうち必ずどれか1つが測定されるとしたことと矛盾してしまう．したがって，おつりの関数 $\phi(x)$ があっては困るのである．

固有関数の直交性

波動関数 ψ の規格化条件 $\int |\psi|^2 dx = 1$ に展開式 (5.6) を代入してみると

$$
\begin{aligned}
1 &= \sum_{n,m} c_n{}^* c_m \int \psi_n{}^* \psi_m \, dx \\
&= \sum_n |c_n|^2 \int |\psi_n|^2 \, dx + \sum_{n \neq m} c_n{}^* c_m \int \psi_n{}^* \psi_m \, dx \\
&= \sum_n |c_n|^2 + \sum_{n \neq m} c_n{}^* c_m \int \psi_n{}^* \psi_m \, dx \qquad (5.10)
\end{aligned}
$$

となる．ここで (5.3) を用いた．右辺の最後の式と (5.8) の $\sum_n |c_n|^2 = 1$ を比べると，

$$
\sum_{n \neq m} c_n{}^* c_m \int \psi_n{}^* \psi_m \, dx = 0
$$

でなければならないことがわかる．この式が任意の c_n, c_m ($n \neq m$) について成り立たないといけないので，

$$
\int \psi_n{}^* \psi_m \, dx = 0 \qquad (n \neq m \text{ のとき}) \qquad (5.11)
$$

でなければならない．この式のことを，**関数 ψ_n と ψ_m が直交している**という．"直交"とは線形代数の言葉であるが，(5.11) の積分をベクトル ψ_n と ψ_m の内積であると見なし，内積がゼロになることを，ベクトルの場合と同様に"直交する"というのである．

再び (5.9) の3次元空間のベクトルで考えると，確かに e_1, e_2, e_3 の3つのベクトルは直交している．

規格化条件 (5.3) と直交条件 (5.11) とを合わせて

$$\int \psi_n{}^* \psi_m \, dx = \delta_{nm} \tag{5.12}$$

と書く．右辺の δ_{nm} は**クロネッカーの δ**(デルタ)とよばれるもので，n と m が等しいときに 1，それ以外は 0 を与えるという記号である．$n = m$ のときが規格化条件である．(5.12) を満たすとき関数系 $\{\psi_n(x)\}$ は**正規直交性をもつ**という．"正規"とは規格化されているということの別の言い方である．

さらに (5.6) の展開ができるという完全性と，(5.12) の正規直交性の両方の性質をもつ固有関数の組 $\{\psi_n(x)\}$ を，**正規完全直交系**という．本章の中で示すように，

(i) 物理量が実数であること
(ii) 演算子がエルミート演算子であること
(iii) 固有関数同士が直交性をもつこと

の 3 者は密接に関係している．

例題 5.1

(5.12) の正規直交性を用いて，波動関数の展開式 (5.6) の係数 c_n を求めよ．

[**解**] $\int \psi_n{}^* \psi \, dx$ を考え，これに (5.6) を代入すると

$$\int \psi_n{}^* \psi \, dx = \int \psi_n{}^* \sum_m c_m \psi_m \, dx = \sum_m c_m \int \psi_n{}^* \psi_m \, dx$$

となる．ここで (5.12) の正規直交性を用いると，右辺最後の積分 $\int \psi_n{}^* \psi_m \, dx$ は $n = m$ のときのみ 1 で，他の場合は 0 である．したがって，右辺は c_n に等しい．こうして

$$c_n = \int \psi_n{}^* \psi \, dx \tag{5.13}$$

が得られる．

(5.13) の関係を再び (5.9) の 3 次元空間のベクトルで考えてみよう．$\boldsymbol{r}$ に対して $\boldsymbol{e}_n \cdot \boldsymbol{r}$ という内積を計算すると，ベクトル $\boldsymbol{r}$ の x_n 座標が得られるので

$$x_n = \boldsymbol{e}_n \cdot \boldsymbol{r}$$

と書ける．この式を (5.13) と比べると関数 $\psi(x)$ が $\boldsymbol{r}$ に対応し，$\psi_n(x)$ が $\boldsymbol{e}_n$ に対応し，積分 $\int \cdots dx$ がベクトルの内積に対応していることがわかる．

§5.2 物理量の期待値と交換関係

期待値

物理量を表す演算子 $\hat{f}$ と一般的な状態を表す波動関数 ψ（(5.6)）を用いて

$$\bar{f} = \int \psi^* \hat{f} \psi \, dx \tag{5.14}$$

というものを考えてみよう．見づらいが $\bar{f}$ は演算子でなく，積分値を表す．波動関数の展開式 (5.6) をこの式に代入して，少し詳しく計算を示すと

$$\begin{aligned}
\bar{f} &= \sum_{n,m} \int (c_n \psi_n)^* \hat{f} (c_m \psi_m) \, dx \\
&= \sum_{n,m} c_n^* c_m \int \psi_n^* \hat{f} \psi_m \, dx \\
&= \sum_{n,m} c_n^* c_m \int \psi_n^* f_m \psi_m \, dx \\
&= \sum_{n,m} c_n^* c_m f_m \int \psi_n^* \psi_m \, dx
\end{aligned}$$

となる．ここで $\hat{f} \psi_m = f_m \psi_m$ であることを用いた．さらに例題 5.1 と同じように，右辺最後の積分に正規直交性 (5.12) を用いると，クロネッカーの δ を用いて

$$\bar{f} = \sum_{n,m} c_n^* c_m f_m \delta_{nm} = \sum_n f_n |c_n|^2 \tag{5.15}$$

となる．

94 　5. 量子力学の基礎づけ

さて，§5.1 の (C) の (5.7) で，測定値が f_n になる確率が $|c_n|^2$ であると仮定したので，(5.15) の右辺最後の式は，物理量 $\hat{f}$ を測定したときの"確率論でいうところの期待値"となっていることがわかる．したがって，(5.14) で定義した $\bar{f}$ を物理量 $\hat{f}$ の**期待値**という．

位置座標 x の演算子と期待値

$|\phi(x)|^2$ は位置 x に粒子が見出される確率を表すので，粒子の位置座標 x の期待値というものは

$$\bar{x} = \int x\,|\phi(x)|^2\,dx \tag{5.16}$$

で計算できる．（これは以前，調和振動子のときに用いた式 (3.23) と同じである．）これと一般的な期待値の定義 (5.14) とが同じかどうかチェックしておこう．

粒子の**座標演算子**というものを定義して，$\hat{x}$ と書く．ただし演算子といってもこれは簡単なもので，波動関数 $\phi(x)$ に x を掛け算するという演算子であるとすればよい．つまり，

$$\hat{x}\,\phi(x) = x\,\phi(x) \tag{5.17}$$

である．座標演算子の期待値は，一般的な期待値の定義式 (5.14) に従って計算すると

$$\bar{x} = \int \phi^*(x)\,\hat{x}\,\phi(x)\,dx = \int \phi^*(x)\,x\,\phi(x)\,dx$$
$$= \int x\,|\phi(x)|^2\,dx \tag{5.18}$$

となる．これは，ちょうど $|\phi(x)|^2$ が確率密度であるとして考えた式 (5.16) と同じになっている．

交換関係

さて，物理量が演算子であるということになって，いろいろと戸惑うことが多いかもしれないが，ほとんどの場合，演算子を通常の数と同じように扱ってよい．ただし 1 つだけ注意しなければならないことは，**演算子の順序を**

勝手に入れかえてはいけないということである．一般に演算子 $\hat{A}$, $\hat{B}$ を考えるとき，$\hat{A}\hat{B}$ と $\hat{B}\hat{A}$ は等しくないのである．例外的に $\hat{A}\hat{B} = \hat{B}\hat{A}$ のときは，特に**演算子 $\hat{A}$ と $\hat{B}$ が可換である**という．

演算子が可換ではなくて，演算する順序によって結果が変わるという典型的な例が座標演算子 $\hat{x}$ と運動量演算子 $\hat{p}$ なので，これを少し詳しく調べておこう．演算子の積は，波動関数に順番に掛かるとして定義するので，$\hat{x}\hat{p}\,\psi(x)$ を少し詳しく書くと

$$\hat{x}\hat{p}\,\psi(x) = \hat{x}\{\hat{p}\,\psi(x)\} = \hat{x}\left(-i\hbar\frac{\partial}{\partial x}\right)\psi(x)$$

$$= \hat{x}\left\{-i\hbar\frac{\partial \psi(x)}{\partial x}\right\} = x\left\{-i\hbar\frac{\partial \psi(x)}{\partial x}\right\} \quad (5.19)$$

である．一方，順序を入れ換えた $\hat{p}\hat{x}$ という演算子の場合は

$$\hat{p}\hat{x}\,\psi(x) = \hat{p}\{\hat{x}\,\psi(x)\} = -i\hbar\frac{\partial}{\partial x}\{x\,\psi(x)\}$$

$$= -i\hbar\left\{\psi(x) + x\frac{\partial \psi(x)}{\partial x}\right\} \quad (5.20)$$

となる．(5.20) の最後の変形は関数の積の微分公式を用いた．(5.19) と (5.20) を比べると，(5.20) の右辺第 1 項の分だけ (5.19) と異なることがわかる．このように，演算子の順序により結果が変わるのである．

(5.20) の右辺第 1 項は，先に波動関数に掛け算されていた x が，後から演算する $\hat{p}$ に微分されて出てきた項である．一般にどのような関数に演算する場合でも，この項は生じるので，恒等式として

$$\hat{p}\hat{x} = -i\hbar + \hat{x}\hat{p}$$

と書いてよい．この式は普通変形して

$$[\hat{x}, \hat{p}] = i\hbar \quad (5.21)$$

と書く．ここで左辺は**演算子の交換関係**とよばれ，

$$[\hat{x}, \hat{p}] = \hat{x}\hat{p} - \hat{p}\hat{x} \quad (5.22)$$

と定義されたものである．

この交換関係がゼロになれば2つの演算子は可換ということになり,ゼロでなければ可換ではないということになる.交換関係の結果は上の例のように $i\hbar$ というような定数になることもあるし,新たな演算子になることもある.特に2つの演算子が交換するとき,共通の固有関数をつくることができるという非常に便利な性質がある(この性質を**同時対角化可能**という).このことについては,第8章で具体例とともに考えることにする.

また,交換関係を用いて不確定性関係

$$\Delta x \cdot \Delta p \geq \frac{\hbar}{2} \tag{5.23}$$

を証明することができる(演習問題[9]).

§5.3 エルミート演算子

§5.1の(A)では,物理量が演算子であるとしたが,演算子の中でも特に**エルミート演算子**とよばれるものが物理量に対応する.まず最初にこのことを示そう.(この節は特に数学的なので,後で戻ってきて読んでもらってもよい.)

一般に演算子 $\hat{f}$ に対し,

$$\int \psi_1^*(\hat{f}\psi_2)\,dx = \int (\hat{g}\psi_1)^*\psi_2\,dx \quad (\psi_1, \psi_2 は任意の関数) \tag{5.24}$$

となる演算子 $\hat{g}$ を $\hat{f}$ の**共役演算子**とよび,

$$\hat{g} = \hat{f}^\dagger$$

と書く(†はダガーと読む).つまり,

$$\int \psi_1^*(\hat{f}\psi_2)\,dx = \int (\hat{f}^\dagger \psi_1)^* \psi_2\,dx \tag{5.25}$$

が $\hat{f}^\dagger$ の定義式である.

共役演算子 $\hat{f}^\dagger$ と元の演算子 $\hat{f}$ が全く同じで

$$\hat{f}^\dagger = \hat{f} \tag{5.26}$$

§5.3 エルミート演算子　97

が成り立つ場合，$\hat{f}$ は**自己共役演算子**，または**エルミート演算子**とよばれる．

さて，§5.1 の (B) で仮定したように，固有値 f_n は物理量を測定したときにとり得る値なので，必ず実数のはずである（虚数の値を測定することはできない）．したがって

$$f_n^* = f_n \tag{5.27}$$

が必ず成立しなければならない．

以上の準備をした上で，物理量に対応する演算子 $\hat{f}$ がエルミート演算子であることを示そう．任意の波動関数として (5.6) の展開式を用いて $\psi_1 = \sum_n c_n \psi_n$ と $\psi_2 = \sum_m c_m' \psi_m$ としてみよう．これらを用いて $\int \psi_1^*(\hat{f}\psi_2)\,dx$ を計算してみると

$$\begin{aligned}\int \psi_1^*(\hat{f}\psi_2)\,dx &= \sum_{n,m}\int c_n^*\psi_n^*\hat{f}c_m'\psi_m\,dx = \sum_{n,m} c_n^* c_m' \int \psi_n^*\hat{f}\psi_m\,dx \\ &= \sum_{n,m} c_n^* c_m' \int \psi_n^* f_m \psi_m\,dx\end{aligned} \tag{5.28}$$

となる．最後の式で f_m は x によらない固有値なので，積分の外に出せる．すると，積分は正規直交性 (5.12) を用いて $m=n$ の項だけが 1 で，残りは 0 となる．したがって，

$$\int \psi_1^*(\hat{f}\psi_2)\,dx = \sum_n c_n^* c_n' f_n \tag{5.29}$$

となる．一方，$\int (\hat{f}\psi_1)^*\psi_2\,dx$ を同じように計算してみると，

$$\begin{aligned}\int (\hat{f}\psi_1)^*\psi_2\,dx &= \sum_{n,m}\int (c_n f_n \psi_n)^* c_m' \psi_m\,dx = \sum_{n,m} c_n^* f_n^* c_m' \int \psi_n^* \psi_m\,dx \\ &= \sum_{n,m} c_n^* f_n^* c_m' \delta_{nm} = \sum_n c_n^* f_n^* c_n'\end{aligned} \tag{5.30}$$

が得られる．ここで f_n が物理量の測定値であり，実数であることを考えると，(5.29) と (5.30) を比べて $\int \psi_1^*(\hat{f}\psi_2)\,dx = \int (\hat{f}\psi_1)^*\psi_2\,dx$ が成り立つことがわかる．この関係式を共役演算子の定義 (5.25) と比べると $\hat{f}^\dagger = \hat{f}$ であることがわかる．以上のことから，物理量に対応する演算子 $\hat{f}$ はエルミート演算子であることが証明できた．

逆に，エルミート演算子 $\hat{f}$ の固有値が必ず実数となることも簡単に示すことができる（演習問題［2］）．

エルミート演算子の例

実際に運動量演算子 $\hat{p} = -i\hbar(\partial/\partial x)$ がエルミート演算子であることを示してみよう．

任意の波動関数 ψ_1 と ψ_2 を用いて

$$\int \psi_1^* \hat{p}\psi_2 \, dx = \int \psi_1^* \left(-i\hbar\frac{\partial}{\partial x}\right)\psi_2 \, dx \tag{5.31}$$

を考える．部分積分をして $\hat{p}$ の定義をもう1回用いると，(5.31) の右辺は

$$i\hbar \int \frac{\partial \psi_1^*}{\partial x}\psi_2 \, dx = \int \left(-i\hbar\frac{\partial \psi_1}{\partial x}\right)^* \psi_2 \, dx = \int (\hat{p}\psi_1)^* \psi_2 \, dx \tag{5.32}$$

となることがわかる．これを共役演算子の定義 (5.25) と比較すれば，$\hat{p}^\dagger = \hat{p}$ であり，$\hat{p}$ がエルミート演算子であることがわかる．

エルミート演算子ではない例として，上の例で $-i\hbar$ のない演算子 $\partial/\partial x$ を考えてみよう．この場合，

$$\int \psi_1^* \frac{\partial \psi_2}{\partial x} \, dx = -\int \frac{\partial \psi_1^*}{\partial x}\psi_2 \, dx = -\int \left(\frac{\partial \psi_1}{\partial x}\right)^* \psi_2 \, dx \tag{5.33}$$

となるので，エルミート演算子ではない．この例からわかるように，$\hat{p} = -i\hbar \, \partial/\partial x$ がエルミート演算子であるためには，虚数 i が必要なのである．

例題 5.2

演算子の積 $\hat{f}\hat{g}$ の共役演算子について

$$(\hat{f}\hat{g})^\dagger = \hat{g}^\dagger \hat{f}^\dagger \tag{5.34}$$

が成立することを示せ．ただし，ここで $\hat{f}\hat{g}$ を ψ に演算した $\hat{f}\hat{g}\psi$ は，$\hat{f}(\hat{g}\psi)$ というように $\hat{g}$ を ψ に演算してから次に $\hat{f}$ を演算するという意味である．

[解] 共役演算子の定義に従って書きかえていくと

$$\int \phi_1{}^* (\hat{f}\,\hat{g}\phi_2)\,dx = \int \phi_1{}^* \hat{f}\,(\hat{g}\phi_2)\,dx = \int (\hat{f}^\dagger \phi_1)^* (\hat{g}\phi_2)\,dx$$

となる.この式変形で最後の式に移るときは $\hat{g}\phi_2$ を1つの関数と見なして,(5.25) を用いた.次に,$\hat{g}$ に対して共役演算子の定義をもう1回用いると

$$\int (\hat{f}^\dagger \phi_1)^* (\hat{g}\phi_2)\,dx = \int (\hat{g}^\dagger \hat{f}^\dagger \phi_1)^* \phi_2\,dx$$

となる.結局,始めの式から変形していった結果

$$\int \phi_1{}^* (\hat{f}\,\hat{g}\phi_2)\,dx = \int (\hat{g}^\dagger \hat{f}^\dagger \phi_1)^* \phi_2\,dx \tag{5.35}$$

が得られた.この式と共役演算子の定義 (5.25) を見比べると $\hat{f}\hat{g}$ の共役演算子 $(\hat{f}\hat{g})^\dagger$ が $\hat{g}^\dagger \hat{f}^\dagger$ であることがわかるので (5.34) が示された.ここで $\hat{f}$ と $\hat{g}$ の順番が逆になるところが重要である.

ハミルトニアン

演算子のハミルトニアンは $\hat{H} = -(\hbar^2/2m)\partial^2/\partial x^2 + V(x)$ であるが,(5.34) の関係式を使って,$\hat{H}$ はエルミート演算子であることを示そう.

x に関する2階偏微分のところは,運動量演算子 $\hat{p}$ を用いると

$$\hat{H} = \frac{1}{2m}\hat{p}^2 + V(x) \tag{5.36}$$

と表される.ここで $\hat{p}^2 = \hat{p}\hat{p}$ なので,これの共役演算子は (5.34) の関係を用いて $(\hat{p}^2)^\dagger = (\hat{p}\hat{p})^\dagger = \hat{p}^\dagger \hat{p}^\dagger = \hat{p}^2$ である(ここで $\hat{p}^\dagger = \hat{p}$ を用いた).したがって,$\hat{p}^2$ はエルミート演算子である.

また,ポテンシャル部分は単に関数 $V(x)$ を掛け算するだけという演算子だが,$V(x)$ は実数関数なので

$$\int \phi_1{}^* V(x)\phi_2\,dx = \int \{V(x)\phi_1\}^* \phi_2\,dx \tag{5.37}$$

が成り立つ.したがって,$V(x)$ もエルミート演算子であるといえる.結局,$\hat{p}^2/2m$ と $V(x)$ を合計した演算子 $\hat{H}$ もエルミート演算子である.

固有関数の直交性

ここでエルミート演算子の非常に重要な性質を説明しよう．

エルミート演算子 $\hat{f}$ の固有値は実数であるが，"**異なる固有値に対する固有関数は直交する**"ということも証明できる．固有関数 ψ_n, ψ_m を考えて，$\hat{f}\psi_n = f_n\psi_n, \hat{f}\psi_m = f_m\psi_m$ とする．2つ目の式に左から $\psi_n{}^*$ を掛けて積分を行なうと

$$\int \psi_n{}^* \hat{f}\psi_m \, dx = f_m \int \psi_n{}^* \psi_m \, dx \tag{5.38}$$

である．この左辺を，$\hat{f}$ がエルミート演算子であること $(\hat{f}^\dagger = \hat{f})$ を使って変形すると

$$\int \psi_n{}^* \hat{f}\psi_m \, dx = \int (\hat{f}^\dagger \psi_n)^* \psi_m \, dx = \int (\hat{f}\psi_n)^* \psi_m \, dx$$

$$= \int (f_n\psi_n)^* \psi_m \, dx = f_n \int \psi_n{}^* \psi_m \, dx$$

となる（$f_n{}^* = f_n$ を使った）．したがって，(5.38) は

$$f_n \int \psi_n{}^* \psi_m \, dx = f_m \int \psi_n{}^* \psi_m \, dx \tag{5.39}$$

と書ける．右辺を左辺に移行すると

$$(f_n - f_m) \int \psi_n{}^* \psi_m \, dx = 0 \tag{5.40}$$

が成立するので，$f_n \neq f_m$ の場合，積分（つまり ψ_n と ψ_m の内積）がゼロでなければならない．したがって，ψ_n と ψ_m が直交することが証明された．

固有値が縮退する場合

一般には，n と m が異なっても $f_n = f_m$ となることは有り得る．このような場合，**固有値が縮退している**という．つまり同じ固有値に対して，2つ以上の線形独立な固有関数があるという場合である．このとき，これらの固有関数の任意の線形結合も同じ固有値 f_n をもつ固有関数となる．つまり，固有関数の選び方は一意的ではない．

このように固有値が縮退している場合には $f_n = f_m$ なので，上の証明にお

いて (5.40) から $\int \psi_n{}^* \psi_m \, dx = 0$ であるとはいえない．つまり，固有値が縮退している場合には，2 つの固有関数はお互いに直交するとは限らないのである．しかし，次の例題のようにすれば，直交する固有関数をつくることができる．

例題 5.3

ψ_m の代わりとして，
$$\tilde{\psi}_m = \psi_m - \psi_n \times \int \psi_n{}^* \psi_m \, dx \tag{5.41}$$
という関数を考えると，ψ_n と $\tilde{\psi}_m$ は直交することを示せ（これを**グラム－シュミットの直交化**という）．

[解] $\psi_n{}^*$ と $\tilde{\psi}_m$ との積を積分すると，
$$\int \psi_n{}^* \tilde{\psi}_m \, dx = \int \psi_n{}^* \psi_m \, dx \times \left(1 - \int |\psi_n|^2 \, dx\right)$$
となることがわかる．波動関数 ψ_n の規格化条件によって $\int |\psi_n|^2 \, dx = 1$ なので，上式の右辺はゼロとなる．したがって，ψ_n と $\tilde{\psi}_m$ は直交する．

ψ_m と ψ_n は同じ固有値 $f_m = f_n$ をもつので，(5.41) のように ψ_m と ψ_n の線形結合でつくった $\tilde{\psi}_m$ も同じ固有値 $f_n = f_m$ をもつ．したがって固有関数の組 $\{\psi_n, \psi_m\}$ の代わりに $\{\psi_n, \tilde{\psi}_m\}$ を用いれば，固有値が縮退している場合にも互いに直交する固有関数の組をつくることができる．

縮退が 2 つ以上のときも，同じように続けていけばよい（演習問題 [3]）．何らかの加減で，直交しない 2 つの波動関数が得られてしまったときも，この手法を用いていつでも直交化することができる．

このように直交する固有関数をつくっていけば，$\hat{f}$ の固有関数の組として正規直交系をつくることができる．

§5.4 時間発展

いままでは，ある時刻 t を止めておいて量子力学の基礎付けを解説してきたが，もう1つの量子力学の大きな仮定は，波動関数の時間発展をどのように決めるかということである．そこで，量子力学の基本的な前提（仮定）の最後は次のようなものである．

(D) 時間発展はハミルトニアン $\hat{H}$ を用いて

$$i\hbar \frac{\partial}{\partial t} \Psi(x,t) = \hat{H}\, \Psi(x,t) \tag{5.42}$$

で決まるとする．

この式は $\Psi(x,t)$ に関して線形の偏微分方程式であるから，重ね合わせの原理が成立する．さらに $\Psi(x,t)$ の時間発展は，その時刻の $\Psi(x,t)$ の値によって決まるという性質をもつ．

定常状態

ハミルトニアンの固有値，固有関数が得られたとして，これを (5.3) のように $\hat{H}\psi_n(x) = E_n\psi_n(x)$ とする．状態 ψ_n は，エネルギーを測定すると確定値 E_n をとる状態である．$\psi = \psi_n$ である場合，§1.5 で調べたように波動関数の時間発展は単純であり，

$$\Psi(x,t) = e^{-\frac{i}{\hbar}E_n t}\psi_n(x) \tag{5.43}$$

となる．つまり時刻 $t=0$ で $\psi_n(x)$ だった波動関数は，(5.43) のように時間発展する．

また，(5.43) のようにエネルギーが確定した状態での物理量の期待値は

$$\bar{f}(t) = \int \Psi^*(x,t)\, \hat{f}\, \Psi(x,t)\, dx$$

によって計算できるが，この式に (5.43) を代入すると $e^{-\frac{i}{\hbar}E_n t}$ の時間依存性はちょうど打ち消してしまう．したがって，物理量の期待値 $\bar{f}(t)$ は時間によらないことがわかる．つまり，

§5.4 時間発展　103

$$\bar{f} = \int \Psi^*(x,t)\, \hat{f}\, \Psi(x,t)\, dx = \int \phi_n(x)\, \hat{f}\, \phi_n(x)\, dx \quad (5.44)$$

と書ける．物理量がいつも同じ値をもつので，このような状態を**定常状態**という．

確率の保存

第1章で確率解釈を述べたが，この確率解釈が (5.42) で定めた波動関数の時間発展と両立するかどうかチェックしておこう．

確率解釈によると，$|\Psi(x,t)|^2$ が時刻 t に位置 x において粒子が見出される確率である．一方，ある時刻 t において，全空間のどこかで粒子が見出されなければならないので，積分値 $\int |\Psi(x,t)|^2\, dx$ は，時間によらず常に 1 であって欲しい．時刻 $t = 0$ では，適当に波動関数の係数を調整すれば $\int |\Psi(x,0)|^2\, dx = 1$ とすることはできる．しかし，一般の波動関数 $\Psi(x,t)$ が $t > 0$ でシュレーディンガー方程式 (5.42) に従って時間発展したときに，積分値が必ず 1 であるということは保障されるであろうか？

このことを調べるために，$\int |\Psi(x,t)|^2\, dx$ の時間微分をとり，(5.42) を用いて変形してみよう．すると

$$\begin{aligned}
\frac{d}{dt}\int |\Psi(x,t)|^2\, dx &= \int \left[\frac{\partial \Psi^*(x,t)}{\partial t}\Psi(x,t) + \Psi^*(x,t)\frac{\partial \Psi(x,t)}{\partial t} \right] dx \\
&= \int \left[\left\{ \frac{1}{i\hbar}\hat{H}\,\Psi(x,t) \right\}^* \Psi(x,t) \right.\\
&\qquad\qquad \left. + \Psi^*(x,t)\left\{ \frac{1}{i\hbar}\hat{H}\,\Psi(x,t) \right\} \right] dx \\
&= \frac{i}{\hbar}\int \left[\{\hat{H}\,\Psi(x,t)\}^* \Psi(x,t) \right.\\
&\qquad\qquad \left. - \Psi^*(x,t)\{\hat{H}\,\Psi(x,t)\} \right] dx
\end{aligned}$$
$$(5.45)$$

となる．この最後の式でハミルトニアン $\hat{H}$ がエルミート演算子であることを用いると，ちょうど2つの項が打ち消し合ってゼロとなることがわかる．

したがって，時刻 $t=0$ で $\int |\Psi(x,0)|^2 dx = 1$ ならば，その後の時間変化はゼロであり，積分値は常に同じ値，つまり 1 であることが証明された．

このように，確率の保存はハミルトニアンがエルミート演算子であることによって保障されている．

エネルギー保存則

(5.42) に従って時間発展する一般の波動関数 $\Psi(x,t)$ に対し，エネルギーの期待値は §5.1 の一般論から

$$\bar{E} = \int \Psi^*(x,t)\, \hat{H}\, \Psi(x,t)\, dx \qquad (5.46)$$

である．このエネルギーの期待値の時間微分を調べると，(5.45) と同じようにしてゼロになることがわかる（演習問題 [5]）．つまり，$\bar{E}$ は時間によらず一定値である．これはエネルギー保存則を意味している．

もし $\hat{H}$ が露に時間による場合（つまり，時間に依存する外場などがある場合），$\bar{E}$ の時間変化はゼロでなくなる．つまり，エネルギーは保存しない．これは外場からエネルギーを得たりするからである．

エネルギー保存則が成り立つのは $\hat{H}$ が露に時間によらない場合であるが，$\hat{H}$ が時間によらないということは，すべての時刻でシュレーディンガー方程式が同じであり，物理系が同等であるということを意味する．言い方を変えると，時間をずらしても，同じ実験をすれば同じ結果が得られるということである．これを**系に時間並進対称性がある**という．

ここで示したように，時間並進対称性があるとエネルギーは保存される．この対称性と保存則との密接な関係は，第 11 章で改めて考える．

§5.5 波動関数のいくつかの一般的性質

(5.4) のように，シュレーディンガー方程式を解くことはハミルトニアンの固有値と固有関数を求めることに帰着する．この固有関数に関して，数学的に一般的な性質がいくつかわかっているので，ここで簡単にまとめておこう．

（1） 波動関数 $\psi(x)$ は有限であり，連続かつ微分可能である．これは性質というよりは，量子力学の基本的な仮定（要請）といえる．また，ポテンシャルが無限大（$V(x) = \infty$）となる領域では $\psi(x) = 0$ となる．この場合，微分係数は不連続になり得る．(§2.2 を参照．また，ポテンシャルが δ 関数の場合については，§2.5 を参照．)

（2） 一般に，基底状態の波動関数 $\psi_0(x)$ は節をもたない（つまり，$\psi_0(x) = 0$ となる位置はない）ということが示される．これは 3 次元空間の波動関数 $\psi_0(x, y, z)$ の場合も同じである．

（3） 基底状態には節がないので，基底状態が縮退することはない．
　　（証明） 仮りに，線形独立な基底状態が 2 つあって縮退しているとする．すると，2 つの波動関数の線形結合 $\psi = c_1 \psi_1 + c_2 \psi_2$ も同じエネルギーをもつ．この場合，適当な係数 c_1, c_2 を選べば，ある位置で $\psi = 0$ となるようにすることができる．これは（2）の基底状態に節がないことと矛盾する．

（4） 縮退しない波動関数は実数関数にとることができる（第 3 章の演習問題 [7] を参照）．

演習問題

[1] 次の交換関係の公式を確かめよ
 (a) $[\hat{A}, \hat{B}\hat{C}] = [\hat{A}, \hat{B}]\hat{C} + B[\hat{A}, \hat{C}]$
 (b) $[\hat{A}\hat{B}, \hat{C}] = A[\hat{B}, \hat{C}] + [\hat{A}, \hat{C}]B$

[2] 例題 5.3 を参考にして演算子 $\hat{f}$ がエルミート演算子であるとき，固有値は必ず実数であることを証明せよ．

［3］ 例題5.3を参考にして ϕ_n, ψ_m, ψ_l の3つの状態が同じ固有値をもつとき，三者がお互いに直交するような新しい関数の組をつくれ．

［4］ ハミルトニアン $\hat{H} = -(\hbar^2/2m)\partial^2/\partial x^2 + V(x)$ と $\hat{p}$ の交換関係が $[\hat{H}, \hat{p}] = i\hbar\, \partial V(x)/\partial x$ となることを示せ．

［5］ ハミルトニアン $\hat{H}$ が露に時間によらないとき，エネルギーの期待値が保存することを示せ．

［6］ (5.45)では全空間で積分したが，領域 $-L < x < L$ で粒子が見出される確率 $\int_{-L}^{L} |\Psi(x,t)|^2\, dx$ を考えてみる． $\Psi(x,t)$ が (5.42) のシュレーディンガー方程式に従って時間発展したときに，この確率の時間微分を調べ，

$$\frac{d}{dt}\int_{-L}^{L} |\Psi(x,t)|^2\, dx = -\int_{-L}^{L} \frac{\partial}{\partial x} J(x,t)\, dx$$
$$= -J(L,t) + J(-L,t) \qquad (5.47)$$

となることを示せ．ここで $J(x,t)$ は

$$J(x,t) = -\frac{i\hbar}{2m}\left\{ \Psi^*(x,t)\frac{\partial \Psi(x,t)}{\partial x} - \frac{\partial \Psi^*(x,t)}{\partial x}\Psi(x,t) \right\}$$
$$(5.48)$$

と定義されたものである．この $J(x,t)$ は**確率の流れの密度**とよばれる．(5.47) の物理的意味を考えてみよ．

［7］ 運動量演算子は $\hat{p} = -i\hbar(\partial/\partial x)$ だから，これと確率の流れの密度 $J(x,t)$ は非常に関連があるようにみえる．この関連を考え，なぜ $J(x,t)$ の定義式 (5.48) の第2項が必要になるかを説明せよ．

［8］ §2.3 の問題で，壁の左側で確率の流れの密度を計算して，入射波と反射波の確率の流れの密度を求めよ．特に，(2.12) の2つの平面波の積の項がどうなるかに注意せよ．

［9］* 任意の実数 a を用いて

$$(\hat{x} + ia\hat{p})\phi(x) \qquad (5.49)$$

の絶対値の2乗の積分を計算することにより，(5.23) を説明せよ．ただし $\bar{x} = \bar{p} = 0$ とし，Δx は $\sqrt{\overline{x^2}}$，Δp は $\sqrt{\overline{p^2}}$ で定義する．($\bar{x} \neq 0$, $\bar{p} \neq 0$ の場合は (5.49) の代わりに $\{\hat{x} - \bar{x} + ia(\hat{p} - \bar{p})\}\phi(x)$ を用いればよい．)

量子力学を超えて

　量子力学という基礎方程式が決まっても，すべての物理系の性質がわかるというわけではない．つまりシュレーディンガー方程式を書き下したら後はそれを解くだけである，というわけにはいかないのである．

　身の周りの世界，つまり気体・液体・固体の世界，化学の世界，生物の世界などは多体問題である．この場合，一般的に N 粒子のシュレーディンガー方程式を解かなければならない．例えば，2粒子の場合は

$$i\hbar\frac{\partial}{\partial t}\Psi(r_1, r_2, t) = \left[-\frac{\hbar^2}{2m}(\Delta_1 + \Delta_2) + V(r_1 - r_2)\right]\Psi(r_1, r_2, t)$$

というシュレーディンガー方程式になる．ここで r_1, Δ_1 は1番目の粒子の座標とそれに対するラプラシアンであり，$V(r_1 - r_2)$ は粒子間の相互作用である．この方程式は座標が6変数あり，時間 t と合わせて7変数の偏微分方程式となっている．粒子数が数個の場合は原子核の問題であり，10^{23} 個のオーダーになると物性（固体物理，凝縮系の物理）の課題である．こうなるとシュレーディンガー方程式を形式的に書き下すことはできても，単純に解くことはできないので，状況に応じた近似が必要になる．

　さらに，粒子数が多い場合，上記の多変数の偏微分方程式をとにかく解けばすべてがわかるというわけではない．例えば巨大なシュレーディンガー方程式をコンピュータでいくら解いても，超伝導現象などの解が得られるわけではないのである．超伝導に代表される相転移現象を理解するには，量子力学の範囲に入っていないような，まったく異なる概念が必要である．つまり粒子数が巨視的な量になると，ミクロな世界とはまた異なった法則，基礎方程式に従うと考えた方がよい場合が出てくるのである．これを**自然界の階層構造**とよんだりする．もちろん，ある程度ミクロな量子力学を基礎にして，相転移現象などを理解することはできる．しかし，この場合もやみくもにシュレーディンガー方程式を解くということではなく，新しいパラダイムが必要である．多体のシュレーディンガー方程式を解けば生命現象までわかるはずだと考えるのは，明らかに無理な話であろう．

6 3次元のシュレーディンガー方程式

本章と次章では,3次元球対称ポテンシャル中でのシュレーディンガー方程式を解こう.原子構造での1s,2s,2p軌道など物質を構成する基本的な量子力学的状態を明らかにする.まず本章では,角度方向の波動関数を調べる.

§6.1 ラプラシアン

第1章から4章まで,空間座標は x だけをとり扱ってきた.つまり,1次元空間でのシュレーディンガー方程式を調べてきたわけである.本章からは3次元空間でのシュレーディンガー方程式を考えることにしよう.

3次元のシュレーディンガー方程式

古典力学では,3次元空間で運動量 $\boldsymbol{p} = (p_x, p_y, p_z)$ をもつ自由粒子の運動エネルギーは

$$E = \frac{\boldsymbol{p}^2}{2m} = \frac{1}{2m}(p_x{}^2 + p_y{}^2 + p_z{}^2) \tag{6.1}$$

で与えられる.いままで調べてきたように,量子力学では p_x のところを $-i\hbar(\partial/\partial x)$ の偏微分におきかえることによって1次元のシュレーディンガー方程式が得られるので,3次元の場合は p_x, p_y, p_z のそれぞれを,x, y, z に関する偏微分におきかえればよいであろう.つまり,シュレーディンガー方程式の運動エネルギーの部分を

§6.1 ラプラシアン

$$-\frac{\hbar^2}{2m}\left(\frac{\partial^2}{\partial x^2}+\frac{\partial^2}{\partial y^2}+\frac{\partial^2}{\partial z^2}\right)$$

とすればよい．

ここで3成分の2階偏微分の和が出てくるが，表式が繁雑なので**ラプラシアン** Δ という1つの記号でまとめて表すことをよく行なう．つまり，"偏微分する"という操作だけをとり出して書いた演算子として

$$\Delta = \frac{\partial^2}{\partial x^2}+\frac{\partial^2}{\partial y^2}+\frac{\partial^2}{\partial z^2} \tag{6.2}$$

を定義する．この演算子記号を使って書けば，3次元のシュレーディンガー方程式は

$$\left\{-\frac{\hbar^2}{2m}\Delta + V(x,y,z)\right\}\phi(x,y,z) = E\,\phi(x,y,z) \tag{6.3}$$

となる．座標が3つあることに対応して，波動関数 ϕ とポテンシャル V は (x,y,z) の3変数関数となった．

さて，3次元でのポテンシャル $V(x,y,z)$ の形はいろいろとあり得るが，本章では原点にある原子核によるクーロンポテンシャルを念頭において，球対称のポテンシャルを考えよう．3次元における球対称ポテンシャルということは，ポテンシャル $V(x,y,z)$ が原点からの動径方向の距離 r のみの関数ということである．これは古典力学での中心力の問題に対応する．

極座標によるラプラシアン

一般に3次元の座標 (x,y,z) のままシュレーディンガー方程式を解くのは大変だが，$V(x,y,z)$ が r にしかよらない場合は，r を含む極座標で考えると見通しがよい．極座標とは，図6.1に示したように (x,y,z) の代わりに動径方向の距離 r, z 軸からの角度 θ, xy 平面

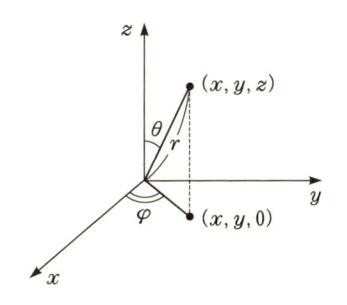

図6.1 極座標 (r,θ,φ) のとり方

内での角度 φ の3変数を用いて座標を表す表し方である．お互いの関係は

$$\left.\begin{array}{ll} x = r\sin\theta\cos\varphi, & r = \sqrt{x^2+y^2+z^2} \\ y = r\sin\theta\sin\varphi, & \theta = \tan^{-1}\dfrac{\sqrt{x^2+y^2}}{z} \\ z = r\cos\theta, & \varphi = \tan^{-1}\dfrac{y}{x} \end{array}\right\} \quad (6.4)$$

である．

　まず，(6.3) のシュレーディンガー方程式の Δ で書かれた運動エネルギーの部分を極座標に関する偏微分に変更しなければならない．結果は

$$\Delta = \frac{1}{r^2}\frac{\partial}{\partial r}\left(r^2\frac{\partial}{\partial r}\right) + \frac{1}{r^2}\left[\frac{1}{\sin\theta}\frac{\partial}{\partial\theta}\left(\sin\theta\frac{\partial}{\partial\theta}\right) + \frac{1}{\sin^2\theta}\frac{\partial^2}{\partial\varphi^2}\right] \tag{6.5}$$

となる．なぜこうなるかは多少ややこしいが，一生に1度くらいは自ら手を動かして確かめておきたい（演習問題［1］，［2］）．具体的には $\psi(r,\theta,\varphi)$ に対するラプラシアン Δ をつくるのだが，もともと Δ は (6.3) のように x,y,z に対する偏微分なので，ψ を

$$\psi(r(x,y,z),\ \theta(x,y,z),\ \varphi(x,y,z)) \tag{6.6}$$

という合成関数だと思って2回 x で偏微分したもの，2回 y で偏微分したもの，などを考えればよい．

　例えば，変数 x に対する偏微分を行なうときは，(6.6) の中に x は3回出てくるので，それぞれに対して合成関数の微分法を当てはめればよい．まず $r(x,y,z)$ の中の x で偏微分するときは，$\psi(r,\theta,\varphi)$ を r で偏微分したものに $\partial r/\partial x$ を掛ければよい．次に，$\theta(x,y,z)$ と $\varphi(x,y,z)$ についても同じように行なう．結局，x に関する1階偏微分は

$$\frac{\partial}{\partial x} = \frac{\partial r}{\partial x}\frac{\partial}{\partial r} + \frac{\partial\theta}{\partial x}\frac{\partial}{\partial\theta} + \frac{\partial\varphi}{\partial x}\frac{\partial}{\partial\varphi}$$

$$= \frac{x}{r}\frac{\partial}{\partial r} + \frac{zx}{r^2\sqrt{x^2+y^2}}\frac{\partial}{\partial\theta} - \frac{y}{x^2+y^2}\frac{\partial}{\partial\varphi}$$

$$= \frac{x}{r}\frac{\partial}{\partial r} + \frac{\cos\theta\cos\varphi}{r}\frac{\partial}{\partial\theta} - \frac{\sin\varphi}{r\sin\theta}\frac{\partial}{\partial\varphi} \qquad (6.7)$$

となる．これらを用いてラプラシアン Δ を書きかえればよい．

例題 6.1

上式で出てきた少しややこしい偏微分 $\partial r/\partial x$ と $\partial\varphi/\partial x$ を求めよ．

[解] $r = \sqrt{x^2 + y^2 + z^2}$ なので $\partial r/\partial x = x/r$ となる．また，φ の偏微分の方は $\tan^{-1}$ の微分が

$$\frac{d}{dX}\tan^{-1}X = \frac{1}{1+X^2}$$

なので，X のところに $X = y/x$ が代入された合成関数の偏微分と思って計算すればよい．$\partial X/\partial x = -y/x^2$ なので，少し詳しく書けば

$$\frac{\partial\varphi}{\partial x} = \frac{\partial X}{\partial x}\frac{d}{dX}\tan^{-1}X = -\frac{y}{x^2}\frac{1}{1+\frac{y^2}{x^2}} = -\frac{y}{x^2+y^2}$$

となる．

角運動量

3次元のシュレーディンガー方程式は (6.5) のラプラシアンを用いて

$$-\frac{\hbar^2}{2m}\frac{1}{r^2}\frac{\partial}{\partial r}\left(r^2\frac{\partial\psi}{\partial r}\right) - \frac{\hbar^2}{2m}\frac{1}{r^2}\left[\frac{1}{\sin\theta}\frac{\partial}{\partial\theta}\left(\sin\theta\frac{\partial}{\partial\theta}\right) + \frac{1}{\sin^2\theta}\frac{\partial^2}{\partial\varphi^2}\right]\psi$$
$$+ V(r)\psi = E\psi$$
$$(6.8)$$

となる．ここで波動関数 ψ は r, θ, φ の関数 $\psi(r, \theta, \varphi)$ である．さらに (6.8) の左辺第2項の [ ] に $-\hbar^2$ を掛けたものをまとめて演算子 $\widehat{L}^2$ と定義し，

$$\widehat{H}\psi = -\frac{\hbar^2}{2m}\frac{1}{r^2}\frac{\partial}{\partial r}\left(r^2\frac{\partial\psi}{\partial r}\right) + \frac{\widehat{L}^2}{2mr^2}\psi + V(r)\psi$$
$$= E\psi \qquad (6.9)$$

と書こう．

実は，ここで定義した演算子 $\hat{L}^2$ は古典力学での角運動量の 2 乗に対応する．このことを理解するために古典力学を少し復習しよう．

質量 m の粒子が半径 r，速度 v で円運動している場合，角運動量 L は慣性モーメント $I = mr^2$ と角速度 $\omega = v/r$ を用いて，$L = I\omega$ で与えられる．この角運動量を少し書きかえると

$$L = I\omega = mr^2 \cdot \frac{v}{r} = mrv = rp \tag{6.10}$$

と書ける．（p は運動量 $p = mv$ である．）また，このときの円運動の運動エネルギーは，

$$E = \frac{1}{2}mv^2 = \frac{p^2}{2m} = \frac{1}{2}mr^2\omega^2 = \frac{1}{2}I\omega^2 \tag{6.11}$$

などといろいろな形で書き表すことができる．

さて，(6.10) から $p = L/r$ と書けるので，円運動の運動エネルギーを角運動量 L を用いて表すと

$$E = \frac{L^2}{2mr^2} \tag{6.12}$$

が得られる．この式で L^2 の部分を量子力学の演算子 $\hat{L}^2$ と見なせば，(6.9) の左辺第 2 項と一致していることがわかる．復習ついでに，古典力学での遠心力を求めておこう（演習問題 [3]）．

角運動量保存則

古典力学の場合，中心力ポテンシャル中の運動では角運動量が保存される（ケプラーの法則）．これに対応して，量子力学でも角運動量は保存され，角運動量を測定すると必ず一定値（確定値）をとると予想される．この角運動量保存則は，量子力学においては以下のように記述される．

第 8 章で一般的な場合を含めてまとめて述べるが，2 つの演算子が交換するとき（つまり演算子として可換であるとき），両者に共通な固有関数をつくることができるという非常に有益な性質がある．いまの場合，ハミルトニアン $\hat{H}$ と演算子 $\hat{L}^2$ が可換であることを示すことができる（演習問題

[4]）ので，両者に共通な固有関数が存在する．§5.1 の（B）で述べたように，ハミルトニアンの固有関数であるということは，エネルギーを測定するといつも一定値（確定値）をとるということである．さらに，同時に演算子 $\hat{L}^2$ の固有関数でもあるということは，角運動量の 2 乗 $\hat{L}^2$ を測定するといつも一定値（確定値）をとるということになる．したがって，系の状態がこの共通の固有関数で記述される場合，エネルギーと角運動量が同時に保存されることになるのである．

さらに一般的な保存則については第 11 章でまとめて述べることにする．

§6.2 　角運動量演算子

前節では，古典力学での角運動量を復習したが，実は角運動量はベクトル量である．図 6.2 のように，xy 平面内での回転に対して時計回りと反時計回りがあり，同じように yz 平面内，zx 平面内の回転運動も考えられる．そこで，図 6.2 のように角運動量ベクトル $\boldsymbol{L}$ というものを考え，式としては

$$\boldsymbol{L} = \boldsymbol{r} \times \boldsymbol{p} \tag{6.13}$$

と定義する．ここで $\boldsymbol{r}$ は位置ベクトル $\boldsymbol{r} = (x, y, z)$ であり，$\times$ はベクトルの外積を意味する．具体的に $\boldsymbol{L}$ を成分で書けば，たすきがけの要領で

$$L_x = yp_z - zp_y, \quad L_y = zp_x - xp_z, \quad L_z = xp_y - yp_x \tag{6.14}$$

反時計回り　　　時計回り　　　　　　　　　　右ねじ

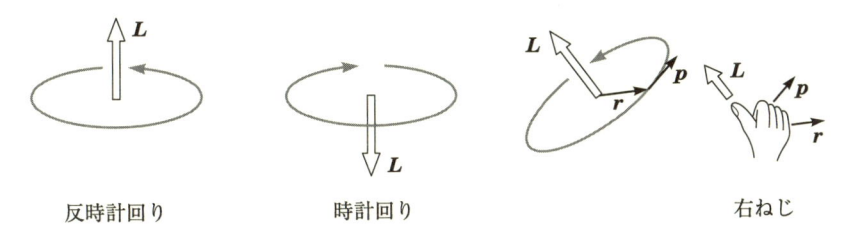

図 6.2 　いろいろな向きの回転と，それに対応する角運動量ベクトル $\boldsymbol{L}$

となる．幾何学的には $\boldsymbol{r} \times \boldsymbol{p}$ とは，図 6.2 の右端の図ように $\boldsymbol{r}$ と $\boldsymbol{p}$ の両方に垂直なベクトルで，長さが $|\boldsymbol{r}||\boldsymbol{p}|\sin\theta$ のものである（ただし，θ は $\boldsymbol{r}$ と $\boldsymbol{p}$ のなす角）．ベクトルの向きは，図 6.2 のように右ねじの法則で決まる．つまり，右ねじは，右手の指を $\boldsymbol{r}$ の向きから $\boldsymbol{p}$ の向きへ回したときに親指の指す方向に進むのであるが，その方向を $\boldsymbol{r} \times \boldsymbol{p}$ のベクトルの向きとするのである．例えば，単純な円運動の場合は $\boldsymbol{r}$ と $\boldsymbol{p}$ は直交するので $\theta = \pi/2$，したがって $\boldsymbol{L}$ の大きさは rp となり，前節の式 (6.10) と一致する．

量子力学での演算子は，古典力学での物理量とうまく対応しているだろうという信念のもとに（対応原理），(6.13) の $\boldsymbol{r}$ と $\boldsymbol{p}$ をそれぞれ演算子として

$$\hat{\boldsymbol{L}} = \hat{\boldsymbol{r}} \times \hat{\boldsymbol{p}} \tag{6.15}$$

とする．これを**角運動量演算子**という．具体的に例えば x 成分を表せば，

$$\hat{L}_x = \hat{y}\hat{p}_z - \hat{z}\hat{p}_y = -i\hbar y \frac{\partial}{\partial z} + i\hbar z \frac{\partial}{\partial y}$$

となる．ここで y や z の演算子は (5.17) で定義した座標演算子 $\hat{x}$ と同じように，単に波動関数に y や z を掛け算するという演算子である．また，いままでは 1 次元の場合を考えてきたので，運動量演算子としては $\hat{p}$ しか出てこなかったが，以下では，x 方向の運動量演算子を $\hat{p}_x = -i\hbar(\partial/\partial x)$，$y$ 方向の運動量演算子を $\hat{p}_y = -i\hbar(\partial/\partial y)$，$z$ 方向の運動量演算子を $\hat{p}_z = -i\hbar(\partial/\partial z)$ と書くことにする．

極座標表示

前節の式 (6.9) でラプラシアンの極座標表示の一部を $\hat{L}^2$ という演算子として書いてみたが，本当に (6.15) で定義した角運動量演算子の 2 乗と一致しているかどうかを確かめる必要がある．$\partial/\partial x$ などを極座標表示にした (6.7) などを用いると，演算子 $\hat{\boldsymbol{L}}$ の各成分は意外とシンプルになり，

$$\left. \begin{array}{l} \hat{L}_x = -i\hbar\left(-\sin\varphi\dfrac{\partial}{\partial\theta} - \dfrac{\cos\theta}{\sin\theta}\cos\varphi\dfrac{\partial}{\partial\varphi}\right) \\[2mm] \hat{L}_y = -i\hbar\left(\cos\varphi\dfrac{\partial}{\partial\theta} - \dfrac{\cos\theta}{\sin\theta}\sin\varphi\dfrac{\partial}{\partial\varphi}\right) \\[2mm] \hat{L}_z = -i\hbar\dfrac{\partial}{\partial\varphi} \end{array} \right\} \quad (6.16)$$

と書ける（演習問題［5］）．これを用いて，$\hat{\boldsymbol{L}}^2$ はベクトルの長さの2乗のときと同じように $\hat{\boldsymbol{L}}^2 = \hat{L}_x{}^2 + \hat{L}_y{}^2 + \hat{L}_z{}^2$ と定義する．この式に (6.16) を代入して計算すると，激しい計算ではあるが結局

$$\hat{\boldsymbol{L}}^2 = -\hbar^2\left(\frac{\partial^2}{\partial\theta^2} + \frac{\cos\theta}{\sin\theta}\frac{\partial}{\partial\theta} + \frac{1}{\sin^2\theta}\frac{\partial^2}{\partial\varphi^2}\right) \quad (6.17)$$

となることが示される．これはちょうど前節のラプラシアンの極座標表示 (6.8) の左辺第2項の一部とまったく同じであり，古典力学との対応原理がうまくはたらいていることがわかる．

§6.3 球面調和関数

さて，当面の目標は3次元のシュレーディンガー方程式の極座標表示 (6.9) の解を求めたいわけだが，これを変数分離法によって解こう．波動関数 ψ は (r, θ, φ) の3変数関数であるが

$$\psi(r, \theta, \varphi) = R(r)\, Y(\theta, \varphi) \quad (6.18)$$

のように，動径方向の関数 $R(r)$ と角度方向の関数 $Y(\theta, \varphi)$ に変数を分離してみよう．この形を (6.9) に代入すると，$R(r)$ と $Y(\theta, \varphi)$ の満たす方程式が分離できる．このことを少し詳しく説明しよう．

$Y(\theta, \varphi)$ にかかる微分演算子は $\hat{\boldsymbol{L}}^2$ だけだから，$Y(\theta, \varphi)$ を $\hat{\boldsymbol{L}}^2$ の固有関数として

$$\frac{\hat{\boldsymbol{L}}^2}{2mr^2} Y(\theta, \varphi) = \frac{\Lambda}{2mr^2} Y(\theta, \varphi) \quad (6.19)$$

を満たすとする．ここで Λ は演算子 $\hat{\boldsymbol{L}}^2$ の固有値であるとした．こうしておいて，(6.9) のシュレーディンガー方程式に (6.18)，(6.19) を代入すると

$$-\frac{\hbar^2}{2m}\frac{1}{r^2}\frac{\partial}{\partial r}\left(r^2\frac{\partial R(r)}{\partial r}\right)Y(\theta,\varphi) + R(r)\frac{\Lambda}{2mr^2}Y(\theta,\varphi)$$
$$+ V(r)R(r)\,Y(\theta,\varphi) = E\,R(r)\,Y(\theta,\varphi)$$
(6.20)

となる．この式の両辺の各項には $Y(\theta,\varphi)$ が必ず現れているので，両辺を $Y(\theta,\varphi)$ で割り算することができる．残りの $R(r)$ に対する方程式は

$$-\frac{\hbar^2}{2m}\frac{1}{r^2}\frac{\partial}{\partial r}\left(r^2\frac{\partial R(r)}{\partial r}\right) + \frac{\Lambda}{2mr^2}R(r) + V(r)\,R(r) = E\,R(r)$$
(6.21)

となる．このような方法を**変数分離**という．動径方向の関数 $R(r)$ はポテンシャル $V(r)$ の形に依存するので後回しとし，本章では角度方向の固有関数 $Y(\theta,\varphi)$ と固有値 Λ を調べることにする．

計算の前に，得られる結果を先に書いておくことにしよう．$\hat{L}^2$ の固有値 Λ は，整数 l を用いて，$\Lambda = \hbar^2 l(l+1)$ $(l=0,1,2,\cdots)$ となる．また，$Y(\theta,\varphi)$ は $\hat{L}_z$ の固有関数にもなっていて，固有値は $\hbar m$ である．（粒子の質量 m と同じ記号で紛らわしいが，通常このように用いるので注意しながら使うことにする．）結局，$Y(\theta,\varphi)$ の満たす固有値方程式を書くと

$$\hat{L}^2\,Y_{lm}(\theta,\varphi) = \hbar^2 l(l+1)\,Y_{lm}(\theta,\varphi) \tag{6.22}$$
$$\hat{L}_z\,Y_{lm}(\theta,\varphi) = \hbar m\,Y_{lm}(\theta,\varphi) \tag{6.23}$$

となる．固有値は整数 l と m で書けるので，それらの固有値をもつ固有関数という意味で $Y(\theta,\varphi)$ に添字の lm を付けている．この $Y_{lm}(\theta,\varphi)$ を**球面調和関数**という．

---**例題 6.2**---

(6.23) で $m=1$ の場合，$\hat{L}_z$ の固有値は $\hbar$ である．これを古典力学で成立する $L=rp$ と見なし，$r=1.0\,[\text{Å}]$ の場合に p/m（この m は電子の質量を表す）を求めよ．

§6.3 球面調和関数　117

[解]　$p = L/r$ なので，各々の数値を代入すると

$$\frac{p}{m} = \frac{L}{mr} = \frac{1.05 \times 10^{-34} \,[\text{J·s}]}{9.11 \times 10^{-31} \,[\text{kg}] \times 1.0 \times 10^{-10} \,[\text{m}]} \fallingdotseq 1.2 \times 10^6 \,[\text{m/s}]$$

が得られる．

$\hat{L}^2$ と $\hat{L}_z$ の同時対角化

(6.22)，(6.23) からわかるように，$Y_{lm}(\theta, \varphi)$ は $\hat{L}^2$ と $\hat{L}_z$ の 2 つの演算子に共通な固有関数になっている．このような場合，$\hat{L}^2$ と $\hat{L}_z$ は**同時対角化されている**という．これについては §8.2 でまとめて述べる．また，後で示すように $Y_{lm}(\theta, \varphi)$ は $\hat{L}_x$ や $\hat{L}_y$ の固有関数ではない．

$\hat{L}_z$ の固有関数

まず，(6.16) の中で最もシンプルな $\hat{L}_z = -i\hbar \,(\partial/\partial\varphi)$ の固有関数を，$\Phi(\varphi)$ だとして求めてみよう．固有値を Λ_z とすると，固有値方程式は

$$-i\hbar \frac{\partial}{\partial \varphi} \Phi(\varphi) = \Lambda_z \Phi(\varphi) \tag{6.24}$$

である．この式のように 1 回微分しても形が変わらない関数は指数関数 $e^{ia\varphi}$ である．$e^{ia\varphi}$ の係数 a をうまく調整して $a = \Lambda_z/\hbar$ とすると (6.24) を満たすことがわかるので

$$\Phi(\varphi) = C e^{i\frac{\Lambda_z}{\hbar}\varphi} \tag{6.25}$$

が得られる．係数の C は未定定数であるが，関数の絶対値の 2 乗の積分が 1 になるという規格化条件

$$\int_0^{2\pi} |\Phi(\varphi)|^2 \, d\varphi = 1 \tag{6.26}$$

から，未定定数 C は $1/\sqrt{2\pi}$ とすればよいことがわかる．

さて，$\varphi = 0$ と $\varphi = 2\pi$ は元の (x, y, z) 座標では同じ点になる（図 6.1）ので，関数 $\Phi(\varphi)$ の値も同じでなければならない．これを**関数の一価性**という．つまり，

$$\Phi(0) = \Phi(2\pi) \tag{6.27}$$

118   6. 3次元のシュレーディンガー方程式

でなければならない．この式を (6.25) の関数形に代入すると $e^{\frac{2\pi i \Lambda_z}{\hbar}} = 1$ となるので，$\Lambda_z/\hbar$ が整数ということになる．つまり固有値 Λ_z は $\Lambda_z = \hbar m$ (m は整数) となる．

こうして $\hat{L}_z$ の固有値，固有関数が求められた．まとめて書けば

$$\hat{L}_z \Phi_m(\varphi) = \hbar m \, \Phi_m(\varphi) \tag{6.28}$$

$$\Phi_m(\varphi) = \frac{1}{\sqrt{2\pi}} e^{im\varphi} \tag{6.29}$$

である．ここで，それぞれの m に対する固有関数を区別するために添字の

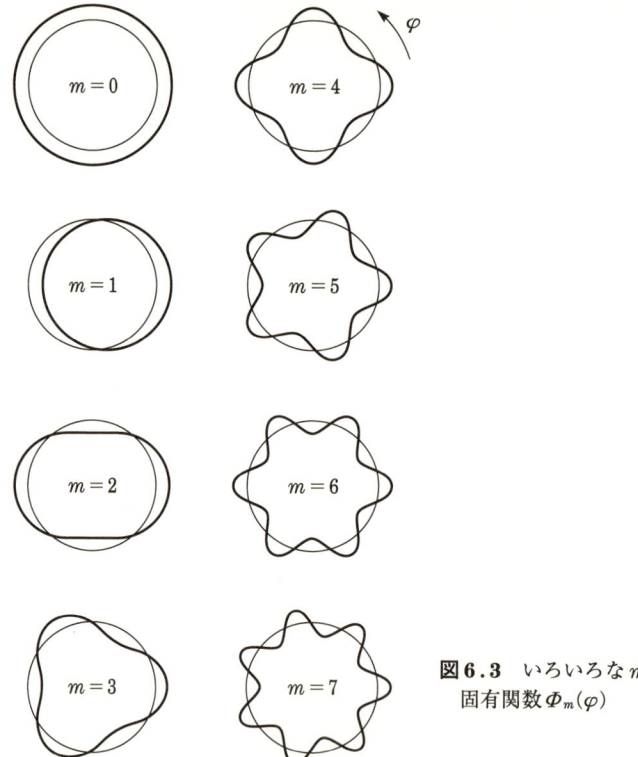

図6.3 いろいろな m の場合の $\hat{L}_z$ の固有関数 $\Phi_m(\varphi)$

m を付けた. m は**磁気量子数**とよばれることがある. 固有値は $\hbar m$ ($m = 0$, $\pm 1, \pm 2, \pm 3, \cdots$) というとびとびの値になったが, このことを**角運動量の z 成分が量子化されている**と表現する. 具体的に関数形を書くと

$$\left.\begin{array}{ll} m = 0 : & \Phi_0(\varphi) = \dfrac{1}{\sqrt{2\pi}} \\[2mm] m = \pm 1 : & \Phi_{\pm 1}(\varphi) = \dfrac{1}{\sqrt{2\pi}} e^{\pm i\varphi} = \dfrac{1}{\sqrt{2\pi}}(\cos\varphi \pm i\sin\varphi) \\[2mm] m = \pm 2 : & \Phi_{\pm 2}(\varphi) = \dfrac{1}{\sqrt{2\pi}} e^{\pm 2i\varphi} = \dfrac{1}{\sqrt{2\pi}}(\cos 2\varphi \pm i\sin 2\varphi) \end{array}\right\} \tag{6.30}$$

などとなる (複号同順). 角度 φ の方向に $\Phi_m(\varphi)$ の値を図示すると, 図 6.3 のようになる. (6.30) で, $\cos m\varphi$ や $\sin m\varphi$ が出てくることから, この固有関数が"波"のような振舞いをすることがわかる.

例題 6.3

$\hat{L}_z$ は物理量でありエルミート演算子なので, 第 5 章で述べたように異なる固有値をもつ固有関数は直交するはずである. このことを示せ.

[**解**] 積分を実行してみると

$$\int_0^{2\pi} \Phi_m{}^*(\varphi)\, \Phi_{m'}(\varphi)\, d\varphi = \frac{1}{2\pi} \int_0^{2\pi} e^{-i(m-m')\varphi}\, d\varphi = \begin{cases} 0 & (m \neq m') \\ 1 & (m = m') \end{cases} \tag{6.31}$$

である. $m \neq m'$ のときは積分がゼロとなるので, 異なる固有値をもつ固有関数は直交するといえる.

準古典的量子化条件

ここで古典力学との対応関係を見てみよう. (6.10) で示したように, 単純な円運動のときは $L_z = rp$ であるが, 粒子は波動でもあるという考えから運動量 p を $p = \hbar k = \hbar(2\pi/\lambda)$ (k は波数, λ は波長) としてみよう.

この p を $L_z = rp$ に代入すると

$$L_z = r\hbar \frac{2\pi}{\lambda} = \hbar \frac{2\pi r}{\lambda} \tag{6.32}$$

と書ける．一方，図 6.3 のように波が円周上を 1 周すると考えると，円周の長さ $2\pi r$ は波長 λ のちょうど整数倍でなくてはならない．したがって，$2\pi r/\lambda = m$（m は整数）となる．この関係式を (6.32) に代入すると，L_z が $\hbar m$ というとびとびの値をもつことがわかる．このような量子化の理解の仕方を，**準古典的な量子化**という．

§6.4　ルジャンドル多項式

前節で $\hat{L}_z$ の固有関数が求まったが，我々の目的は $\hat{L}^2$ の固有関数 $Y_{lm}(\theta, \varphi)$ を求めることである．(6.17) の $\hat{L}^2$ の形をよくみると，変数 φ は偏微分 $\partial^2/\partial\varphi^2$ の所しか現れていないことがわかる．このような場合，$Y_{lm}(\theta, \varphi)$ は変数分離型で解くことができる．具体的には

$$Y_{lm}(\theta, \varphi) = \Theta(\theta)\,\Phi_m(\varphi) \tag{6.33}$$

とおいて (6.19) に代入してみればよい．前節の (6.18)～(6.20) で行なったのと同じように考えると(演習問題 [6])，$\Theta(\theta)$ の満たすべき方程式は

$$-\hbar^2 \left[\frac{1}{\sin\theta} \frac{\partial}{\partial\theta}\left(\sin\theta \frac{\partial}{\partial\theta}\right) - \frac{m^2}{\sin^2\theta} \right] \Theta(\theta) = \Lambda\,\Theta(\theta) \tag{6.34}$$

となることがわかる．この微分方程式には変数として θ しか含まれないので，偏微分 $\partial/\partial\theta$ は $d/d\theta$ と書いてよい．

ルジャンドルの微分方程式

(6.34) の微分方程式を少し変形しよう．この方程式を何も手掛りなしに解くのはちょっと大変だが，実は 18, 19 世紀から微分方程式の 1 つとして知られたものであり，名前もついている．

まず $z = \cos\theta$ とおき，変数を θ から z に変えてみよう．これにともな

って，求めたい関数も z の関数として $P(z)$ と書くことにしよう．つまり，$P(z)$ の z を $\cos\theta$ とおいたものが $\Theta(\theta)$ である．$z = \cos\theta$ の変数変換によって，θ に関する偏微分は

$$\frac{d}{d\theta} = \frac{dz}{d\theta}\frac{d}{dz} = -\sin\theta\frac{d}{dz} \tag{6.35}$$

のように変換されるので，$P(z)$ の満たすべき方程式は

$$\frac{d}{dz}\left[(1-z^2)\frac{dP(z)}{dz}\right] - \frac{m^2}{1-z^2}P(z) = -\tilde{\Lambda}\,P(z) \tag{6.36}$$

となる．ここで式を見やすくするために，$\tilde{\Lambda} = \Lambda/\hbar^2$ とおいた．これは**ルジャンドル（Legendre）の陪微分方程式**とよばれるものである．特に $m = 0$ の場合の

$$\frac{d}{dz}\left[(1-z^2)\frac{dP(z)}{dz}\right] = -\tilde{\Lambda}\,P(z) \tag{6.37}$$

を**ルジャンドルの微分方程式**という．

2 階常微分方程式の理論で難しくいうと*，この微分方程式は確定特異点を $z = 1, -1, \infty$ にもち，フックス型微分方程式，さらに超幾何微分方程式の一種であるといえる（数学の公式集として巻末の付録 A に加えた）．

初等的なルジャンドル多項式の導出

(6.36) や (6.37) のような微分方程式の解の特徴として，固有値に相当する $\tilde{\Lambda}$ が特定の値でないと，$z = \pm 1$ で発散してしまう．したがって，関数の値がいたるところで有限であるということを波動関数の要件だとすると，$\tilde{\Lambda}$ の値がいくつかの特定な値に限られる．つまり固有値が離散的になるのである．この事情は §3.2 のエルミートの微分方程式の場合と同じである．

さらに，このような離散的な固有値の場合には，$P(z)$ が多項式となることがわかっている．この多項式は $m = 0$ のときは**ルジャンドル多項式**，一般の m の場合は**ルジャンドルの陪多項式**とよばれる．

---

* 例えば，福山秀敏・小形正男 共著：「物理数学 I」（朝倉書店，2003）などを参照．

6. 3次元のシュレーディンガー方程式

ここでは，§3.2 でエルミート多項式を求めたように，公式集を用いずに操作的に解をつくってみよう．つまり，$P(z)$ は多項式であるということを認めて，解の形を決めることにする（一般的な関数形は付録 A を参照）．

(1) まず，$P(z)$ が 0 次の多項式，つまり $P(z) =$ 一定値 とする．これを (6.37) の微分方程式に代入すれば，ただちに $\tilde{\Lambda} = 0$ がわかる．これが 1 つ目の自明な解である．

(2) 次に，$P(z)$ が 1 次の多項式，つまり

$$P_1(z) = az + b \quad (a, b は任意定数) \tag{6.38}$$

として微分方程式 (6.37) に代入してみよう（添字の 1 は 1 次の多項式という意味である）．すると

$$-2az = -\tilde{\Lambda}(az + b)$$

となるが，これが恒等的に（つまり，すべての z について）成立するためには

$$\tilde{\Lambda} = 2, \quad a は任意, \quad b = 0$$

が条件である．これが 2 番目の固有値と固有関数であり，$P_1(z) = az$ である．

例題 6.4

同じようにして，(6.37) を満たす 2 次の多項式の解 $P_2(z)$ を求めよ．

[解] $P_2(z) = az^2 + bz + c$ とおいて (6.37) に代入すれば

$$2a(1 - z^2) - 2z(2az + b) = -\tilde{\Lambda}(az^2 + bz + c)$$

となる．これが恒等式であるためには $\tilde{\Lambda} = 6$，a は任意，$b = 0$，$c = -a/3$ が条件となる．したがって，固有関数は $P_2(z) = a(z^2 - 1/3)$ である．

一般的には

$$P_l(z) = az^l + bz^{l-1} + cz^{l-2} + \cdots \tag{6.39}$$

とおいて微分方程式 (6.37) に代入し，恒等式となるように係数を決めてい

けばよい．特に z^l の係数を調べると，

$$\tilde{\Lambda} = l(l+1), \quad a\text{ は任意}$$

という条件が直ちに得られる（演習問題 [7]）．元の $\hat{L}^2$ の固有値に戻すと，$m=0$ の場合（つまり，ルジャンドルの微分方程式のとき）の固有値が

$$\Lambda = \hbar^2 \tilde{\Lambda} = \hbar^2 l(l+1) \quad (l=0,1,2,\cdots) \tag{6.40}$$

であることが示される．これが始めに結果を示した式（6.22）である．l は**方位量子数**（または**軌道角運動量**）とよばれる．

原子核の周りの電子の波動関数の場合，$l=0$ のときを **s軌道**，$l=1$ のときを **p軌道**，$l=2$ のときを **d軌道**，$l=3$ のときを **f軌道** などとよぶことになっている．原子番号が100程度までの現実の原子としては $l=4$ の $P_4(z)$ くらいまでを考えれば十分である．

規格化条件

(6.38) や (6.39) のルジャンドル多項式中の未定係数 a は，規格化条件によって決められる．3次元の直交座標を用いた場合の波動関数の規格化条件は

$$\iiint dx\,dy\,dz\,|\psi(x,y,z)|^2 = 1 \tag{6.41}$$

であるが，これに $\psi(r,\theta,\varphi) = R(r)\,Y(\theta,\varphi) = R(r)\,\Theta(\theta)\,\Phi(\varphi)$ を代入して極座標に関する積分で表さなければならない．(6.41) の3次元の積分を極座標で書きかえると，規格化条件は

$$\int_0^\infty r^2 dr \int_0^\pi \sin\theta\,d\theta \int_0^{2\pi} d\varphi\,|R(r)\,\Theta(\theta)\,\Phi(\varphi)|^2 = 1 \tag{6.42}$$

となることがわかる．この式で r, θ, φ 積分が分離するので

$$\int_0^\infty r^2\,dr\,|R(r)|^2 \cdot \int_0^\pi \sin\theta\,d\theta\,|\Theta(\theta)|^2 \cdot \int_0^{2\pi} d\varphi\,|\Phi(\varphi)|^2 = 1 \tag{6.43}$$

として，それぞれの積分が1になるように規格化しておけばよい．

(6.43) の真中の積分をとり出すと $\Theta(\theta)$ の部分の規格化条件は

$$\int_0^\pi \sin\theta\, d\theta\, |\Theta(\theta)|^2 = 1 \tag{6.44}$$

であるが，変数を θ から z に変換すれば

$$\int_{-1}^1 |P(z)|^2\, dz = 1 \tag{6.45}$$

と書きかえられる．これをもとに a を決めると，最終的に

$$P_0(z) = \frac{1}{\sqrt{2}}, \quad P_1(z) = \sqrt{\frac{3}{2}}z, \quad P_2(z) = \frac{3}{2}\sqrt{\frac{5}{2}}\left(z^2 - \frac{1}{3}\right) \tag{6.46}$$

となる（演習問題［8］）．

直交性

ここで l の異なる $P_l(z)$ 同士は直交することを記しておこう．つまり $l \neq l'$ のとき

$$\int_{-1}^1 P_l(z)\, P_{l'}(z)\, dz = 0 \tag{6.47}$$

が成立する．これは，演算子

$$\frac{d}{dz}\left[(1-z^2)\frac{d}{dz}\right] \tag{6.48}$$

がエルミートだからである．具体的な証明は各自行なってみよ（演習問題［9］）．

§6.5　電子の軌道

球面調和関数 $Y_{lm}(\theta, \varphi) = \Theta_{lm}(\theta)\,\Phi_m(\varphi)$ を完成させるには，$m \neq 0$ の場合の解である $\Theta_{lm}(\theta)$ が必要である．ここで Θ にも添字 l, m を付けている．

$m \neq 0$ のルジャンドルの陪多項式は，$m = 0$ の解 $P_l(z)$ から

$$P_l^m(z) = (1-z^2)^{\frac{m}{2}}\frac{d^m P_l(z)}{dz^m} \tag{6.49}$$

として得られる（少しやっかいだが，証明は演習問題［10］として挑戦して

みよ). 具体的に関数形を書き下すと

$$\left.\begin{array}{l} P_1^1(z) = \sqrt{\dfrac{3}{2}}(1-z^2)^{\frac{1}{2}} \\[2mm] P_2^1(z) = 3\sqrt{\dfrac{5}{2}}z(1-z^2)^{\frac{1}{2}} \\[2mm] P_2^2(z) = 3\sqrt{\dfrac{2}{2}}(1-z^2) \end{array}\right\} \qquad (6.50)$$

などとなる.

こうして得られたルジャンドルの陪多項式 $P_l^m(z)$ に $z = \cos\theta$ を代入し, (6.44) のように規格化すれば $\Theta_{lm}(\theta)$ が得られる.

ここまでで得られた $\Phi(\varphi)$ と $P_l(z), P_l^m(z)$ をまとめて, l が $0, 1, 2$ の場合の(規格化された)球面調和関数を具体的に書くと

$$\left.\begin{array}{l} Y_{00}(\theta, \varphi) = \dfrac{1}{\sqrt{4\pi}} \\[2mm] Y_{10}(\theta, \varphi) = \sqrt{\dfrac{3}{4\pi}}\cos\theta = \sqrt{\dfrac{3}{4\pi}}\dfrac{z}{r} \\[2mm] Y_{11}(\theta, \varphi) = -\sqrt{\dfrac{3}{8\pi}}\sin\theta\, e^{i\varphi} = -\sqrt{\dfrac{3}{8\pi}}\left(\dfrac{x}{r} + i\dfrac{y}{r}\right) \\[2mm] Y_{1-1}(\theta, \varphi) = \sqrt{\dfrac{3}{8\pi}}\sin\theta\, e^{-i\varphi} = \sqrt{\dfrac{3}{8\pi}}\left(\dfrac{x}{r} - i\dfrac{y}{r}\right) \\[2mm] Y_{20}(\theta, \varphi) = \dfrac{3}{2}\sqrt{\dfrac{5}{4\pi}}\left(\cos^2\theta - \dfrac{1}{3}\right) = \dfrac{1}{2}\sqrt{\dfrac{5}{4\pi}}\dfrac{3z^2 - r^2}{r^2} \\[2mm] Y_{21}(\theta, \varphi) = -\sqrt{\dfrac{15}{8\pi}}\sin\theta\cos\theta\, e^{i\varphi} = -\sqrt{\dfrac{15}{8\pi}}\left(\dfrac{xz}{r^2} + i\dfrac{yz}{r^2}\right) \\[2mm] Y_{22}(\theta, \varphi) = \sqrt{\dfrac{15}{32\pi}}\sin^2\theta\, e^{2i\varphi} = \sqrt{\dfrac{15}{32\pi}}\left(\dfrac{x^2 - y^2}{r^2} + 2i\dfrac{xy}{r^2}\right) \end{array}\right\}$$

$$(6.51)$$

となる.(たまにマイナス符号がつくのは慣例に従っている.)

以前にも述べたが, これらの固有関数は $\hat{L}_z$ の固有関数である(演習問題 [11]). しかし, $\hat{L}_x$ や $\hat{L}_y$ の固有関数ではない. そのため z 軸が特別扱いと

なっており，x, y 軸と z 軸との対称性があまりよくない．3次元空間で z 軸を特に特別扱いする必然性はないので，x, y, z に関して対称的な関数をつくることもできる．

まず $Y_{00} = 1/\sqrt{4\pi}$ は，そのままで既に対称的である．これは s 軌道の場合を表している．次に Y_{11}, Y_{10}, Y_{1-1} の3つを組み合わせると，

$$\frac{1}{\sqrt{2}}(-Y_{11} + Y_{1-1}) = \sqrt{\frac{3}{4\pi}}\frac{x}{r}, \quad \frac{i}{\sqrt{2}}(Y_{11} + Y_{1-1}) = \sqrt{\frac{3}{4\pi}}\frac{y}{r}$$

$$Y_{10} = \sqrt{\frac{3}{4\pi}}\frac{z}{r}$$

となり，それぞれ x, y, z 方向を向いた関数となっている．これをそれぞれ **p_x 軌道，p_y 軌道，p_z 軌道**という．図示したものを図 6.4 に示す．

また，$Y_{22}, Y_{21}, Y_{20}, Y_{2-1}, Y_{2-2}$ からは

$$\left.\begin{aligned}
\frac{1}{\sqrt{2}i}(Y_{22} - Y_{2-2}) &= \sqrt{\frac{15}{4\pi}}\frac{xy}{r^2} \\
\frac{i}{\sqrt{2}}(Y_{21} + Y_{2-1}) &= \sqrt{\frac{15}{4\pi}}\frac{yz}{r^2} \\
\frac{1}{\sqrt{2}}(-Y_{21} + Y_{2-1}) &= \sqrt{\frac{15}{4\pi}}\frac{zx}{r^2} \\
\frac{1}{\sqrt{2}}(Y_{22} + Y_{2-2}) &= \frac{1}{2}\sqrt{\frac{15}{4\pi}}\frac{x^2 - y^2}{r^2} \\
Y_{20} &= \frac{1}{2}\sqrt{\frac{5}{4\pi}}\frac{3z^2 - r^2}{r^2}
\end{aligned}\right\} \quad (6.52)$$

をつくることができる．これらはそれぞれ **$d_{xy}, d_{yz}, d_{zx}, d_{x^2-y^2}, d_{3z^2-r^2}$ 軌道**という（図 6.4）．

例えば，周期表をみると，最も重い方の元素である原子番号 92 の U（ウラン）であっても，5f, 6d, 7s 軌道の電子までしか出てこない．したがって，s, p, d, f くらいの軌道がわかっていれば十分である．これらの波動関数の符号は，物質の性質を決める重要な役割を果している．

§6.5 電子の軌道 127

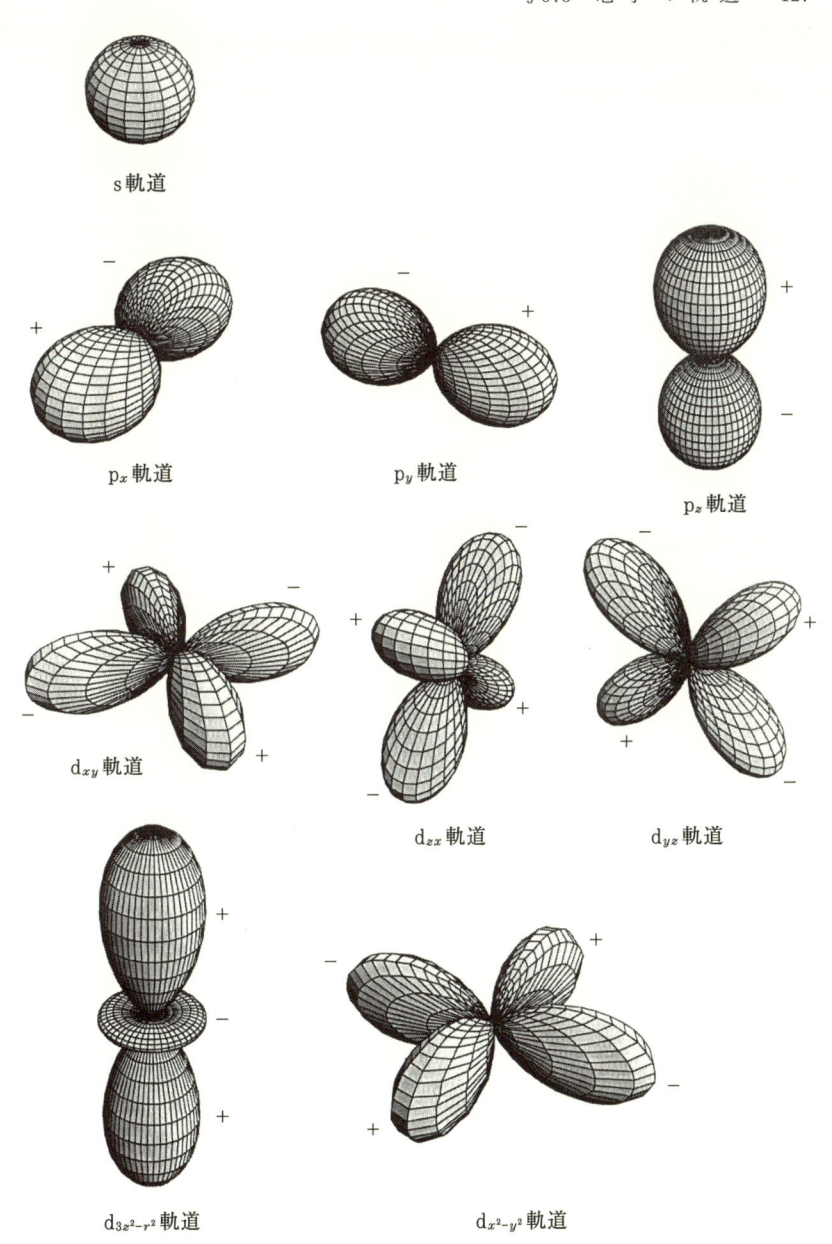

図6.4 球面調和関数．各原点からの距離 r が $r = Y_{lm}(\theta, \varphi)$ を満たすように曲面を描いている．

演習問題

[1] ラプラシアンが (6.5) となることを示せ．

[2] 円筒座標 ($x = r\cos\theta$, $y = r\sin\theta$, z はそのまま) の場合のラプラシアンをつくって [1] と比較せよ．

[3] 古典力学でのエネルギーの式 (6.12) を中心力ポテンシャルエネルギーと見なし，これから力を求めよ．また，遠心力を角運動量 L を用いて表せ．

[4] ハミルトニアンと演算子 $\hat{L}^2$ が可換であることを示せ．(ヒント：(6.9) の中で演算子 L は θ や φ に関する偏微分演算子などでつくられている．一方 (6.9) のハミルトニアン演算子は r に関する偏微分演算子や $V(r)$，$\hat{L}^2$ だけからつくられていることに注目せよ．)

[5] (6.16) を確かめよ．

[6] $\hat{L}^2$ の具体的な形 (6.17) を用い，$\Theta(\theta)$ の方程式が (6.34) となることを示せ．

[7] 一般的なルジャンドル多項式 (6.39) を用いて，固有値 Λ が (6.40) となることを示せ．

[8] ルジャンドル多項式を規格化すると，(6.46) となることを示せ．

[9] (6.48) の演算子がエルミート演算子であることを示せ．また，このことを用いて，ルジャンドル多項式の間の直交性を証明せよ．

[10]* $m \neq 0$ のルジャンドル陪多項式が (6.49) の式で与えられることを証明せよ．(ヒント： (6.49) を (6.36) の左辺に代入したものと，$P_l(z)$ の満たす方程式 (6.37) の両辺を m 階微分したものと比較せよ．)

[11] (6.51) の球面調和関数の適当なものを選び，$\hat{L}_z$ の固有状態となっていることを示せ．特に $\hat{L}_z = \hat{x}\hat{p}_y - \hat{y}\hat{p}_x$ として球面調和関数に演算してみよ．

ディラックの陽電子の海

　周期表で下の方，原子番号の大きい元素となると，原子核のプラス電荷が大きくなるために，原子核付近での電子の速度は光速に近づいてくる．このような場合，相対論を考慮した量子力学が必要になってくる．

　相対論と両立する量子力学はディラック（P. A. M. Dirac）によって完成された．この場合，自由粒子のエネルギーは $E = \bm{p}^2/2m$ ではなく，$E = \sqrt{m^2c^4 + c^2\bm{p}^2}$ とならなければならないので，E^2 と $\bm{p}^2$ が方程式の中で対等に現れるような形になる．この結果として $E = \pm\sqrt{m^2c^4 + c^2\bm{p}^2}$ という解が必ず得られ，負のエネルギー状態が現れてしまう．ディラックはこの問題を解決するのに苦心したが，結局，真空中であっても，負のエネルギー状態には粒子がすでに詰まっているということにした．この負の粒子がいなくなって穴があくと，我々にはいかにも真空から新たに粒子が出現したかのように見える．これが**反粒子**である．電子の反粒子は陽電子であり，一般にすべての粒子には反粒子が存在すると考えられている．

　このような状態は，金属中では常温でも普通に実現している．電子は**フェルミエネルギー**とよばれるエネルギーのところまで詰まっていて，それが金属中での"真空"に相当する．フェルミエネルギーより低いエネルギーの位置に穴が開いたものを**ホール**とよび，この運動も金属の性質に大きく寄与している．つまり金属中では粒子と反粒子が生まれたり消えたりして入り乱れているといえる．

7 水素原子の波動関数

前章で示したように,角運動量演算子の2乗 $\hat{L}^2$ の固有値は量子化されて $\hbar^2 l(l+1)$ (l は $0, 1, 2, \cdots$ という軌道角運動量)となる.これを用いてシュレーディンガー方程式の動径方向の波動関数 $R(r)$ を調べよう.この結果,水素原子の波動関数がすべてわかったことになる.さらに,3次元井戸型ポテンシャル中の束縛状態についても調べる.

§7.1 動径方向の波動関数の一般的な性質

遠心力ポテンシャル

§6.3 で示したように,変数分離法によって $\psi(r,\theta,\varphi) = R(r)\, Y_{lm}(\theta,\varphi)$ とおくと,動径方向 $R(r)$ に対するシュレーディンガー方程式は

$$-\frac{\hbar^2}{2m}\frac{1}{r^2}\frac{\partial}{\partial r}\left(r^2\frac{\partial R(r)}{\partial r}\right) + \frac{\hbar^2}{2m}\frac{l(l+1)}{r^2}R(r) + V(r)\,R(r) = E\,R(r) \tag{7.1}$$

となる.第2項が古典力学での遠心力ポテンシャル $L^2/2mr^2$ を表している.元のポテンシャル $V(r)$ と,遠心力ポテンシャルを足し合わせた

$$U(r) = V(r) + \frac{\hbar^2}{2m}\frac{l(l+1)}{r^2} \tag{7.2}$$

が,粒子に対する実効的なポテンシャルである.$V(r)$ がクーロン引力によるポテンシャルの場合を図 7.1 に示した.

§7.1 動径方向の波動関数の一般的な性質　131

図7.1 クーロン引力ポテンシャルと遠心力ポテンシャルを足し合わせた$U(r)$. a_Bはボーア半径 (7.15).

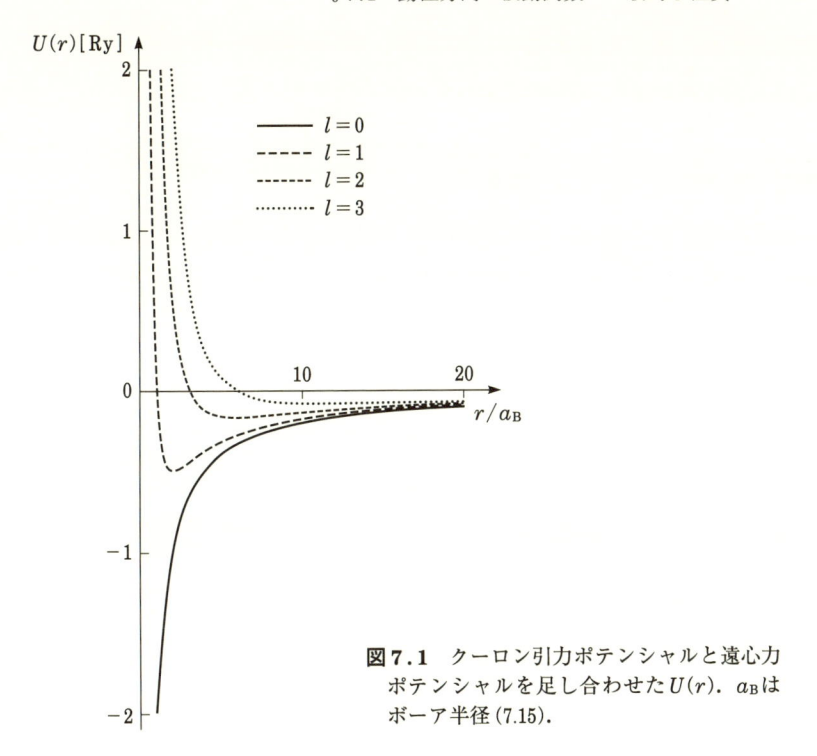

いくつかの一般的な性質

まず，ポテンシャル$V(r)$の形によらず一般的にわかることがいくつかあるので，これらについて調べておこう．

「振動・波動」において原点から球面状に伝わる球面波というものを習うが，いまの場合，動径方向の波動関数$R(r)$が球面波と類似のものと考えればよい．古典力学での球面波の振幅は$1/r$に比例することが知られている．これは次のように考えると理解できる．原点から距離rの球面上での波のエネルギーの合計は

$$\text{球面の表面積} \times (\text{振幅})^2 = 4\pi r^2 \times (\text{振幅})^2 \tag{7.3}$$

に比例する．球面波は，ある時間が経って原点から距離rの位置に達する

のであるが，原点から供給されるエネルギーが時間に依存しないならば，(7.3) のエネルギーは距離によらず一定のはずである．このことから，振幅が $1/r$ に比例することがわかる．これは光の明るさが距離の2乗に反比例する（逆2乗則）のと同じ現象である．

　量子力学においても，波の振幅に相当する $R(r)$ が $1/r$ に比例する成分をもつと考え，

$$R(r) = \frac{1}{r} F(r) \tag{7.4}$$

とおいてみよう．これを (7.1) に代入して $F(r)$ に関する方程式として整理すると

$$-\frac{\hbar^2}{2m} \frac{d^2 F(r)}{dr^2} + U(r)\, F(r) = E\, F(r) \tag{7.5}$$

となる（演習問題 [1]）．このように $F(r)$ に対する微分方程式にすると，(7.1) の中の複雑な偏微分がすっきりした．

　(7.5) はポテンシャルが $U(r)$ である場合の1次元のシュレーディンガー方程式と同じ形をしている．ただし，変数が x から r に変更していることと，関数 $F(r)$ が $r \geqq 0$ の領域だけでの関数であるということが違っている．また，(7.4) において $R(r)$ が $r = 0$ で発散しないためには，$F(0) = 0$ である必要がある．

　このように方程式が1次元のシュレーディンガー方程式と同じ形をしているので，第2,3章で考えた1次元の波動関数と同じような性質がある．つまり，ある l を決めると (7.2) によって $U(r)$ が決まるが，この l に対して次のことがいえる．

（1）　最もエネルギーの低い状態には $r = 0$ 以外に節がない．

（2）　束縛状態（$E < 0$）の場合，エネルギーが低い方から順に，節の数が1つずつ増えていく．

（3）　束縛状態のエネルギー準位は縮退しない．

§7.1 動径方向の波動関数の一般的な性質　133

ただし，(3) については動径方向の波動関数 $F(r)$ に関する話であって，角度方向の量子数 $m=-l,\cdots,l$ の縮退は必ず残る．(方程式 (7.1) が量子数 m に依存しないことに注意．(7.1) の分母の m は粒子の質量である．) また，水素原子のときなどのように，**偶然縮退**といって別の理由から違う l をもつ状態同士（2s と 2p など）が縮退することはあり得る．

$r=0$ 付近での波動関数の振舞い

次に，この種の微分方程式を解くときの常套手段として，$r \to 0$ での解の振舞いを調べてみることにしよう．(7.5) の各項のうち，r が小さいときに効いてくる項を集めると

$$-\frac{\hbar^2}{2m}\left\{\frac{d^2 F(r)}{dr^2}-\frac{l(l+1)}{r^2}F(r)\right\}=0 \qquad (7.6)$$

である．ここで $U(r)$ の中には $V(r)$ と $\hbar^2 l(l+1)/2mr^2$ の2つの項があるが，$r \to 0$ で，$V(r) \ll \hbar^2 l(l+1)/2mr^2$ とした．

(7.6) の方程式の解として，$F(r)$ を r のべキ乗の関数 r^s として s を決めてみよう．r^s を (7.6) に代入すると，

$$s(s-1)-l(l+1)=0 \qquad (7.7)$$

であれば左辺がゼロになることがわかる．これを解くと $s=l+1$ または $s=-l$ が得られるが，$s=-l$ の方は r^s が $r \to 0$ で発散してしまうので解としてふさわしくない．したがって，$s=l+1$ の方を採用して

$$F(r) \propto r^{l+1} \quad \text{つまり，} \quad R(r)=\frac{1}{r}F(r) \propto r^l \qquad (7.8)$$

となることがわかる．このことは，物理的には次のように理解できる．$l \geqq 1$ の場合，遠心力ポテンシャルは図 7.1 に示したように $r \to 0$ でプラス無限大に発散するので，電子は $r=0$ の位置には存在できない．このことを反映して，$l \geqq 1$ であれば $r \to 0$ で (7.8) に従って $R(r) \to 0$ となるのである．

(7.8) で得られた $r=0$ 付近での波動関数の振舞いを考慮して

$$F(r)=r^{l+1}G(r) \quad \text{つまり，} \quad R(r)=r^l G(r) \qquad (7.9)$$

とおいてみよう．こうすると，$r \to 0$ での振舞いは波動関数にとり込めたので，新たに定義した関数 $G(r)$ は $F(r)$ より少し自然に振舞うことが期待できる．微分方程式 (7.5) に (7.9) を代入して整理すると，$G(r)$ に関する方程式は

$$-\frac{\hbar^2}{2m}\left\{\frac{d^2G(r)}{dr^2} + \frac{2(l+1)}{r}\frac{dG(r)}{dr}\right\} + V(r)\,G(r) = E\,G(r) \tag{7.10}$$

となる（演習問題 [1]）．この式と (7.5) を比べると，$1/r^2$ に比例する項は消えたが $1/r$ に比例する項がまだ残っていることがわかる．

§7.2 クーロンポテンシャル中の動径方向の波動関数

この節では，具体的にクーロンポテンシャル中（図7.1）の動径方向の波動関数を解こう．原点 $r=0$ に電荷 $+e$ の原子核があると，電子の感じるポテンシャル $V(r)$ は

$$V(r) = -\frac{e^2}{4\pi\varepsilon_0}\frac{1}{r} \tag{7.11}$$

と書ける（原点の電荷が $+Ze$ の場合は，定数を $e^2/4\pi\varepsilon_0$ から $Ze^2/4\pi\varepsilon_0$ におきかえるだけである）．図7.1に示したように，$l=0$ ならば遠心力ポテンシャルはなく，クーロンポテンシャル $V(r)$ だけである．また，古典力学ではポテンシャル $U(r)$ が最小値になるところが平衡位置になるが，$l=1,2,3,\cdots$ と増加するにつれて遠心力が大きくなって，平衡位置も外側にずれていくことがわかる．

このポテンシャルの場合，エネルギー固有値が $E>0$ の状態は，$r \to \infty$ という原子核から無限に離れた位置でも運動エネルギーをもつので，散乱状態であるといえる．

以下，この節では $E<0$ の原子核に束縛された状態のみを考えることにする．まず，$r \to \infty$ での解の振舞いを考えてみよう．$r \to \infty$ で方程式 (7.10) は

§7.2 クーロンポテンシャル中の動径方向の波動関数

$$-\frac{\hbar^2}{2m}\frac{d^2 G(r)}{dr^2} = E\,G(r) \tag{7.12}$$

と近似できる．この方程式の解は

$$G(r) \propto e^{\pm\sqrt{\frac{2m|E|}{\hbar^2}}\,r}$$

である（$E < 0$ であることに注意）．指数関数の肩がプラスの解は $r \to \infty$ で発散してしまうので，マイナスの解を用いる．

もちろん，この指数関数だけでは微分方程式 (7.10) の解ではないので

$$G(r) = u(r)\,e^{-\sqrt{\frac{2m|E|}{\hbar^2}}\,r} \tag{7.13}$$

とおいて $u(r)$ に関する方程式にする必要がある．(7.13) を (7.10) に代入して整理すると

$$-\frac{\hbar^2}{2m}\left\{\frac{d^2 u(r)}{dr^2} - 2\sqrt{\frac{2m|E|}{\hbar^2}}\frac{du(r)}{dr} + \frac{2(l+1)}{r}\frac{du(r)}{dr}\right.$$
$$\left. - \frac{2(l+1)}{r}\sqrt{\frac{2m|E|}{\hbar^2}}\,u(r)\right\} + V(r)\,u(r) = 0$$
$$\tag{7.14}$$

となる（演習問題 [1]）．前より式がゴチャゴチャしてきた気がするが，気にせず先に進むことにする．

特徴的な長さスケールとエネルギースケール

(7.14) で $\sqrt{2m|E|/\hbar^2}$ をいちいち書くのが大変なので，新しい変数を用いて式を見やすくしよう．いま出てきた物理定数は，粒子の質量 m と $\hbar$, $e^2/4\pi\varepsilon_0$ の 3 つであり，次元はそれぞれ [kg], [J·s], [J·m] である．これらの定数を用いて，長さの次元をもつものとエネルギーの次元をもつものをつくってみよう．まず，[kg] の次元をもたない量をつくると

$$\frac{\hbar}{m}\,[\mathrm{m^2/s}], \qquad \frac{e^2}{4\pi\varepsilon_0}\,[\mathrm{m^3/s^2}]$$

の 2 つができる．さらに [s] の次元を消すために $(\hbar/m)^2/(e^2/4\pi\varepsilon_0 m)$ を考えると，これはちょうど長さ [m] の次元をもつ量となる．これを電子の

質量などの具体的な数値（見返しを参照）を代入して計算すると

$$\frac{\hbar^2}{m\dfrac{e^2}{4\pi\varepsilon_0}} = \frac{(1.055 \times 10^{-34}\,[\mathrm{J\cdot s}])^2}{9.109 \times 10^{-31}\,[\mathrm{kg}] \times 2.307 \times 10^{-28}\,[\mathrm{kg\cdot m^3/s^2}]}$$

$$\simeq 5.29 \times 10^{-11}\,[\mathrm{m}] = 0.529\,[\mathrm{\mathring{A}}] \qquad (7.15)$$

となる．これを**ボーア（Bohr）半径**といい，a_B と表すことにする．原子・分子の世界の話なのでちょうどオングストローム（Å）程度の長さとなる．これが量子力学での特徴的な長さスケールである．

例題 7.1

同じように，エネルギーの次元をもつ定数をつくってみよ．

[解] 何通りか方法が考えられるが，簡単な方法としては $e^2/4\pi\varepsilon_0$ を a_B で割ればよいから

$$\frac{e^2}{4\pi\varepsilon_0}\frac{1}{a_\mathrm{B}} = \frac{m}{\hbar^2}\left(\frac{e^2}{4\pi\varepsilon_0}\right)^2 \simeq 4.36 \times 10^{-18}\,[\mathrm{J}] \simeq 27.21\,[\mathrm{eV}] \qquad (7.16)$$

となる．

ここで 1 eV とは電子のもつ電荷 1.60×10^{-19} C が，1 V の電位差で得るエネルギーで 1.60×10^{-19} J のことである．これも量子力学でよく使われるエネルギー単位である．(7.16) はちょうど $1a_\mathrm{B}$ の距離での静電ポテンシャルエネルギーの大きさである．さらに，この $e^2/4\pi\varepsilon_0 a_\mathrm{B}$ を 2 Ry（リュドベリ）と定義する．1 Ry の値は

$$1\,[\mathrm{Ry}] = 13.6\,[\mathrm{eV}] \qquad (7.17)$$

であり，ちょうど $2a_\mathrm{B}$（約 1 Å）の距離での静電ポテンシャルエネルギーの大きさに等しい．

このように定義した長さの単位 a_B とエネルギーの単位 Ry を用いて，方程式 (7.14) を書きかえてみよう．まず，E をリュドベリ単位で測ることにして

§7.2 クーロンポテンシャル中の動径方向の波動関数

$$E = -\varepsilon\,[\mathrm{Ry}] = -\varepsilon\frac{e^2}{4\pi\varepsilon_0}\frac{1}{2a_\mathrm{B}} = -\frac{m\varepsilon}{2\hbar^2}\left(\frac{e^2}{4\pi\varepsilon_0}\right)^2 \quad (7.18)$$

とおく（ε は無次元量になる）．これを用いると

$$\sqrt{\frac{2m|E|}{\hbar^2}} = \frac{\sqrt{\varepsilon}}{a_\mathrm{B}} \quad (7.19)$$

となるので

$$G(r) = u(r)\,e^{-\frac{\sqrt{\varepsilon}}{a_\mathrm{B}}r} \quad (7.20)$$

と書ける．

また，$u(r)$ に対する方程式 (7.14) は

$$\frac{d^2u}{dr^2} - \frac{2\sqrt{\varepsilon}}{a_\mathrm{B}}\frac{du}{dr} + \frac{2(l+1)}{r}\left(\frac{du}{dr} - \frac{\sqrt{\varepsilon}}{a_\mathrm{B}}u\right) + \frac{2}{a_\mathrm{B}r}u = 0 \quad (7.21)$$

と書きかえることができる．さらに，この式で $2\sqrt{\varepsilon}/a_\mathrm{B}$ という形がしばしば現れるので，変数 r を

$$z = \frac{2\sqrt{\varepsilon}}{a_\mathrm{B}}r \quad (7.22)$$

と変数変換すると，(7.21) はもう少し整理することができる（z は無次元量になる）．$d/dr = (2\sqrt{\varepsilon}/a_\mathrm{B})\,d/dz$ であることを用いて (7.21) を変形すると

$$z\frac{d^2u}{dz^2} + \{2(l+1) - z\}\frac{du}{dz} + \left\{\frac{1}{\sqrt{\varepsilon}} - (l+1)\right\}u = 0 \quad (7.23)$$

となる．これでかなりすっきりした．

　この形の微分方程式は**ラゲール（Laguerre）の陪微分方程式**とよばれている．付録Aにまとめたラゲールの陪微分方程式で $m = 2l+1$, $n = 1/\sqrt{\varepsilon} + l$ とおいたものである．しかし，こう言っても何もわかったことにならないので，例によって具体的に解 $u(z)$ を多項式の形で求めてみよう．

138 　7. 水素原子の波動関数

初等的なラゲールの陪多項式の導出 ──── s, p, d 軌道 ────

$l=0$ の場合を **s 軌道** という．この場合，方程式 (7.23) は

$$z\frac{d^2u}{dz^2} + (2-z)\frac{du}{dz} + \left(\frac{1}{\sqrt{\varepsilon}} - 1\right)u = 0 \tag{7.24}$$

となる．

この方程式を満たす最初の解は $u(z) = a$（定数）である．これを (7.24) に代入すると $\sqrt{\varepsilon} = 1$ であればよいことがわかる．したがってエネルギーは，(7.18) から $E = -1$ [Ry] であり，波動関数は（これまでの式変形を順番に戻していくと）$R(r) = G(r) = ae^{-\frac{r}{a_B}}$ である．これを $R_{10}(r)$ と書く．つまり

$$R_{10}(r) = ae^{-\frac{r}{a_B}} \tag{7.25}$$

である．ここで $R_{10}(r)$ の左側の添字は $\sqrt{\varepsilon}$ の逆数を書く約束になっている．また，右側の添字は $l = 0$ であることを示す．これがいわゆる 1 s 軌道の動径方向の波動関数である．係数の a は規格化によって決められる．具体的な関数形を以下出てくる波動関数とともに図 7.2 に示した．

次に，$u(z) = az + b$ $(a \neq 0)$ とおいて代入すると $\sqrt{\varepsilon} = 1/2$，$b = -2a$ が得られる．したがってエネルギーは (7.18) から $E = -1/4$ [Ry] で，波動関数は

$$R_{20}(r) = a\left(\frac{r}{a_B} - 2\right)e^{-\frac{r}{2a_B}} \tag{7.26}$$

となる．これがいわゆる 2 s 軌道である（図 7.2）．

3 番目の解も同様に $u(z) = az^2 + bz + c$ $(a \neq 0)$ とおいて代入すれば $\sqrt{\varepsilon} = 1/3$，$b = -6a$，$c = -b = 6a$ ということがわかる（各自やってみること）．エネルギーは $E = -1/9$ [Ry]，波動関数は

$$R_{30}(r) = a\left(\frac{4}{9}\frac{r^2}{a_B^2} - 4\frac{r}{a_B} + 6\right)e^{-\frac{r}{3a_B}}$$

$$= \frac{4}{9}a\left(\frac{r^2}{a_B^2} - 9\frac{r}{a_B} + \frac{27}{2}\right)e^{-\frac{r}{3a_B}} \tag{7.27}$$

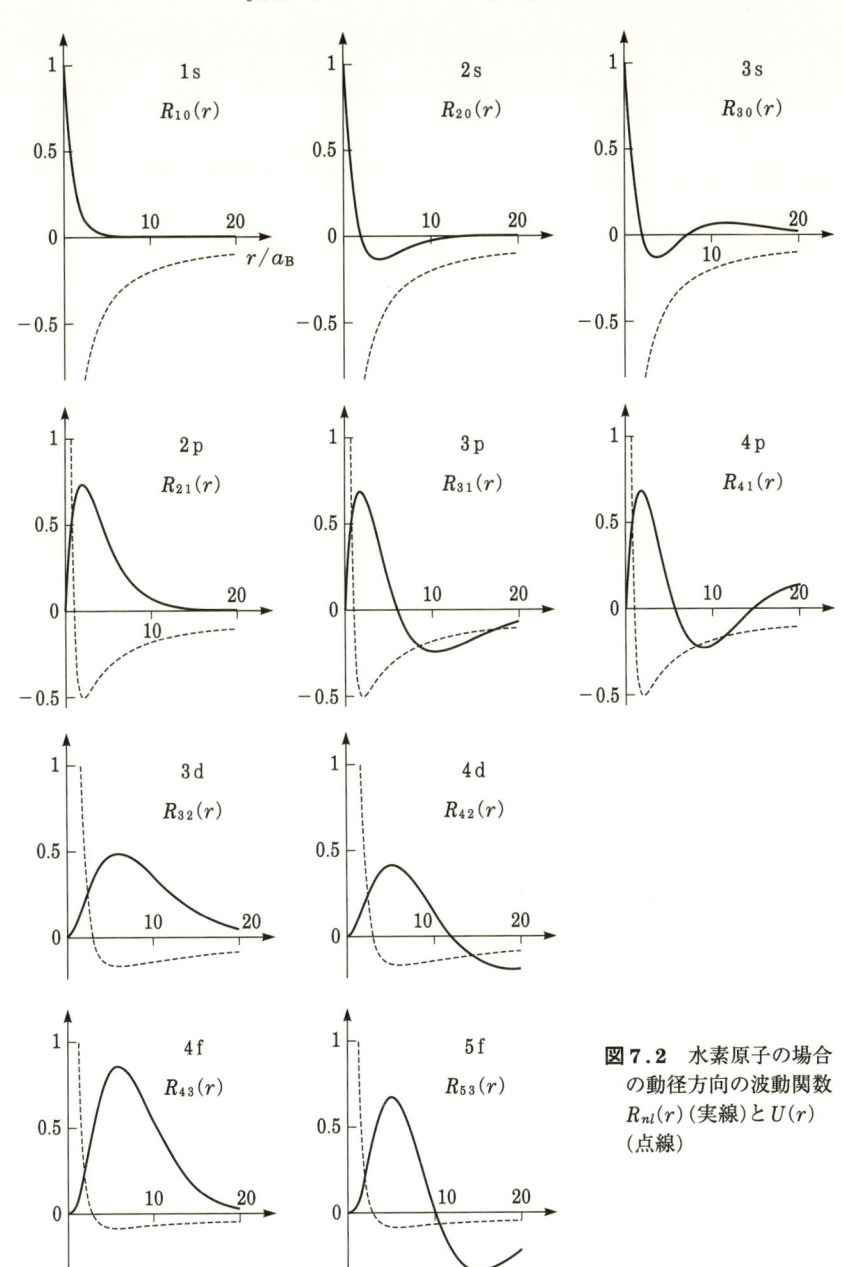

§7.2 クーロンポテンシャル中の動径方向の波動関数   139

図7.2 水素原子の場合の動径方向の波動関数 $R_{nl}(r)$（実線）と $U(r)$（点線）

となる．(7.22) に従って，$z = (2\sqrt{\varepsilon}/a_B)r = (2/3)r/a_B$ となることに注意しよう．これがいわゆる 3s 軌道である．図 7.2 の 1s，2s，3s 軌道を見ると，§7.1 で述べたように順に関数 $R(r)$ の節が 1 つずつ増えていくことがわかる．

以下，同様に続けていけばよい．§6.5 で例として挙げたように，原子番号 92 の U（ウラン）でも 7s 程度までしか必要がないことがわかる．

---例題 7.2---
s 軌道の例にならって，p 軌道（$l = 1$ の場合）における動径方向の波動関数 $R_{21}(r)$ をつくれ．

[解] $l = 1$ の場合，方程式 (7.23) は

$$z\frac{d^2u}{dz^2} + (4-z)\frac{du}{dz} + \left(\frac{1}{\sqrt{\varepsilon}} - 2\right)u = 0 \tag{7.28}$$

となる．やはり最初の解は $u(z) = a$（定数）である．これを (7.28) に代入すると，エネルギーは $\sqrt{\varepsilon} = 1/2$ である．波動関数は，(7.9) で定義したように $R(r) = r^l G(r)$ となっているので，(7.20) と合わせて

$$R_{21}(r) = r\,G(r) = are^{-\frac{r}{2a_B}} \tag{7.29}$$

となる．これに角度方向の $Y_{11}(\theta, \varphi)$，$Y_{10}(\theta, \varphi)$，$Y_{1-1}(\theta, \varphi)$ を掛けたものが，いわゆる 2p 軌道である．角運動量があるため 1s 状態よりもエネルギーが高い．また図 7.2 に示したように，$U(0) = \infty$ のため $R_{21}(0) = 0$ となる．

2 番目，3 番目の解は演習問題［3］として各自でつくってみるとよい．具体的な波動関数の形を図 7.2 に示した．

$l = 2$ の場合を **d 軌道** という．$u(z) = a$（定数）という最初の解は $\sqrt{\varepsilon} = 1/3$ で，

$$R_{32}(r) = ar^2 e^{-\frac{r}{3a_B}} \tag{7.30}$$

などとなる（図 7.2）．

§7.2 クーロンポテンシャル中の動径方向の波動関数　141

一般の場合 —— 主量子数 n ——

このように繰り返していくと，一般の場合にどうなるか予想がつくだろう．例えば $u(z) = az^{n'} + bz^{n'-1} + \cdots$（ここで n' は $n' \geqq 0$ の整数）とおいて (7.23) に代入し，z の最大ベキの項だけをとり出せば

$$-n'az^{n'} + \left\{\frac{1}{\sqrt{\varepsilon}} - (l+1)\right\}az^{n'}$$

となる．仮定した $u(z)$ が解であるためには，この式が恒等的にゼロであればよいので

$$\sqrt{\varepsilon} = \frac{1}{n' + l + 1} \tag{7.31}$$

が得られる．この $n' + l + 1$ を新たに n と書いて**主量子数**とよぶ．$n' \geqq 0$ なので，$n \geqq l + 1$ の整数である．いままでの書き方がそうであるが，$R_{nl}(r)$ の左側の添字は主量子数 n，右側の添字は軌道角運動量 l である．エネルギー固有値は (7.18) と (7.31) から

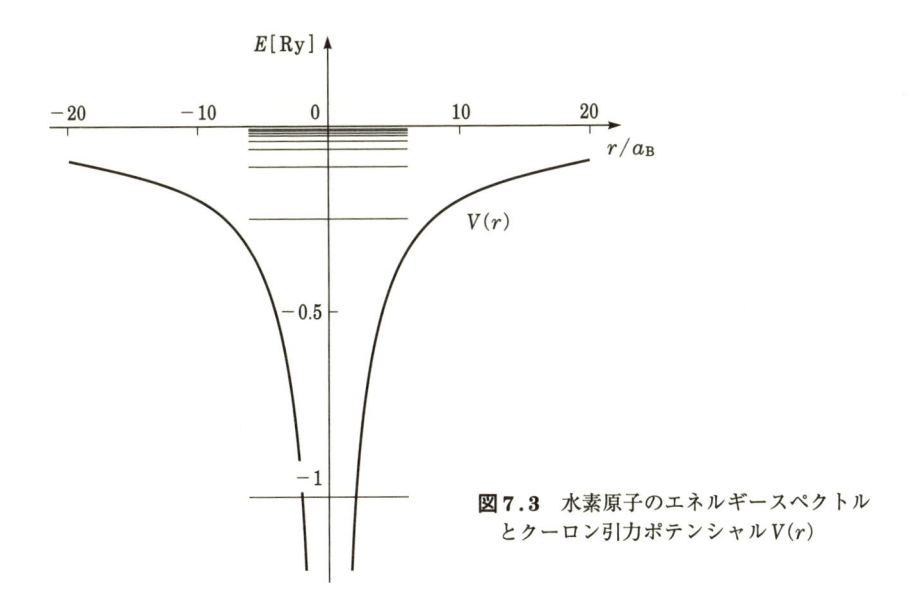

図7.3　水素原子のエネルギースペクトルとクーロン引力ポテンシャル $V(r)$

$$E = -\frac{1}{n^2}\,[\mathrm{Ry}] \qquad (7.32)$$

となる．

エネルギー固有値のスペクトルを示したのが図 7.3 である．水素原子の場合は，エネルギーが最低の 1s 軌道に電子が 1 つ入っている．エネルギーの低い方から 2 番目の状態は 2s, 2p 軌道であり，次が 3s, 3p, 3d 軌道である．このように，s 波，p 波，d 波など軌道角運動量 l が異なっていてもエネルギー固有値は主量子数の n にしかよらない．つまり，同じエネルギー $E = -1/n^2\,[\mathrm{Ry}]$ をもつ状態がいくつか縮退している．

水素原子のスペクトル線

原子から放出される光や，原子に吸収される光を分光器によってスペクトルに分けると，原子ごとに特徴的な**スペクトル線**が得られる．これは，原子内の電子が高いエネルギー状態から低いエネルギー状態に移るときに，そのエネルギー差に相当する光を放出したりするためである．逆に，原子に光を当てると，電子は光からエネルギーを受けとって，高いエネルギー状態へ飛び移ることができる．このとき光は吸収される．

特に水素原子の場合，上記の縮退のためにスペクトル線は比較的単純で規則的なものになっている．歴史的には，この偶然のために水素原子のスペクトル線の理解が進み，量子力学へのインスピレーションを与えたのである．

水素原子の場合，(7.32) のエネルギー固有値の差をとると

$$\Delta E = \left(\frac{1}{m^2} - \frac{1}{n^2}\right)[\mathrm{Ry}] \qquad (7.33)$$

となる（$m = 1, 2, 3, \cdots, n = m+1, m+2, \cdots$）．光の波長（$\lambda$）とエネルギーの関係は $\Delta E = h\nu = hc/\lambda$（$h$ はプランク定数，ν は振動数，c は光速）なので，$\lambda = hc/\Delta E$ で与えられる．

(7.33) の中の m の値を固定すると，n の違いによってそれぞれ特有のスペクトル線の系列が得られる．これらは，発見者の名前にちなんで，$m = 1$

の場合のスペクトルの系列を**ライマン（Lyman）系列**，$m=2$の場合を**バルマー（Balmer）系列**，$m=3$の場合を**パッシェン（Paschen）系列**などとよんでいる．

例題 7.3

水素原子のバルマー系列について，スペクトル線の光の波長λを調べよ．

[解] $m=2$の場合，(7.33) は $\Delta E = (1/4 - 1/n^2)\,[\mathrm{Ry}]$ となるので，$n=3,4,5$に対してそれぞれ，$\Delta E = 0.1389\,[\mathrm{Ry}]$, $0.1875\,[\mathrm{Ry}]$, $0.21\,[\mathrm{Ry}]$となる．このエネルギー差を波長に直すと，$n=3$の場合は

$$\lambda = \frac{hc}{\Delta E}$$

$$= \frac{6.626 \times 10^{-34}\,[\mathrm{J\cdot sec}] \times 2.998 \times 10^8\,[\mathrm{m/sec}]}{0.1389 \times 4.36 \times 10^{-18}\,[\mathrm{J}]}$$

$$\fallingdotseq 6561\,[\mathrm{Å}]$$

となる．同様に $n=4,5$ の場合は $4860\,\mathrm{Å}$, $4340\,\mathrm{Å}$ である．

以上は，水素原子の波動関数と固有値，固有状態であった．これは実験値と非常に良く一致する．（さらに正確に一致させるためには相対論的補正が必要になるが，その補正は小さいものであり，ここでは扱わない．）

次の原子番号2のHeでは，原子核の電荷が$+2e$であるので，いままでの式のうち$e^2/4\pi\varepsilon_0$を$2e^2/4\pi\varepsilon_0$におきかえるだけで，同じように電子状態がわかる．ただし，He原子には電子が2つ存在するので，電子の運動は原子核によるクーロンの引力ポテンシャルだけではなく，電子間のクーロン斥力を含めたシュレーディンガー方程式を解かなければならない．こうなると，もう解析的には解けなくなる．

また，水素原子が2つ結合した水素分子（H_2）の場合，$+1$価の原子核が2つあり，その周りに2つの電子が存在する問題となる．これも解析的には

解けず近似的に解くか数値計算によって解くしかなくなるが，非常に面白い問題である．ただし，この教科書の範囲を超えているのでここでは述べない．

§7.3　基底状態での不確定性関係

§5.2の(5.23)で述べた不確定性関係を用いると，基底状態のエネルギーの大まかな評価ができる．このような評価を一般にポテンシャル

$$V(r) = -\frac{A}{r^n} \quad (A > 0) \tag{7.34}$$

の場合に実行してみよう．ここでnは整数でなくてもよいとする．

このポテンシャル中の束縛状態が，半径r_0程度に拡がっているとする．この場合，粒子の位置座標xを測定すると，$|x|$はr_0程度の値であり，符号は正になったり負になったりするであろう．したがって，xの期待値は$\bar{x} = 0$であるが，$\overline{(\hat{x} - \bar{x})^2} = \overline{(\hat{x})^2}$は大体$r_0{}^2$になるだろうと予想される．このため，$\Delta x = \sqrt{\overline{(\hat{x} - \bar{x})^2}} \sim r_0$と評価することにしよう．

すると不確定性関係を示す不等式$\Delta x \cdot \Delta p \geq \hbar/2$ (5.23)を用いて，大体$\Delta p \geq \hbar/2r_0$と評価できる．ただし，(7.5)で調べたように，$F(r)$は1次元のシュレーディンガー方程式と同じ方程式を満たすが$F(0) = 0$という制限がついているので，動径方向の波長は1次元のときの半分と見なすことにする．これにともなって動径方向の運動量p_rは大体$p_r \sim 2\Delta p$と考えよう．これを用いて全エネルギーを評価すると

$$E \sim \frac{p_r{}^2}{2m} - \frac{A}{r_0{}^n} \geq \frac{\hbar^2}{2mr_0{}^2} - \frac{A}{r_0{}^n} \tag{7.35}$$

となる．（基底状態を考えるので$l = 0$とした.）

もし$n < 2$なら，適当なr_0においてEは最小値E_minとなるので，基底状態の波動関数はr_0程度の拡がりをもつであろう．$n = 1$の場合がクーロン力の場合であり，(7.34)において$A = e^2/4\pi\varepsilon_0$である．この場合に$E_\text{min}$を与える$r_0$は，(7.35)を$r_0$で微分した$-\hbar^2/mr_0{}^3 + A/r_0{}^2$を解いて

$$r_0 = \frac{\hbar^2}{mA} = \frac{\hbar^2}{m\left(\dfrac{e^2}{4\pi\varepsilon_0}\right)} = a_B \quad (\text{ボーア半径}) \tag{7.36}$$

となる．また，このときのエネルギーは，$r_0 = a_B$ を (7.35) に代入して

$$E_{\min} = -\frac{mA^2}{2\hbar^2} = -\frac{m}{2\hbar^2}\left(\frac{e^2}{4\pi\varepsilon_0}\right)^2 = -1\,[\text{Ry}] \tag{7.37}$$

であり，厳密な計算と一致した！

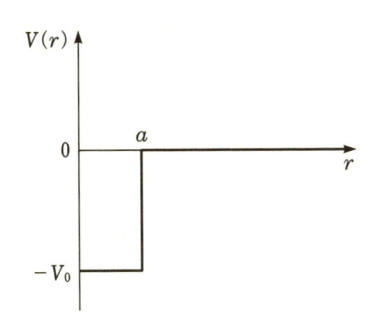

§7.4　3次元井戸型ポテンシャル

§2.4 で調べた1次元の井戸型ポテンシャルの3次元版を考えておくのも有用である．この場合，動径方向のポテンシャル $V(r)$ は

$$V(r) = \begin{cases} -V_0 & (0 < r < a) \\ 0 & (r \geq a) \end{cases} \tag{7.38}$$

となっていると考えればよい（図 7.4）．一般の $l \neq 0$ の場合は少し難しいが，$l = 0$ の s 波の場合は簡単なので，ここで調べておこう．

(7.2) に $l = 0$ と (7.38) を代入してみるとわかるように，s 波の場合には $F(r)$ の満たす方程式 (7.5) は 1 次元の井戸型ポテンシャルと全く同じ形になる．ただし関数 $F(r)$ は $r \geq 0$ だけで

図 7.4　3次元井戸型ポテンシャル

定義されており，かつ $r = 0$ のところで $F(0) = 0$ とならなければならない点だけが違う．§2.4 を復習してみると，このような関数は井戸型ポテンシャル中の奇関数の解に対応することがわかる．奇関数ならば，$r = 0$ の位置で波動関数が必ずゼロになるからである．さらに第 2 章の演習問題 [7] で示したように，奇関数の場合は $V_0 > \pi^2\hbar^2/8ma^2$ を満たさないと束縛状態が存在しないことがわかる．これが 1 次元井戸型ポテンシャルとの違いであ

る．1次元では V_0 がどんなに小さくても，偶関数の束縛状態が少なくとも1つはあるのだが，3次元の場合には V_0 がある程度大きくならないと束縛状態が存在しない．

相互作用する2粒子のシュレーディンガー方程式は，重心に関する方程式と，相対座標に関する方程式に分割できる．相対座標に関する方程式が，ここで議論したポテンシャル中のシュレーディンガー方程式と同じになる．このような2粒子の場合，3次元であれば，お互いの引力が小さいうちは束縛状態をつくらない．これに対して1次元の場合は，どんなにポテンシャルが弱くても必ず束縛状態が1つは存在する．

▌演習問題

[1] (7.5), (7.10), (7.14) を導出せよ．

[2] R_{10} と R_{20} が直交することを示せ．ただし，内積は (6.43) のように
$$\int_0^\infty r^2\,dr\, R_{10}^*(r) R_{20}(r)\,dr$$
と定義する．

[3] 3p, 4p 状態である $R_{31}(r)$, $R_{41}(r)$ をつくれ．

[4] 1s 軌道の場合に，動径確率密度分布 $r^2 R_{nl}^2(r)$ が最大になるときの r を求めよ．また，r の期待値を求めよ．

[5] §7.3 の計算を参考に，1次元調和振動子のときの基底状態のエネルギーを評価せよ．

[6] 3次元調和振動子のハミルトニアンは
$$\hat{H} = -\frac{\hbar^2}{2m}\left(\frac{\partial^2}{\partial x^2} + \frac{\partial^2}{\partial y^2} + \frac{\partial^2}{\partial z^2}\right) + \frac{m}{2}\omega^2(x^2 + y^2 + z^2)$$
である．変数分離の方法によって波動関数が x, y, z を変数とする1次元調和振動子の波動関数の積で表されることを示せ．また，そのときのエネルギー固

有値と縮退度を調べよ．

[7] §7.4 の計算を参考に，3 次元調和振動子を極座標表示で解くことを考える．$l = 0$ の s 波の場合に，動径方向の波動関数の形とエネルギー固有値を求めよ．

気体原子や気体分子は剛体球？

統計力学で学ぶように，室温付近（絶対温度 $T = 300\,[{\rm K}]$）での熱エネルギーは $k_{\rm B}T = 3 \times 10^{-21}\,[{\rm J}] \fallingdotseq 0.03\,[{\rm eV}]$ 程度しかない．水素原子中の電子は基底状態にあれば 1s 軌道にいるが，これが 2s, 2p 軌道などにいる相対的な確率は，2s と 1s のエネルギー差 $\varDelta E = -1/4\,[{\rm Ry}] - (-1)\,[{\rm Ry}] = 3/4\,[{\rm Ry}]$ を用いて
$$e^{-\frac{\varDelta E}{k_{\rm B}T}} = e^{-340} \sim 10^{-148}$$
となって，非常に小さいことがわかる．つまり，室温付近では電子はほぼ確実に 1s 軌道にいる．このことは水素原子が他の原子と衝突しても内部のエネルギーを変化させることができないということを意味する．他の原子や分子の場合も，似たような状況にある．このため，原子同士の衝突は剛体球（弾性球）として扱ってよいのである．これはエネルギーが離散的な値しかとらないためである．

一方，運動エネルギーは連続スペクトルである．したがって，原子の衝突による運動エネルギーのやりとりは頻繁に起こる．温度 T の熱平衡状態では，運動エネルギーは $k_{\rm B}T$ 程度となっている．これが気体状態である．原子（分子）1つ1つは量子力学的状態であっても，気体を内部自由度のない粒子の集まりとして十分記述できるのは このためである．

8 角運動量の代数

　微分演算子として角運動量演算子を表すと多少複雑であるが，演算子間の交換関係を見ると非常に美しい関係がある．これを**代数関係**または単に**角運動量の代数**（algebra）という．交換関係を使うと，微分方程式を解かなくてもいろいろと有益な事柄が代数計算だけから得られることがわかる．さらに，角運動量の代数を一般化することによって，新たにスピンという量子力学特有の物理量が得られることを示す．

§8.1　角運動量の交換関係

　第6章で導入したように，角運動量の定義は古典力学と同じ $\hat{\boldsymbol{L}} = \hat{\boldsymbol{r}} \times \hat{\boldsymbol{p}}$ であった．具体的には $\hat{L}_x = \hat{y}\hat{p}_z - \hat{z}\hat{p}_y$ などである．一方，第5章では座標と運動量の交換関係 $[\hat{x}, \hat{p}_x] = i\hbar$ などを考えた．（第5章までは1次元のシュレーディンガー方程式を考えていたので運動量演算子は $\hat{p} = -i\hbar(\partial/\partial x)$ しか出てこなかった．しかし3次元の場合には，運動量演算子は $\hat{p}_x, \hat{p}_y, \hat{p}_z$ の3種類を考える必要がある．$\hat{x}$ と $\hat{p}_x$ と同様に $[\hat{y}, \hat{p}_y] = i\hbar, [\hat{z}, \hat{p}_z] = i\hbar$ を満たす．）そこで本章の手始めとして，$\hat{\boldsymbol{L}}$ と座標や運動量との交換関係を調べてみることにしよう．

―― 例題 8.1 ――――――――――――――――
　一例として，$[\hat{L}_x, \hat{y}] = \hat{L}_x\hat{y} - \hat{y}\hat{L}_x$ を計算してみよ．

[**解**] 実際に関数 $\phi(x,y,z)$ に $\hat{L}_x\hat{y}$ が演算されたものと，$\hat{y}\hat{L}_x$ が演算されたものを比較してみよう．演算子の積 $\hat{L}_x\hat{y}$ は，後に続く $\phi(x,y,z)$ にまず $\hat{y}$ が演算され，次に $\hat{L}_x$ が演算されるものである．$\hat{y}$ は単に座標 y を掛けるだけの演算子だから $\hat{y}\,\phi(x,y,z) = y\,\phi(x,y,z)$ であり，したがって $\hat{L}_x\hat{y}\,\phi(x,y,z) = (\hat{y}\hat{p}_z - \hat{z}\hat{p}_y)\,y\,\phi(x,y,z)$ である．これを変形していくと（以下では $\phi(x,y,z)$ の変数 x,y,z は省略する）

$$\hat{L}_x\hat{y}\phi = (\hat{y}\hat{p}_z - \hat{z}\hat{p}_y)y\phi = \hat{y}\hat{p}_z(y\phi) - \hat{z}\hat{p}_y(y\phi)$$

$$= y\left(-i\hbar\frac{\partial}{\partial z}\right)(y\phi) - z\left(-i\hbar\frac{\partial}{\partial y}\right)(y\phi)$$

$$= -i\hbar y^2\frac{\partial}{\partial z}\phi + i\hbar z\frac{\partial}{\partial y}(y\phi) \tag{8.1}$$

である．最後の式の第2項は，y に関する偏微分が y の部分と ϕ の部分の2箇所に演算される．このことに注意すれば

$$\hat{L}_x\hat{y}\phi = -i\hbar y^2\frac{\partial}{\partial z}\phi + i\hbar z\left(\phi + y\frac{\partial\phi}{\partial y}\right) \tag{8.2}$$

となる．同じように逆順に掛けたもの $\hat{y}\hat{L}_x\phi = y(\hat{y}\hat{p}_z - \hat{z}\hat{p}_y)\phi$ を計算すると

$$\hat{y}\hat{L}_x\phi = y^2\hat{p}_z\phi - yz\hat{p}_y\phi$$

$$= y^2\left(-i\hbar\frac{\partial}{\partial z}\right)\phi - yz\left(-i\hbar\frac{\partial}{\partial y}\right)\phi$$

$$= -i\hbar y^2\frac{\partial\phi}{\partial z} + i\hbar yz\frac{\partial\phi}{\partial y} \tag{8.3}$$

が得られる．(8.2) と (8.3) を引き算したものをつくると，ほとんどの項が打ち消すが，残るのは (8.2) の2番目の項であることがわかる．結局，

$$[\hat{L}_x, \hat{y}]\phi = (\hat{L}_x\hat{y} - \hat{y}\hat{L}_x)\phi = i\hbar z\phi = i\hbar\hat{z}\phi \tag{8.4}$$

ということになる．任意の波動関数 $\phi(x,y,z)$ についてこの式が成り立つので，演算子として

$$[\hat{L}_x, \hat{y}] = i\hbar\hat{z} \tag{8.5}$$

が成り立つとしてよいことになる．

同じようにして，いろいろな交換関係を計算してみると

$$[\hat{L}_x, \hat{x}] = 0, \quad [\hat{L}_x, \hat{y}] = i\hbar \hat{z}, \quad [\hat{L}_x, \hat{z}] = -i\hbar \hat{y}$$
$$[\hat{L}_x, \hat{p}_x] = 0, \quad [\hat{L}_x, \hat{p}_y] = i\hbar \hat{p}_z, \quad [\hat{L}_x, \hat{p}_z] = -i\hbar \hat{p}_y$$

(8.6)

を示すことができる．(8.6) では $\hat{L}_x$ が関与する交換関係だけを示したが，$x \to y, y \to z, z \to x$ という cyclic（サイクリック）な変数のおきかえによって他のものも得られる．

交換関係の便利な公式

このような多少複雑な交換関係を計算したい場合には，次の公式

$$[\hat{A}, \hat{B}\hat{C}] = [\hat{A}, \hat{B}]\hat{C} + \hat{B}[\hat{A}, \hat{C}] \quad (8.7\text{a})$$
$$[\hat{A}\hat{B}, \hat{C}] = \hat{A}[\hat{B}, \hat{C}] + [\hat{A}, \hat{C}]\hat{B} \quad (8.7\text{b})$$

を用いるのが便利である（この公式は第5章の演習問題［1］を参照）．

―― 例題 8.2 ――

公式 (8.7) を使って，再び $[\hat{L}_x, \hat{y}]$ を計算してみよ．

［解］ $\hat{L}_x = \hat{y}\hat{p}_z - \hat{z}\hat{p}_y$ なので，まず $\hat{y}\hat{p}_z$ に対しては上の公式 (8.7b) の式で $\hat{A} = \hat{y}, \hat{B} = \hat{p}_z, \hat{C} = \hat{y}$ とおけばよい．すると，$[\hat{y}\hat{p}_z, \hat{y}] = \hat{y}[\hat{p}_z, \hat{y}] + [\hat{y}, \hat{y}]\hat{p}_z$ となるが，$[\hat{p}_z, \hat{y}]$ も $[\hat{y}, \hat{y}]$ もゼロとなるので $[\hat{y}\hat{p}_z, \hat{y}] = 0$ である．次に $-\hat{z}\hat{p}_y$ に対しては $\hat{A} = -\hat{z}, \hat{B} = \hat{p}_y$ とおいて，公式 (8.7b) を当てはめてみればよい．今度の場合は $[-\hat{z}\hat{p}_y, \hat{y}] = -\hat{z}[\hat{p}_y, \hat{y}] + [-\hat{z}, \hat{y}]\hat{p}_y$ となるが，$[\hat{p}_y, \hat{y}] = -i\hbar$，$[-\hat{z}, \hat{y}] = 0$ となるので，$[-\hat{z}\hat{p}_y, \hat{y}] = i\hbar\hat{z}$ である．結局，

$$[\hat{L}_x, \hat{y}] = -\hat{z}[\hat{p}_y, \hat{y}] = i\hbar\hat{z}$$

が得られる．

角運動量演算子同士の交換関係

以下の議論で特に重要な役割を果たす交換関係は，角運動量同士の交換関係である．それをまとめて書くと

$$[\hat{L}_x, \hat{L}_y] = i\hbar \hat{L}_z, \quad [\hat{L}_y, \hat{L}_z] = i\hbar \hat{L}_x, \quad [\hat{L}_z, \hat{L}_x] = i\hbar \hat{L}_y$$
(8.8)

である．この3つの式を**角運動量の代数**とよぶ．これらを示すには (8.6) や (8.7) の公式などを駆使して計算すればよいのだが，ちょうどよい練習問題なので各自で行なってもらいたい（演習問題 [1]）．

§8.2 同時対角化

少し複雑になるが，$\hat{\boldsymbol{L}}^2 = \hat{L}_x^2 + \hat{L}_y^2 + \hat{L}_z^2$ と $\hat{L}_z$ との交換関係を計算してみよう．$\hat{L}_x^2$ と $\hat{L}_z$ の交換関係は (8.7b) の公式を用いると，$\hat{A} = \hat{B} = \hat{L}_x, \hat{C} = \hat{L}_z$ とおけばよいので

$$[\hat{L}_x^2, \hat{L}_z] = \hat{L}_x[\hat{L}_x, \hat{L}_z] + [\hat{L}_x, \hat{L}_z]\hat{L}_x = -i\hbar(\hat{L}_x\hat{L}_y + \hat{L}_y\hat{L}_x)$$

となる．ここで (8.8) の交換関係も使った．また，$[\hat{L}_y^2, \hat{L}_z] = i\hbar(\hat{L}_x\hat{L}_y + \hat{L}_y\hat{L}_x)$ および $[\hat{L}_z^2, \hat{L}_z] = 0$ も示すことができる．最後に3つの項を足すと

$$[\hat{\boldsymbol{L}}^2, \hat{L}_z] = 0$$
(8.9)

が得られる．

交換関係の定義

$$[\hat{\boldsymbol{L}}^2, \hat{L}_z] = \hat{\boldsymbol{L}}^2 \hat{L}_z - \hat{L}_z \hat{\boldsymbol{L}}^2$$
(8.10)

を思い出すと，(8.9) は $\hat{\boldsymbol{L}}^2$ と $\hat{L}_z$ の順序を入れかえても，後に続く関数に及ぼす作用が全く同じであるということを意味している．このような場合，2つの演算子は**可換（交換可能）**であるという．

可換と同時対角化可能

一般に2つの演算子 $\hat{f}$ と $\hat{g}$ が可換である場合，$\hat{f}$ の固有関数であり，かつ同時に $\hat{g}$ の固有関数でもあるような状態をつくることができる．これを**同時対角化可能**であるという．実際，(8.9) の角運動量の場合は，第6章で得られた球面調和関数 Y_{lm} は，演算子 $\hat{\boldsymbol{L}}^2$ の固有関数であり，かつ同時に

8. 角運動量の代数

$\hat{L}_z$ の固有関数でもある（(6.22)，(6.23) を参照）．

一般の場合に戻って，$\hat{f}$ と $\hat{g}$ の共通の固有関数を ψ_n とし，$\hat{f}$ の固有値が f_n，$\hat{g}$ の固有値が g_n であるとしてみよう．このとき，$\hat{f}$ の測定をすると必ず測定値 f_n が得られ，$\hat{g}$ の測定をすると必ず測定値 g_n が得られる．つまり，ψ_n は $\hat{f}$ と $\hat{g}$ の 2 つの物理量が同時に "確定している" 状態であるといえる．

逆に $\hat{x}$ と $\hat{p}_x$ のときのように，2 つの演算子が可換ではない場合，2 つの物理量は同時に確定した値をもち得ない．これが不確定性原理であるといえる．

まとめて書き表しておくと

$$\boxed{\hat{f} \text{ と } \hat{g} \text{ が可換である} \iff \hat{f} \text{ と } \hat{g} \text{ は同時対角化可能である}}$$
(8.11)

といえる．つまり演算子の可換性は，対応する 2 つの物理量が同時に確定するための必要十分条件である．多少数学的であるが，以下でこれを証明しておこう．

（証明）　まず，可換であれば同時対角化が可能であることを示してみよう．$\hat{f}$ の固有関数 ψ_n があったとする．つまり，$\hat{f}\psi_n = f_n\psi_n$ が成り立つとする．この式の両辺に演算子 $\hat{g}$ を演算すると，

$$\hat{g}\hat{f}\psi_n = \hat{g}f_n\psi_n = f_n\hat{g}\psi_n \tag{8.12}$$

となる．一方，$\hat{f}$ と $\hat{g}$ は可換であると仮定したので左辺は $\hat{f}\hat{g}\psi_n$ に等しい．

ここで，$\hat{g}\psi_n$ を新たに φ という関数であると考えて $\varphi = \hat{g}\psi_n$ とおくと，(8.12) の左辺は $\hat{g}\hat{f}\psi_n = \hat{f}\hat{g}\psi_n = \hat{f}\varphi$ と書ける．一方，(8.12) の右辺は $f_n\varphi$ と書けるので，(8.12) は

$$\hat{f}\varphi = f_n\varphi \tag{8.13}$$

と書き直すことができる．この式は φ が $\hat{f}$ の固有関数であり，固有値が f_n であることを意味している．

もし $\hat{f}$ の固有値 f_n が縮退していないとすると，関数 φ は $\hat{f}$ の固有関数 ψ_n の定数 C 倍でなければならない．したがって，

$$\varphi = C\psi_n$$

である．一方，φ は $\varphi = \hat{g}\psi_n$ として定義したものだから，これを代入すると

$$\hat{g}\psi_n = C\psi_n \tag{8.14}$$

が成立する．この式は ψ_n が $\hat{g}$ の固有関数であり，固有値が C であることを意味している．もともと ψ_n は $\hat{f}$ の固有関数として準備したものなので，ψ_n は $\hat{f}, \hat{g}$ の共通の固有関数であることがわかった．

完全な証明のためには $\hat{f}$ の固有値 f_n が縮退している場合を考慮しなければならないが，これは演習問題［7］とした．また逆の証明（同時対角化可能ならば $\hat{f}$ と $\hat{g}$ が可換であること）は，簡単であるがやはり演習問題［8］として各自で行なってみよう．

§8.3　昇降演算子

再び，角運動量の代数の問題に戻ろう．新たに

$$\hat{L}_+ = \hat{L}_x + i\hat{L}_y, \qquad \hat{L}_- = \hat{L}_x - i\hat{L}_y \tag{8.15}$$

という演算子を定義する．名前の由来は後でわかるが，$\hat{L}_+$ を**上昇演算子**，$\hat{L}_-$ を**下降演算子**といい，2つ合わせて**昇降演算子**ともいう．$\hat{L}_+, \hat{L}_-$ は以下で重要なはたらきをするが，これらの満たす交換関係を調べておくと

$$[\hat{L}_+, \hat{L}_-] = 2\hbar\hat{L}_z, \qquad [\hat{L}_z, \hat{L}_+] = \hbar\hat{L}_+, \qquad [\hat{L}_z, \hat{L}_-] = -\hbar\hat{L}_- \tag{8.16}$$

である．((8.16) の証明は，演習問題［1］において，§8.1 の例題などを参考に各自で行なってもらいたい．)

また，定義 (8.15) を逆に解くと

$$\hat{L}_x = \frac{1}{2}(\hat{L}_+ + \hat{L}_-), \qquad \hat{L}_y = \frac{1}{2i}(\hat{L}_+ - \hat{L}_-) \tag{8.17}$$

となる．これらを $\hat{L}^2 = \hat{L}_x{}^2 + \hat{L}_y{}^2 + \hat{L}_z{}^2$ に代入すると

$$\hat{L}^2 = \frac{1}{2}(\hat{L}_+\hat{L}_- + \hat{L}_-\hat{L}_+) + \hat{L}_z^2 \tag{8.18}$$

が得られる（$\hat{L}_+$ と $\hat{L}_-$ の順序は勝手に入れかえてはいけないことに注意）．さらに交換関係 (8.16) を用いれば

$$\hat{L}^2 = \hat{L}_+\hat{L}_- + \hat{L}_z^2 - \hbar\hat{L}_z = \hat{L}_-\hat{L}_+ + \hat{L}_z^2 + \hbar\hat{L}_z \tag{8.19}$$

などと，何通りかに表すことができる．

固有値をもち上げる

次に，$\hat{L}_+$ の具体的な使い方の一例を示そう．もし $\hat{L}_z$ の固有関数 ψ が得られたとして，その固有値が l_z だとしよう．つまり，

$$\hat{L}_z \psi = l_z \psi \tag{8.20}$$

が成り立つとする．

この式に左側から $\hat{L}_+$ を演算して，

$$\hat{L}_+ \hat{L}_z \psi = l_z \hat{L}_+ \psi$$

という式を調べてみよう．左辺は，交換関係 (8.16) の2番目の式 $[\hat{L}_z, \hat{L}_+] = \hat{L}_z \hat{L}_+ - \hat{L}_+ \hat{L}_z = \hbar \hat{L}_+$ を使うと，

$$\hat{L}_+ \hat{L}_z \psi = (\hat{L}_z \hat{L}_+ - \hbar \hat{L}_+) \psi = \hat{L}_z \hat{L}_+ \psi - \hbar \hat{L}_+ \psi$$

となるので

$$\hat{L}_z \hat{L}_+ \psi - \hbar \hat{L}_+ \psi = l_z \hat{L}_+ \psi$$

が得られる．この式の両辺を移項して少し整理すると，

$$\hat{L}_z (\hat{L}_+ \psi) = (l_z + \hbar)(\hat{L}_+ \psi) \tag{8.21}$$

であることがわかる．(8.21) は，関数 $\hat{L}_+ \psi$ がやはり $\hat{L}_z$ の固有関数になっていて，固有値が $l_z + \hbar$ であることを示している．

このように1つの固有関数がわかっていれば，簡単な代数計算によって別の固有値をもつ固有関数が芋づる式に得られるのである．特に固有値は元の l_z に比べて $\hbar$ だけ増えるので，$\hat{L}_+$ を（固有値の）**上昇演算子**とよぶ．全く同じように $\hat{L}_- \psi$ も $\hat{L}_z$ の固有状態となることがわかるので，$\hat{L}_-$ を（固有値の）**下降演算子**とよぶ．大方の予想通り，固有値は $l_z - \hbar$ というように $-\hbar$ だけ下降するのである（演習問題 [2]）．

$\hat{L}_+$ の共役演算子

§5.3 では演算子 $\hat{f}$ に対する共役演算子 $\hat{f}^\dagger$ というものを導入し，物理量に対応する演算子は $\hat{f}^\dagger = \hat{f}$ が成り立つエルミート演算子であることを述べた．実は，昇降演算子はエルミート演算子ではない．

例題 8.3

$\hat{L}_+$ の共役演算子は $\hat{L}_-$ であることを示せ．つまり，
$$(\hat{L}_+)^\dagger = \hat{L}_- \tag{8.22}$$
である．

[**解**] 共役演算子に慣れるためにも，少し詳しく説明しておこう．$\hat{L}_+$ に共役な演算子 $(\hat{L}_+)^\dagger$ は，任意の関数 ψ_1, ψ_2 に対して

$$\int \psi_1{}^* (\hat{L}_+ \psi_2) \, d\boldsymbol{r} = \int \{(\hat{L}_+)^\dagger \psi_1\}^* \psi_2 \, d\boldsymbol{r} \tag{8.23}$$

となるものをいうので ((5.25) を参照)，左辺の $\int \psi_1{}^* (\hat{L}_+ \psi_2) \, d\boldsymbol{r}$ を変形していこう．ここで $\int \cdots d\boldsymbol{r}$ は $\iiint \cdots dx\, dy\, dz$ という3次元積分の略である．$\hat{L}_+$ の定義式を代入すると

$$\int \psi_1{}^* (\hat{L}_+ \psi_2) \, d\boldsymbol{r} = \int \psi_1{}^* (\hat{L}_x + i\hat{L}_y) \psi_2 \, d\boldsymbol{r}$$
$$= \int \psi_1{}^* (\hat{L}_x \psi_2) \, d\boldsymbol{r} + i \int \psi_1{}^* (\hat{L}_y \psi_2) \, d\boldsymbol{r}$$

となる．ここで $\hat{L}_x$ と $\hat{L}_y$ がそれぞれエルミート演算子であることを使うと，最後の式の $\hat{L}_x, \hat{L}_y$ は関数 $\psi_1{}^*$ に掛かるものに変更できるので

$$\int \psi_1{}^* (\hat{L}_+ \psi_2) \, d\boldsymbol{r} = \int (\hat{L}_x \psi_1)^* \psi_2 \, d\boldsymbol{r} + i \int (\hat{L}_y \psi_1)^* \psi_2 \, d\boldsymbol{r}$$

となる．最後に虚数 i に注意して右辺をまとめると

$$\int \psi_1{}^* (\hat{L}_+ \psi_2) \, d\boldsymbol{r} = \int (\hat{L}_x \psi_1)^* \psi_2 \, d\boldsymbol{r} - \int (i\hat{L}_y \psi_1)^* \psi_2 \, d\boldsymbol{r}$$
$$= \int \{(\hat{L}_x - i\hat{L}_y) \psi_1\}^* \psi_2 \, d\boldsymbol{r}$$
$$= \int (\hat{L}_- \psi_1)^* \psi_2 \, d\boldsymbol{r}$$

となる．したがって，(8.23) の共役演算子の定義式と比べると (8.22) が示される．

このように演算子の定義の中に虚数 i が含まれているときは，共役演算子にするときに虚数の前の符号が1回反転するのである．

球面調和関数と昇降演算子

§6.2 の (6.16) で，極座標を用いて $\hat{L}_x$ や $\hat{L}_y$ の形を具体的に求めた．これらの式を (8.15) に代入すると，例えば $\hat{L}_+$ は

$$\hat{L}_+ = i\hbar\left(-ie^{i\varphi}\frac{\partial}{\partial\theta} + \frac{1}{\tan\theta}e^{i\varphi}\frac{\partial}{\partial\varphi}\right) \tag{8.24}$$

となる．この微分演算子を $l=1, m=0$ の場合の球面調和関数 $Y_{10}(\theta,\varphi)$ に演算してみよう．$Y_{10}(\theta,\varphi)$ の具体的な形は (6.51) で得られたように $Y_{10} = \sqrt{3/4\pi}\cos\theta$ である．この関数形に (8.24) の $\hat{L}_+$ を演算してみると

$$\hat{L}_+ Y_{10} = i\hbar\left(-ie^{i\varphi}\frac{\partial}{\partial\theta}\right)\sqrt{\frac{3}{4\pi}}\cos\theta = -\hbar\sqrt{\frac{3}{4\pi}}\sin\theta\, e^{i\varphi}$$

となる．右辺の関数形を (6.51) の球面調和関数と比べると，$\hat{L}_+ Y_{10} = \sqrt{2}\hbar Y_{11}$ であることがわかる．このように $\hat{L}_+$ や $\hat{L}_-$ を球面調和関数に演算すると，l は変わらないが，m は1つだけ変化する．Y_{10} の $\hat{L}_z$ の固有値は $m\hbar = 0$ であり，Y_{11} の $\hat{L}_z$ の固有値は $m\hbar = \hbar$ なので，$\hat{L}_+$ によって確かに $\hat{L}_z$ の固有値が $\hbar$ だけ増えたことがわかる．

また，同じように $\hat{L}_+$ を $Y_{11}(\theta,\varphi)$ に演算するとゼロになることがわかる（演習問題 [3]）．これは $l=1$ のとき，m の最大値は $m=l=1$ であるからである．もし $\hat{L}_+ Y_{11}$ がゼロにならないとすると，$\hat{L}_+ Y_{11}$ は $m=2$ をもつ関数となってしまい矛盾が生じる．同様に

$$\left.\begin{array}{l}\hat{L}_+ Y_{11} = 0, \quad \hat{L}_+ Y_{1-1} = \sqrt{2}\hbar Y_{10} \\ \hat{L}_- Y_{11} = \sqrt{2}\hbar Y_{10}, \quad \hat{L}_- Y_{1-1} = 0\end{array}\right\} \tag{8.25}$$

ということも示すことができる（演習問題 [3]）．

上の計算から予想されるように，昇降演算子は l の値を変化させない．このことを一般的に証明しておこう．

(8.9) と同様に $[\hat{\boldsymbol{L}}^2, \hat{L}_x] = 0$, $[\hat{\boldsymbol{L}}^2, \hat{L}_y] = 0$ を示すことができるので，$[\hat{\boldsymbol{L}}^2, \hat{L}_+] = 0$ である．この関係を使って $\hat{\boldsymbol{L}}^2(\hat{L}_+ Y_{lm})$ を変形していくと

$$\hat{\boldsymbol{L}}^2(\hat{L}_+ Y_{lm}) = \hat{L}_+ \hat{\boldsymbol{L}}^2 Y_{lm} = \hbar^2 l(l+1)\hat{L}_+ Y_{lm} \tag{8.26}$$

となる(ここで$\hat{L}^2 Y_{lm} = \hbar^2 l(l+1) Y_{lm}$を用いた).(8.26)は$\hat{L}_+ Y_{lm}$も$\hat{L}^2$の固有関数であり,固有値$\hbar^2 l(l+1)$をもつことを意味している.したがって,$\hat{L}_+ Y_{lm}$は$Y_{lm}$の場合と同じ$l$をもつことが示された.

§8.4 角運動量演算子の行列表示

さて,(8.25)のような関係をいちいち書くのは多少手間がかかる.そこで,行列を用いて表現することを考えてみよう.これを演算子の行列表示という.

前節で調べた$l=1$の場合には,昇降演算子によってlの値は変化しないので,$m=-1, 0, 1$の3つの状態しか出てこない.(8.25)でみたように,演算子はそれらの状態を結びつけているといえる.そこで,まず3つの状態を3つの列ベクトルで表すことにしよう.つまり,

$$Y_{11} \iff \begin{pmatrix} 1 \\ 0 \\ 0 \end{pmatrix}, \quad Y_{10} \iff \begin{pmatrix} 0 \\ 1 \\ 0 \end{pmatrix}, \quad Y_{1-1} \iff \begin{pmatrix} 0 \\ 0 \\ 1 \end{pmatrix}$$

(8.27)

と対応させるのである.第6章で示したように,mの異なる状態同士は直交する.つまり,積分$\int Y_{11}{}^* Y_{10} \sin\theta\, d\theta\, d\varphi = 0$などが成立する.これに対応して,(8.27)の3つの列ベクトルもちょうど直交する(つまりベクトルの内積がゼロとなる)ように選んである.

さて,$\hat{L}_+$の演算子を3×3行列

$$\hat{L}_+ \iff \begin{pmatrix} 0 & \sqrt{2}\,\hbar & 0 \\ 0 & 0 & \sqrt{2}\,\hbar \\ 0 & 0 & 0 \end{pmatrix} \qquad (8.28)$$

で表してみよう.こうしておけば,波動関数に$\hat{L}_+$を演算することと,行列(8.28)を列ベクトル(8.27)に掛けることとがうまく対応づけできる.実際に,$\hat{L}_+ Y_{10}$の場合で確かめてみると

$$\hat{L}_+ Y_{10} = \sqrt{2}\hbar Y_{11} \iff \begin{pmatrix} 0 & \sqrt{2}\hbar & 0 \\ 0 & 0 & \sqrt{2}\hbar \\ 0 & 0 & 0 \end{pmatrix} \begin{pmatrix} 0 \\ 1 \\ 0 \end{pmatrix} = \sqrt{2}\hbar \begin{pmatrix} 1 \\ 0 \\ 0 \end{pmatrix}$$
(8.29)

となっている. 同様に, 次のように定義しておけばよいことがわかる.

$$\hat{L}_- \iff \begin{pmatrix} 0 & 0 & 0 \\ \sqrt{2}\hbar & 0 & 0 \\ 0 & \sqrt{2}\hbar & 0 \end{pmatrix}, \quad \hat{L}_z \iff \begin{pmatrix} \hbar & 0 & 0 \\ 0 & 0 & 0 \\ 0 & 0 & -\hbar \end{pmatrix}$$
(8.30)

── 例題 8.4 ──

それぞれの演算子に対応する 3×3 行列を用いて, (8.16) の交換関係の1つ

$$[\hat{L}_+, \hat{L}_-] = 2\hbar \hat{L}_z$$

を確かめよ.

[解] 行列を計算すると $\hat{L}_+ \hat{L}_-$ は

$$\begin{pmatrix} 0 & \sqrt{2}\hbar & 0 \\ 0 & 0 & \sqrt{2}\hbar \\ 0 & 0 & 0 \end{pmatrix} \begin{pmatrix} 0 & 0 & 0 \\ \sqrt{2}\hbar & 0 & 0 \\ 0 & \sqrt{2}\hbar & 0 \end{pmatrix} = \begin{pmatrix} 2\hbar^2 & 0 & 0 \\ 0 & 2\hbar^2 & 0 \\ 0 & 0 & 0 \end{pmatrix}$$

であり, $\hat{L}_- \hat{L}_+$ は

$$\begin{pmatrix} 0 & 0 & 0 \\ 0 & 2\hbar^2 & 0 \\ 0 & 0 & 2\hbar^2 \end{pmatrix}$$

となる. 差し引きをとると $2\hbar \hat{L}_z$ となる.

(8.28), (8.30) のように $\hat{L}_+$ と $\hat{L}_-$ の行列表示がわかったので, $\hat{L}_x = (\hat{L}_+ + \hat{L}_-)/2$ と $\hat{L}_y = (\hat{L}_+ - \hat{L}_-)/2i$ の行列表示もつくることができる (演習問題 [4]). さらに $[\hat{L}_x, \hat{L}_y] = i\hbar \hat{L}_z$ という交換関係も, 3×3 の行列の計算として成立していることが確かめられる. また, $\hat{L}^2$ に対応する行列を

つくると

$$\begin{pmatrix} 2\hbar^2 & 0 & 0 \\ 0 & 2\hbar^2 & 0 \\ 0 & 0 & 2\hbar^2 \end{pmatrix} \tag{8.31}$$

となることもわかる（演習問題［4］）．

(8.31) と (8.30) からわかるように，$\hat{\boldsymbol{L}}^2$ と $\hat{L}_z$ は対角行列である．以前述べたように，球面調和関数は $\hat{\boldsymbol{L}}^2$ と $\hat{L}_z$ の共通な固有関数であり，$\hat{\boldsymbol{L}}^2$ と $\hat{L}_z$ を"同時に対角化する"．これに対応して (8.31) と (8.30) の行列表示は確かに対角型になっている．逆に，$\hat{L}_x$ と $\hat{L}_y$ は対角行列ではない．

§8.5　角運動量の一般化

本章の最後に Y_{lm} などの具体的な波動関数の形を用いずに，角運動量の交換関係

$$[\hat{L}_x, \hat{L}_y] = i\hbar \hat{L}_z \tag{8.32}$$

だけから出発して，一般的に様々なことを導出してみよう．つまり，具体的な偏微分や積分は一切行なわずに，代数計算だけを用いるのである．また，$\hat{L}_x, \hat{L}_y, \hat{L}_z$ は物理量なので，エルミートな線形演算子であるということも重要な役割を果たす．ただし代数計算だけであるといっても，計算は多少厄介なので，初めての場合は本節は飛ばして後で読み返してもよい．

(A)　まず (8.9) で示したときと全く同じように，交換関係 (8.32) から $[\hat{\boldsymbol{L}}^2, \hat{L}_z] = 0$ が示される．したがって，$\hat{\boldsymbol{L}}^2$ と $\hat{L}_z$ の 2 つは同時対角化可能である．このときの規格化された共通の固有関数を一般に ψ と書き，固有値をそれぞれ $\hbar^2\lambda, \hbar m$ としよう．つまり

$$\hat{\boldsymbol{L}}^2 \psi = \hbar^2 \lambda \psi, \qquad \hat{L}_z \psi = \hbar m \psi \tag{8.33}$$

とする．固有関数は必ずしも $Y_{lm}(\theta, \varphi)$ を考えるわけではないので，単に ψ としている．また，λ と m は，まだ整数であるとも何ともわかっていないので，一般に，ある数だとしておこう．ただしエルミート

演算子の固有値であるから，第5章の一般論で示したように λ と m は実数である．

(B) 次に，昇降演算子 $\hat{L}_\pm = \hat{L}_x \pm i\hat{L}_y$（複号同順：以下同様）をつくる．再び交換関係 (8.32) から

$$[\hat{L}_z, \hat{L}_\pm] = \pm \hbar \hat{L}_\pm \tag{8.34}$$

が得られる．これを用いて新しい関数 $\hat{L}_\pm \psi$ をつくれば，以前 (8.21) のところで行なったように

$$\hat{L}_z(\hat{L}_\pm \psi) = \hbar(m \pm 1)\hat{L}_\pm \psi \tag{8.35}$$

ということが示される．このことは，$\hat{L}_z$ の固有値が $\hbar m$ であるような固有関数 ψ があれば，$\hbar(m \pm 1)$ という固有値をもつ固有関数 $\hat{L}_\pm \psi$ も存在することを示している．このことから，ψ から順次固有値が $\hbar(m \pm 1)$，$\hbar(m \pm 2)$，$\hbar(m \pm 3)$，… のものをつくることができる．(ただし $\hat{L}_+ \psi$ や $\hat{L}_- \psi$ が恒等的にゼロになる場合は，この限りではない．) また，$[\hat{L}^2, \hat{L}_\pm] = 0$ であるから，$\hat{L}^2(\hat{L}_\pm \psi) = \hbar^2 \lambda (\hat{L}_\pm \psi)$ ということも示すことができる．したがって，$\hat{L}_\pm \psi$ は ψ と同じ固有値 $\hbar^2 \lambda$ をもっている．

(C) 次に，とり得る m の値には最大・最小があることを示してみよう．ψ は $\hat{L}^2$ の固有関数であり，(8.33) のように $\hat{L}^2 \psi = \hbar^2 \lambda \psi$ としたので，$\int \psi^* \hat{L}^2 \psi \, d\boldsymbol{r} = \hbar^2 \lambda \int \psi^* \psi \, d\boldsymbol{r} = \hbar^2 \lambda$ である．(ψ は規格化されていて $\int |\psi|^2 \, d\boldsymbol{r} = 1$ が成り立っている．)

一方，

$$\int \psi^* \hat{L}^2 \psi \, d\boldsymbol{r} = \int \psi^* (\hat{L}_x{}^2 + \hat{L}_y{}^2 + \hat{L}_z{}^2) \psi \, d\boldsymbol{r}$$

$$= \int \psi^* (\hat{L}_x{}^2 + \hat{L}_y{}^2) \psi \, d\boldsymbol{r} + \hbar^2 m^2 \tag{8.36}$$

である．ここで $\hat{L}_z \psi = \hbar m \psi$ であることを用いた．この最後の式の積分は，$\hat{L}_x$ の2乗と $\hat{L}_y$ の2乗の期待値なので，両者とも必ず正の

§8.5 角運動量の一般化　161

値をもつことがわかる（演習問題 [5]）．したがって，

$$\hbar^2 \lambda = \int \phi^* \hat{L}^2 \phi \, dr \geq \hbar^2 m^2 \tag{8.37}$$

が成立する．このことは $\hat{L}^2$ の固有値が $\hbar^2 \lambda$ のとき，m は $\lambda \geq m^2$ という範囲に入らなければならないということを意味している．つまり m には最大・最小がある．（また，この式から $\lambda \geq 0$ もわかる．）

(D)　そこで，λ が固定されているとき，m のとり得る最大値を l と書くことにし，そのときの固有関数を ψ_l と書くことにする．つまり，$\hat{L}_z \psi_l = \hbar l \psi_l$ である．また（B）で述べたように，ψ_l は $\hat{L}^2$ の固有関数でもあり，固有値が $\hbar^2 \lambda$ である（$\hat{L}^2 \psi_l = \hbar^2 \lambda \psi_l$）．もしこの固有関数に上昇演算子を掛けたもの $\hat{L}_+ \psi_l$ が存在すると仮定すると，(8.35) から $\hat{L}_+ \psi_l$ の $\hat{L}_z$ の固有値は $\hbar(l+1)$ ということになり，$m = l$ が最大値であることと矛盾する．矛盾しないための唯一の解決策は，

$$\hat{L}_+ \psi_l = 0 \tag{8.38}$$

である．したがって，$\hat{L}_+ \psi_l$ は恒等的にゼロとなる．

(E)　さて，$\hat{L}^2 = \hat{L}_- \hat{L}_+ + \hat{L}_z^2 + \hbar \hat{L}_z$ と書けるので，

$$\begin{aligned}
\hat{L}^2 \psi_l &= (\hat{L}_- \hat{L}_+ + \hat{L}_z^2 + \hbar \hat{L}_z) \psi_l \\
&= \hat{L}_- \hat{L}_+ \psi_l + \hat{L}_z^2 \psi_l + \hbar \hat{L}_z \psi_l \\
&= 0 + (\hbar l)^2 \psi_l + \hbar^2 l \psi_l \\
&= \hbar^2 l(l+1) \psi_l
\end{aligned} \tag{8.39}$$

と変形できる．一方，$\hat{L}^2 \psi_l = \hbar^2 \lambda \psi_l$ なので

$$\lambda = l(l+1) \tag{8.40}$$

であると決定できた．

(F)　ψ_l から出発して

$$\hat{L}_- \psi_l, \quad (\hat{L}_-)^2 \psi_l, \quad \cdots$$

というように $\hat{L}_-$ を順に掛けていくと $\hat{L}^2$ の固有値は同じ $\hbar^2 \lambda$ のままであるが，$\hat{L}_z$ の固有値は $\hbar$ ずつ下がっていく．$\hat{L}_z$ の固有値が $\hbar m$

162   8. 角運動量の代数

であるときの固有関数を ψ_m と書くことにする．さらに，$\hat{L}_z$ は物理量に対応する演算子なのでエルミート演算子である．したがって §5.3 で示したように，異なる固有値に対する固有関数 ψ_m 同士は直交する．

また，(C) で示したように m には最小の値がなくてはならない．そのため (D) と同じ議論によって，ある整数 n $(n \geqq 0)$ に対して

$$(\hat{L}_-)^{n+1}\psi_l = 0$$

とならなければならない．このとき $(\hat{L}_-)^n\psi_l$ は，$\hat{L}_z$ の固有値として $\hbar(l-n)$ をもつ．この状態に対して (E) と同様に $\hat{L}^2 = \hat{L}_+\hat{L}_- + \hat{L}_z^2 - \hbar\hat{L}_z$ を演算すると，$\lambda = (l-n)(l-n-1)$ という関係式が得られる．この式と $\lambda = l(l+1)$ とを連立させて解けば，$n = 2l$ であることがわかる．つまり，(D) と (E) の議論と合わせて，

m の最大値が l の場合，m の最小値は $l - n = -l$ である

ことになる．

(G)   最後に $\hat{L}_\pm\psi_m$ の具体的な形を決めることができて，

$$\hat{L}_+\psi_m = \hbar\sqrt{(l-m)(l+m+1)}\,\psi_{m+1} \qquad (8.41)$$

$$\hat{L}_-\psi_m = \hbar\sqrt{(l+m)(l-m+1)}\,\psi_{m-1} \qquad (8.42)$$

を示すことができる（演習問題 [6]）．$m = l$ のとき (8.41) の右辺はゼロとなるので，$\hat{L}_+\psi_l$ の状態は存在しない．同様に $m = -l$ のとき (8.42) の右辺はゼロとなるので，$\hat{L}_-\psi_{-l}$ の状態も存在しない．

このように角運動量の交換関係だけから多くのことを導き出すことができた．l が整数である場合が，第 6 章で得られた球面調和関数の場合に対応し，この節の ψ_m が $Y_{lm}(\theta, \varphi)$ に対応する．実際，$Y_{lm}(\theta, \varphi)$ は $\hat{L}^2$ と $\hat{L}_z$ に共通の固有関数であり，$\hat{L}^2$ の固有値 $\hbar^2\lambda$ が $\hbar^2 l(l+1)$ であり，$\hat{L}_z$ の固有値 m は $-l$ から l までの整数だった．第 6 章では m が整数になることは

$\Phi_m(\varphi)$ の波動関数の一価性から導き出したが，ここではそのような条件は不要である．

特に $n = 2l$ であり，n はゼロか正の整数であるから，l はゼロか正の整数か正の半整数（$1/2, 3/2, 5/2$ など）のいずれかである．つまり，l が半整数でも矛盾が起こらない．この場合，$\hat{L}_z$ の固有値 $\hbar m$ は半整数の $\hbar$ 倍となる．このような半整数の角運動量が存在することは実験的に確かめられていて，**スピン**とよばれているのだが，これについては次章で扱う．

━━ 演習問題 ━━

[1] 交換関係 (8.8) と (8.16) を確かめよ．

[2] $\hat{L}_z$ の固有関数 ψ がわかっていて，その固有値が l_z だとする．このとき，$\hat{L}_-\psi$ がやはり $\hat{L}_z$ の固有関数であることを示し，その固有値を求めよ．

[3] (8.25) の関係を確かめよ．さらに角運動量の x 成分の演算子 $\hat{L}_x$ を $\hat{L}_+$ と $\hat{L}_-$ からつくり，$Y_{1\,1}, Y_{1\,0}, Y_{1\,-1}$ に演算してみよ．その結果，$Y_{1\,1}, Y_{1\,0}, Y_{1\,-1}$ は $\hat{L}_x$ の固有関数ではないことを確かめよ．

[4] $l = 1$ の場合，$\hat{L}_x, \hat{L}_y, \hat{L}^2$ の行列表示を求めよ．さらに $[\hat{L}_x, \hat{L}_y] = i\hbar \hat{L}_z$ の交換関係が，3×3 の行列の計算として成立していることを示せ．

[5] $\hat{L}_x$ がエルミート演算子であることを用いて

$$\int \psi^* \hat{L}_x^2 \psi \, dr \geq 0 \tag{8.43}$$

であることを示せ．

[6] (8.41) と (8.42) を以下の方法で示せ．$\hat{L}^2$ の固有値が $\hbar^2 l(l+1)$，$\hat{L}_z$ の固有値が $\hbar m$ である固有関数を ψ_m と書くとき

$$\hat{L}_+ \psi_m = a\psi_{m+1} \tag{8.44}$$

であるが，ψ_{m+1} は規格化されているとするので，(8.44) の両辺の絶対値の2乗の積分は

$$\int (\hat{L}_+\psi_m)^*(\hat{L}_+\psi_m)\,d\boldsymbol{r} = |a|^2 \int \psi_{m+1}^*\psi_{m+1}\,d\boldsymbol{r} = |a|^2 \tag{8.45}$$

となる．この式の左辺を計算することによって，$|a|^2$ の大きさを決めよ．

[7] 演算子 $\hat{f}$ と $\hat{g}$ が可換であれば同時対角化が可能であることの証明で，$\hat{f}$ の固有値 f_n が縮退している場合の証明を考えよ．

[8] 演算子 $\hat{f}$ と $\hat{g}$ が同時対角化が可能である場合，$\hat{f}$ と $\hat{g}$ が可換であることを証明せよ．(ヒント： 同時に対角化する関数を ψ_n とし，$\hat{f}\hat{g}\psi_n = \hat{g}\hat{f}\psi_n$ を示せ．)

[9] 同時対角化する演算子として，大抵 $\hat{L}^2$ と $\hat{L}_z$ の組み合わせを選んでいるが，$[\hat{L}^2, \hat{L}_x] = 0$ という関係も成り立つことを示せ．また，$\hat{L}^2$ と $\hat{L}_x$ と $\hat{L}_z$ の3つを同時対角化することはできない理由を示せ．

フェルミ粒子とボース粒子

第8章では，古典力学での対応物をもたないスピンというものが出てきた．スピンには電子などの半整数の場合と，光子などの整数の場合とがある．スピンの半整数と整数とは，粒子がフェルミ（Fermi）粒子であるか，ボース（Bose）粒子であるかということと密接に関連している．

2つ粒子がいる場合の波動関数は $\Psi(\boldsymbol{r}_1, \boldsymbol{r}_2, t)$ と書ける．ここで，$\boldsymbol{r}_1$ は1番目の粒子の座標，$\boldsymbol{r}_2$ は2番目の粒子の座標である．2つの同種粒子がある場合，量子力学のもう1つの不思議な様相として，2つの粒子の区別がつかないという事実が知られている．つまり1番目の粒子と2番目の粒子を区別して，その座標 $\boldsymbol{r}_1$ を追っていくというわけにはいかないのである．これは，粒子が波であることと関連している．2つの粒子を表す波が重なると，どの波がどちらの粒子に属するかということに意味がなくなるのである．

このことを数式で表すには，波動関数 $\Psi(\boldsymbol{r}_1, \boldsymbol{r}_2, t)$ で $\boldsymbol{r}_1$ と $\boldsymbol{r}_2$ の座標を入れかえたときに，元と同じ波動関数になるとすればよい．つまり

$$\Psi(\boldsymbol{r}_2, \boldsymbol{r}_1, t) = \Psi(\boldsymbol{r}_1, \boldsymbol{r}_2, t)$$

であれば，粒子1と2を入れかえても区別がつかないことになる．実際に，2粒子の波動関数はこのようになっている場合がある．この性質をもつ粒子を**ボース粒子**という．

パウリ (Pauli) は，上式の場合だけでなく，
$$\Psi(r_2, r_1, t) = -\Psi(r_1, r_2, t)$$
の場合もあり得ることを示した．この場合，粒子1と2を入れかえると波動関数にマイナス符号がつく．この性質をもつ粒子を**フェルミ粒子**という．フェルミ粒子のスピンは必ず半整数になっている．(これに対してボース粒子のスピンは必ず整数である．) 代表的な素粒子である電子・陽子・中性子などはフェルミ粒子である．この式からわかるように，もし $r_1 = r_2$ というように，2つの粒子が同じ場所に来た場合，波動関数はゼロになる．つまり，2つのフェルミ粒子は同じ場所に存在できないのである．これを**パウリの原理**(排他律)という．

逆にボース粒子の場合は，同じ場所にいくつもの粒子が来ることができる．この考えを押し進めると，ボース粒子は"同じ状態"にいくつでも入ることが許されることになる．これが ^{4}He の超流動の原因であると考えられている．^{4}He を構成しているのは，原子核中の2個の陽子と2個の中性子と，その周りの2個の電子である．陽子や中性子もフェルミ粒子であるので，合計6個のフェルミ粒子がいる．これらが一体となっている He 原子は，ボース粒子となる (フェルミ粒子が偶数の場合)．このため，温度が下がってエネルギーが下がると，すべての粒子が運動エネルギーゼロの状態になることができる．これを**ボース - アインシュタイン (Bose - Einstein) 凝縮**といい，^{4}He の超流動の簡単な理論となっている．

^{3}He と ^{4}He は質量が違うだけで化学的な性質は全く同じである．しかし中性子が1つ少ないので，^{3}He はフェルミ粒子である．このため，ボース - アインシュタイン凝縮が起こらない．また，気体原子には，ボース粒子であるものとフェルミ粒子であるものとがある．ボース粒子の気体原子の温度を下げていったら，^{4}He と同じようなボース - アインシュタイン凝縮が起こるだろう．この考えに基づいて，ルビジウム (Rb) 気体がボース - アインシュタイン凝縮することが1995年に始めて観測された．

9 スピン

第8章の最後で角運動量の一般化ということを行ない，$\hat{L}_z$ の固有値 $\hbar m$ の中の m が半整数であることも許されることを示した．本章では，このように一般化された角運動量をもつ状態を考える．これを**スピン**という．この場合，波動関数は $Y_{lm}(\theta, \varphi)$ といった具体的な関数形をもつとは限らなくなるので，抽象的な波動関数を考えなければならない．

第6章の角運動量には古典力学での対応物があったが，スピンには対応する古典量は存在しない．このことは，量子力学では波動関数 $\psi(\boldsymbol{r})$ 以外に，スピンという各粒子特有の変数をもつことが可能であることを示している．実際に，多くの粒子がスピンをもっている．（スピンをもたない粒子も $s=0$ というスピンをもつということがある．）いわば $\psi(\boldsymbol{r})$ で表される座標空間での波動関数以外に，各粒子が量子力学的な内部自由度をもっているのである．

§9.1 スピン演算子とスピンの状態

古典力学での角運動量に対応する演算子 $\hat{\boldsymbol{L}}$ と区別するために，一般化された角運動量演算子を $\hat{\boldsymbol{S}}$ で表すことにして**スピン演算子**とよぶ．まず§8.5 で得られた結果をまとめておこう．以下，§8.5 の $\hat{\boldsymbol{L}}$ をすべて $\hat{\boldsymbol{S}}$ と書く．

スピンに対する量子力学的演算子は

$$\hat{\boldsymbol{S}} = (\hat{S}_x, \hat{S}_y, \hat{S}_z) \tag{9.1}$$

であり，交換関係

$$[\hat{S}_x, \hat{S}_y] = i\hbar \hat{S}_z, \quad [\hat{S}_y, \hat{S}_z] = i\hbar \hat{S}_x, \quad [\hat{S}_z, \hat{S}_x] = i\hbar \hat{S}_y \tag{9.2}$$

を満たす．このとき，ψ_m という状態は $\hat{S}^2$ と $\hat{S}_z$ を同時に対角化する状態であり，両方の演算子の固有関数である．さらに $\hat{S}^2$ の固有値は $\hbar^2 s(s+1)$ であり，$\hat{S}_z$ の固有値は $\hbar m (m = -s, -s+1, \cdots, s-1, s)$ となる．ここで s はゼロまたは正の整数か半整数である．つまり，$s = 0, 1/2, 1, 3/2, 2,$ … である．このことを粒子のもつスピンが 0 である，スピン 1/2 である，スピン 1 である，などと表現する．例えば，電子，陽子，中性子は $s = 1/2$ をもつ．また，中間子（メソン）である π, K などは $s = 0$ であり，光子はスピン 1 をもつ．物質の磁性のほとんど大部分は，このスピンに由来するものである．

さらに，(9.1) の演算子から，昇降演算子など角運動量の代数と全く同様なものを考えることができる．これらの演算子はスピン状態に演算されるわけであるが，$\hat{L}$ の場合のように具体的な微分演算子で表すことはできない．また，状態を表す波動関数に関しても，$Y_{lm}(\theta, \varphi)$ に相当するような具体的な関数形は**存在しない**．このため，波動関数の規格化や物理量の期待値を計算するときに，いままでのように"積分"を用いて定義することはできないのである．

ブラとケットの記号

そこで，スピンの状態は抽象的な状態 $|s, m\rangle$ または単に $|m\rangle$ として書き，積分の代わりに以下のような記号を導入することにする．

$$
\begin{aligned}
\text{波動関数：} &\quad \psi_m \iff |m\rangle, \quad \psi_m^* \iff \langle m| \\
\text{規格化と直交性：} &\quad \int \psi_n^* \psi_m \, d\tau = \delta_{nm} \iff \langle n|m\rangle = \delta_{nm} \\
\text{演算子 } \hat{f} \text{ の期待値 } \bar{f}: &\quad \bar{f} = \int \psi_m^* \hat{f} \psi_m \, d\tau \iff \bar{f} = \langle m|\hat{f}|m\rangle
\end{aligned}
$$

$$\tag{9.3}$$

(9.3)の書き方を**ディラック（Dirac）の記法**とよぶ．$\langle m|$ を**ブラ**，$|m\rangle$ を**ケット**とよび，2つ合わせて**ブラケット**（カッコのこと）とよぶ（イギリス人特有のユーモアで付けたとしか思えない）．(9.3) からわかるように，ブラの方はいつもケットと組にして用い，$\langle n|m\rangle$ のように書いたときは $\int \psi_n^* \psi_m \, dr$ のような積分，つまり内積を表している．

$\hat{S}_z$ は物理量に対応する演算子なのでエルミート演算子であるとする．したがって§5.3で示したように，異なる固有値に対する固有状態 $|m\rangle$ と $|n\rangle$ ($m \neq n$) は直交する．これが (9.3) の2番目の式の直交性であり $\langle n|m\rangle = 0$ ($n \neq m$) となっている．また，一般の状態 ψ に対しても $|\psi\rangle$ という記号で表し，(5.6) に対応して次のように書けると考える．

$$|\psi\rangle = \sum_m c_m |m\rangle \tag{9.4}$$

スピン 1/2 の状態

さて，スピン状態を具体的に書き表してみよう．$s = 0$ は1つの状態しかないので書く必要はない．次に $s = 1/2$ のときは，$m = -1/2, 1/2$ の2つの状態に対応して

$$\left|\frac{1}{2}\right\rangle, \left|-\frac{1}{2}\right\rangle \quad \text{や} \quad |\alpha\rangle, |\beta\rangle, \quad \text{または} \quad |\uparrow\rangle, |\downarrow\rangle \tag{9.5}$$

と書くことにする．時と場合や使う人によって，表記が違っている．ここでは少し場所をとるが，左端の表記を用いてみることにする．全スピンが $s = 1/2$ であることは，必要なとき以外は省略することが多い．最後の書き方 $|\uparrow\rangle, |\downarrow\rangle$ は，**上向きスピン**，**下向きスピン**とよぶ．"スピン" という命名は電子が回転（スピン）しているというイメージから来ているが，"電子が有限の大きさをもって回転しているわけでは決してない" ので注意が必要である．また，(9.5) は関数を表してはいないので，"固有関数" といわずに "固有状態" ということも多い．

昇降演算子による $|m\rangle$ の増減は，角運動量の場合の式 (8.41)，(8.42) と同じように

§9.1 スピン演算子とスピンの状態

$$\begin{aligned}\hat{S}_+|m\rangle &= \hbar\sqrt{(s-m)(s+m+1)}\,|m+1\rangle \\ \hat{S}_-|m\rangle &= \hbar\sqrt{(s+m)(s-m+1)}\,|m-1\rangle\end{aligned} \quad (9.6)$$

となる．$s=1/2$ のときは，この昇降演算子の効果は簡単で

$$\left.\begin{aligned}\hat{S}_+\left|\tfrac{1}{2}\right\rangle &= 0, \quad \hat{S}_+\left|-\tfrac{1}{2}\right\rangle = \hbar\left|\tfrac{1}{2}\right\rangle \\ \hat{S}_-\left|\tfrac{1}{2}\right\rangle &= \hbar\left|-\tfrac{1}{2}\right\rangle, \quad \hat{S}_-\left|-\tfrac{1}{2}\right\rangle = 0\end{aligned}\right\} \quad (9.7)$$

となっており，$\hat{S}_\pm$ は $\left|\tfrac{1}{2}\right\rangle$ と $\left|-\tfrac{1}{2}\right\rangle$ を入れかえて $\hbar$ をつけるだけである（(8.25) のときの $l=1$ の場合と比較せよ）．(9.7) のように，いちいち $\hbar$ が付くのであるが式が繁雑になるので，以下，本章では $\hbar$ をあからさまに書かないことにする．

スピンの行列表示

§8.4 で $l=1$ の角運動量のときに行なったように，2つのスピンの状態を列ベクトルで表すこともできる．いま状態は2個しかなく，互いに直交するということから

$$\left|\tfrac{1}{2}\right\rangle \iff \begin{pmatrix}1\\0\end{pmatrix}, \quad \left|-\tfrac{1}{2}\right\rangle \iff \begin{pmatrix}0\\1\end{pmatrix} \quad (9.8)$$

とすればよい．

一方，ブラ状態の方は，(9.3) で示したようにケットと組になって $\langle n|m\rangle$ のような内積が計算できるようになっていなければならない．そのためには列ベクトルのケットに対して，ブラの方は行ベクトルを使って

$$\left\langle\tfrac{1}{2}\right| \iff (1,0), \quad \left\langle-\tfrac{1}{2}\right| \iff (0,1) \quad (9.9)$$

とすればよい．こうしておくと，例えば $\left\langle\tfrac{1}{2}\middle|\tfrac{1}{2}\right\rangle$ は行ベクトルと列ベクトルの掛け算で

170 9. スピン

$$(1, 0)\begin{pmatrix}1\\0\end{pmatrix} = 1$$

となり，$\left|\frac{1}{2}\right\rangle$ が規格化されていること，$\left\langle\frac{1}{2}\middle|\frac{1}{2}\right\rangle = 1$ を行列で表したことになる．同様に $\left\langle\frac{1}{2}\middle|-\frac{1}{2}\right\rangle$ を計算すると

$$(1, 0)\begin{pmatrix}0\\1\end{pmatrix} = 0$$

となるので $\left|\frac{1}{2}\right\rangle$ と $\left|-\frac{1}{2}\right\rangle$ が直交すること，つまり $\left\langle\frac{1}{2}\middle|-\frac{1}{2}\right\rangle = 0$ を行列で表したことになる．

以上のことをまとめて書くと，状態の規格化と直交性が再現される．

$$\left.\begin{aligned}\left\langle\tfrac{1}{2}\middle|\tfrac{1}{2}\right\rangle = 1, \quad \left\langle-\tfrac{1}{2}\middle|-\tfrac{1}{2}\right\rangle = 1\\ \left\langle\tfrac{1}{2}\middle|-\tfrac{1}{2}\right\rangle = \left\langle-\tfrac{1}{2}\middle|\tfrac{1}{2}\right\rangle = 0\end{aligned}\right\} \tag{9.10}$$

§8.4 では演算子の行列表示をつくったが，同じことをスピン演算子に対しても行なってみよう．$\hat{S}_+$, $\hat{S}_-$ の演算子を 2×2 行列

$$\hat{S}_+ \iff \begin{pmatrix}0 & 1\\ 0 & 0\end{pmatrix}, \quad \hat{S}_- \iff \begin{pmatrix}0 & 0\\ 1 & 0\end{pmatrix} \tag{9.11}$$

で表してみよう．こうしておけば (9.7) のようにケットの状態に $\hat{S}_+$, $\hat{S}_-$ を演算することと，行列 (9.11) を列ベクトル (9.8) に掛けることとがぴったり対応づけできる．例えば，$\hat{S}_+\left|\frac{1}{2}\right\rangle$ に対応する行列の掛け算は

$$\begin{pmatrix}0 & 1\\ 0 & 0\end{pmatrix}\begin{pmatrix}1\\0\end{pmatrix} = \begin{pmatrix}0\\0\end{pmatrix}$$

となり，(9.7) の $\hat{S}_+\left|\frac{1}{2}\right\rangle = 0$ が再現できる．同様に $\hat{S}_z$ をつくってみると

$$\hat{S}_z \iff \begin{pmatrix}\tfrac{1}{2} & 0\\ 0 & -\tfrac{1}{2}\end{pmatrix} = \frac{1}{2}\begin{pmatrix}1 & 0\\ 0 & -1\end{pmatrix} \tag{9.12}$$

とすればよいことがわかる．この行列は対角行列である．

また，昇降演算子は $\hat{S}_+ = \hat{S}_x + i\hat{S}_y$, $\hat{S}_- = \hat{S}_x - i\hat{S}_y$ で定義されているので，$\hat{S}_x, \hat{S}_y$ は (9.11) の $\hat{S}_+, \hat{S}_-$ からつくることができて

$$\left.\begin{aligned}\hat{S}_x = \frac{1}{2}(\hat{S}_+ + \hat{S}_-) &\iff \frac{1}{2}\begin{pmatrix}0 & 1 \\ 1 & 0\end{pmatrix} \\ \hat{S}_y = \frac{1}{2i}(\hat{S}_+ - \hat{S}_-) &\iff \frac{1}{2}\begin{pmatrix}0 & -i \\ i & 0\end{pmatrix}\end{aligned}\right\} \quad (9.13)$$

となる．これらを用いて交換関係 (9.2) が成立することは，2×2 行列の演算を用いて簡単に確かめられる．

例題 9.1

交換関係の1つである $[\hat{S}_x, \hat{S}_y] = i\hbar \hat{S}_z$ を確かめよ．

[解] 行列で計算すれば

$$\hat{S}_x \hat{S}_y = \frac{1}{2}\begin{pmatrix}0 & 1 \\ 1 & 0\end{pmatrix} \times \frac{1}{2}\begin{pmatrix}0 & -i \\ i & 0\end{pmatrix} = \frac{1}{4}\begin{pmatrix}i & 0 \\ 0 & -i\end{pmatrix}$$

もう一方は

$$\hat{S}_y \hat{S}_x = \frac{1}{2}\begin{pmatrix}0 & -i \\ i & 0\end{pmatrix} \times \frac{1}{2}\begin{pmatrix}0 & 1 \\ 1 & 0\end{pmatrix} = \frac{1}{4}\begin{pmatrix}-i & 0 \\ 0 & i\end{pmatrix}$$

である．2つを合わせると

$$[\hat{S}_x, \hat{S}_y] = \hat{S}_x \hat{S}_y - \hat{S}_y \hat{S}_x = \frac{1}{2}\begin{pmatrix}i & 0 \\ 0 & -i\end{pmatrix} = i\hat{S}_z$$

となる．($\hbar$ をあからさまには書かないことにしたので，最後の式には $\hbar$ が現れなかった．)

パウリ (Pauli) 行列

特に $\hat{S}_x, \hat{S}_y, \hat{S}_z$ を表す行列を2倍したものを

$$\sigma_x = \begin{pmatrix}0 & 1 \\ 1 & 0\end{pmatrix}, \quad \sigma_y = \begin{pmatrix}0 & -i \\ i & 0\end{pmatrix}, \quad \sigma_z = \begin{pmatrix}1 & 0 \\ 0 & -1\end{pmatrix} \quad (9.14)$$

と書くことにし，これらを**パウリ行列**という．(9.14) から，交換関係

$$[\sigma_x, \sigma_y] = \sigma_x\sigma_y - \sigma_y\sigma_x = 2i\sigma_z \tag{9.15}$$

と

$$\sigma_x\sigma_y + \sigma_y\sigma_x = 0 \tag{9.16}$$

を示すことができる(演習問題[1])．(9.16)の関係を**反可換**という．つまり，$\sigma_x\sigma_y = -\sigma_y\sigma_x$ である．$(y,z), (z,x)$ の間にも当然同じような関係が成り立つ．

§9.2 傾いたスピンの状態

前節ではスピン $1/2$ の状態として $\left|\frac{1}{2}\right\rangle$ と $\left|-\frac{1}{2}\right\rangle$ の2つを考えたが，これらから線形結合でつくった状態

$$|\theta\rangle = \cos\frac{\theta}{2}\left|\frac{1}{2}\right\rangle + \sin\frac{\theta}{2}\left|-\frac{1}{2}\right\rangle \tag{9.17}$$

を考えてみよう．この状態は $\langle\theta|\theta\rangle = 1$ のように規格化されている．

例題 9.2

この状態 $|\theta\rangle$ での $\hat{S}_z$ の期待値 $\bar{S}_z$ を求めよ．

[解] 一般の波動関数 $\psi(x)$ の場合には，期待値は演算子を波動関数で挟んで積分すればよかった．これに対して，スピンの場合は (9.3) の第3式で対応関係を示したように，演算子 $\hat{S}_z$ をブラとケット状態で挟んで $\bar{S}_z = \langle\theta|\hat{S}_z|\theta\rangle$ として計算すればよい．少し詳しく書くと

$$\begin{aligned}
\bar{S}_z = \langle\theta|\hat{S}_z|\theta\rangle &= \left\langle\theta\left|\hat{S}_z\cos\frac{\theta}{2}\right|\frac{1}{2}\right\rangle + \left\langle\theta\left|\hat{S}_z\sin\frac{\theta}{2}\right|-\frac{1}{2}\right\rangle \\
&= \cos\frac{\theta}{2}\left\langle\theta\left|\hat{S}_z\right|\frac{1}{2}\right\rangle + \sin\frac{\theta}{2}\left\langle\theta\left|\hat{S}_z\right|-\frac{1}{2}\right\rangle \\
&= \frac{1}{2}\cos\frac{\theta}{2}\left\langle\theta\left|\frac{1}{2}\right\rangle - \frac{1}{2}\sin\frac{\theta}{2}\left\langle\theta\right|-\frac{1}{2}\right\rangle \\
&= \frac{1}{2}\cos\frac{\theta}{2}\left[\left\langle\frac{1}{2}\left|\cos\frac{\theta}{2}\right|\frac{1}{2}\right\rangle + \left\langle-\frac{1}{2}\left|\sin\frac{\theta}{2}\right|\frac{1}{2}\right\rangle\right] \\
&\quad - \frac{1}{2}\sin\frac{\theta}{2}\left[\left\langle\frac{1}{2}\left|\cos\frac{\theta}{2}\right|-\frac{1}{2}\right\rangle + \left\langle-\frac{1}{2}\left|\sin\frac{\theta}{2}\right|-\frac{1}{2}\right\rangle\right]
\end{aligned}$$

$$= \frac{1}{2}\cos^2\frac{\theta}{2} - \frac{1}{2}\sin^2\frac{\theta}{2}$$

$$= \frac{1}{2}\cos\theta \tag{9.18}$$

となる．ここで $\hat{S}_z$ は線形演算子なので，(5.1) の性質を使って $\hat{S}_z|\theta\rangle$ は 2 つの項の和

$$\hat{S}_z|\theta\rangle = \hat{S}_z\Big(\cos\frac{\theta}{2}\Big|\frac{1}{2}\Big\rangle + \sin\frac{\theta}{2}\Big|-\frac{1}{2}\Big\rangle\Big)$$

$$= \hat{S}_z\cos\frac{\theta}{2}\Big|\frac{1}{2}\Big\rangle + \hat{S}_z\sin\frac{\theta}{2}\Big|-\frac{1}{2}\Big\rangle$$

となることを用いている．

行列表示による計算

例題 9.2 の計算は，§9.1 でつくった行列表示を用いて計算すると，比較的簡単になる．まず，状態 $|\theta\rangle$ は

$$|\theta\rangle = \cos\frac{\theta}{2}\Big|\frac{1}{2}\Big\rangle + \sin\frac{\theta}{2}\Big|-\frac{1}{2}\Big\rangle \iff$$

$$\cos\frac{\theta}{2}\begin{pmatrix}1\\0\end{pmatrix} + \sin\frac{\theta}{2}\begin{pmatrix}0\\1\end{pmatrix} = \begin{pmatrix}\cos\frac{\theta}{2}\\ \sin\frac{\theta}{2}\end{pmatrix} \tag{9.19}$$

という列ベクトルに対応させることができる．一方，演算子 $\hat{S}_z$ は (9.12) の 2×2 行列で表されるので，

$$\bar{S}_z = \langle\theta|\hat{S}_z|\theta\rangle = \Big(\cos\frac{\theta}{2}, \sin\frac{\theta}{2}\Big)\frac{1}{2}\begin{pmatrix}1 & 0\\ 0 & -1\end{pmatrix}\begin{pmatrix}\cos\frac{\theta}{2}\\ \sin\frac{\theta}{2}\end{pmatrix}$$

$$= \frac{1}{2}\cos\theta \tag{9.20}$$

というように，行列の掛け算を行なえば $\bar{S}_z$ を求めることができる．

同様に $\hat{S}_x$ の期待値も行列表示を用いて計算すれば

174 9. スピン

$$\bar{S}_x = \langle \theta | \hat{S}_x | \theta \rangle = \left(\cos\frac{\theta}{2}, \sin\frac{\theta}{2} \right) \frac{1}{2} \begin{pmatrix} 0 & 1 \\ 1 & 0 \end{pmatrix} \begin{pmatrix} \cos\frac{\theta}{2} \\ \sin\frac{\theta}{2} \end{pmatrix}$$

$$= \frac{1}{2}\sin\theta \tag{9.21}$$

である.同じようにして,$\bar{S}_y = \langle \theta | \hat{S}_y | \theta \rangle = 0$ を示すことができる(演習問題 [2]).したがって,状態 $|\theta\rangle$ は図9.1のように z 軸方向に向いた $S = 1/2$ のスピンが x 軸に向かって角度 θ だけ傾いた状態であるといえる.

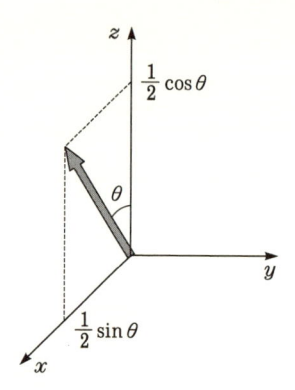

図 9.1 スピンが傾いた状態 $|\theta\rangle$ の模式図

$\hat{S}_x$ の固有状態

さて,(9.17) で $\theta = \pi/2$ の場合を考えれば,(9.20),(9.21) は $\bar{S}_z = 0$, $\bar{S}_x = 1/2, \bar{S}_y = 0$ となるので,この状態はスピンが x 軸の正の方向を向いた状態であるといえる.具体的に書くと,$\cos(\theta/2) = \sin(\theta/2) = 1/\sqrt{2}$ なので

$$\left| \theta = \frac{\pi}{2} \right\rangle = \frac{1}{\sqrt{2}} \left\{ \left| \frac{1}{2} \right\rangle + \left| -\frac{1}{2} \right\rangle \right\} \iff \frac{1}{\sqrt{2}} \begin{pmatrix} 1 \\ 1 \end{pmatrix} \tag{9.22}$$

である.実際,この状態に演算子 $\hat{S}_x$ を掛けてみると

$$\hat{S}_x \left| \theta = \frac{\pi}{2} \right\rangle = \frac{1}{2} \begin{pmatrix} 0 & 1 \\ 1 & 0 \end{pmatrix} \frac{1}{\sqrt{2}} \begin{pmatrix} 1 \\ 1 \end{pmatrix} = \frac{1}{2\sqrt{2}} \begin{pmatrix} 1 \\ 1 \end{pmatrix} = \frac{1}{2} \left| \theta = \frac{\pi}{2} \right\rangle \tag{9.23}$$

となることから，$\left|\theta = \dfrac{\pi}{2}\right\rangle$ は $\hat{S}_x$ の固有状態であり，固有値が 1/2（現在省略している $\hbar$ を元に戻せば $\hbar/2$）となっていることがわかる．

また，$\theta = -\pi/2$ とした状態

$$\left|\theta = -\dfrac{\pi}{2}\right\rangle = \dfrac{1}{\sqrt{2}}\left\{\left|\dfrac{1}{2}\right\rangle - \left|-\dfrac{1}{2}\right\rangle\right\} \iff \dfrac{1}{\sqrt{2}}\begin{pmatrix} 1 \\ -1 \end{pmatrix} \tag{9.24}$$

は，やはり $\hat{S}_x$ の固有状態であり，固有値は $-1/2$（現在省略している $\hbar$ を元に戻せば $-\hbar/2$）である（演習問題［3］）．

量子化軸の方向

ここで混乱しないように，少し整理しておこう．§9.1 の最初に述べたように，状態 $\left|\dfrac{1}{2}\right\rangle, \left|-\dfrac{1}{2}\right\rangle$ は $\hat{S}^2$ と $\hat{S}_z$ を同時対角化する状態である．この場合，**量子化軸が z 軸である**という．この 2 つの状態は $\hat{S}^2$ と $\hat{S}_z$ の固有状態であるが，$\hat{S}_x$ や $\hat{S}_y$ の固有状態ではない．一方，$\theta = \pi/2$ の状態と $\theta = -\pi/2$ の状態は，$\hat{S}^2$ と $\hat{S}_x$ を同時対角化する状態であるといえる．その代わりに，$\theta = \pm\pi/2$ の状態は $\hat{S}_y$ や $\hat{S}_z$ の固有状態ではない．この場合，**量子化軸が x 軸である**という．

線形代数の言葉でいうと，$\begin{pmatrix}1\\0\end{pmatrix}$ と $\begin{pmatrix}0\\1\end{pmatrix}$ が z 軸を量子化軸とするときの基底ベクトルであり，これらは正規直交基底をなす．このとき $\hat{S}_z$ が対角行列となる．一方，新たな基底として

$$|\tilde{\alpha}\rangle = \dfrac{1}{\sqrt{2}}\begin{pmatrix}1\\1\end{pmatrix}, \quad |\tilde{\beta}\rangle = \dfrac{1}{\sqrt{2}}\begin{pmatrix}1\\-1\end{pmatrix} \tag{9.25}$$

をつくれば，これらは新しい正規直交基底となることがわかる．つまり $\langle\tilde{\alpha}|\tilde{\alpha}\rangle = \langle\tilde{\beta}|\tilde{\beta}\rangle = 1$ であり（正規），$\langle\tilde{\alpha}|\tilde{\beta}\rangle = 0$（直交）である．この新しい基底を用いると，(9.23), (9.24) で示したように，$\hat{S}_x|\tilde{\alpha}\rangle = \dfrac{1}{2}|\tilde{\alpha}\rangle$, $\hat{S}_x|\tilde{\beta}\rangle = -\dfrac{1}{2}|\tilde{\beta}\rangle$ が成立するので，それぞれ演算子 $\hat{S}_x$ の固有状態である．この新しい基底を用いると，$\hat{S}_x$ の行列表示が対角行列となる．

もちろん z 軸方向を特別視する理由はないので，x 軸や y 軸を量子化軸

としてもよいのである．実際，同じように $\hat{S}_y$ の固有状態をつくることもできる（演習問題 [4]）．

§9.3　ラーモア歳差運動
磁場中のスピンのハミルトニアン

スピンには古典力学における対応物はないが，磁場 H があると影響を受ける．このようなとき，**スピンは磁場 H と相互作用する**という．このことは相対論的量子力学において自然に導かれるのだが，ここではその結果だけを用いよう．

この相互作用を表すハミルトニアンは**ゼーマン（Zeeman）相互作用**とよばれ，

$$\hat{H} = -g\mu_B \hat{S}\cdot H \tag{9.26}$$

と書けることが知られている．（なお，磁場とハミルトニアンで同じ文字 H を慣例に従って用いているので，気をつけること．）ここで μ_B は**ボーア磁子**であり，g は **g 因子**とよばれる定数である．電子のスピンに対する g 因子の値は，真空の補正により $g=2$ からほんの少しずれた値である．

磁場の方向を z 軸に選べば $H=(0,0,H)$ と書けるので，(9.26) は磁場の大きさ H を用いて

$$\hat{H} = -g\mu_B H \hat{S}_z \tag{9.27}$$

となる．$\left|\dfrac{1}{2}\right\rangle, \left|-\dfrac{1}{2}\right\rangle$ は $\hat{S}_z$ の固有状態であるから $\hat{H}$ に対しても固有状態であり，

$$\hat{H}\left|\dfrac{1}{2}\right\rangle = -\dfrac{1}{2}g\mu_B H\left|\dfrac{1}{2}\right\rangle, \quad \hat{H}\left|-\dfrac{1}{2}\right\rangle = \dfrac{1}{2}g\mu_B H\left|-\dfrac{1}{2}\right\rangle \tag{9.28}$$

である．つまり，エネルギーはそれぞれ $E_1 = -g\mu_B H/2$，$E_2 = g\mu_B H/2$ ということになる．このように，磁場中では上向きスピンと下向きスピンのエネルギーは異なり，上向きスピン $\left|\dfrac{1}{2}\right\rangle$ の方がエネルギーが低い．この

エネルギー分裂を**ゼーマン分裂**という．

また，有限温度のときに磁場をかければ，このスピンはボルツマン分布に従って磁場の方向に向こうとする．その結果，磁気モーメントが生じるので，有限温度で帯磁率がキュリー（Curie）の法則に従う原因となる．

スピンの時間発展

次に，シュレーディンガー方程式

$$i\hbar \frac{\partial}{\partial t}|\theta, t\rangle = \hat{H}|\theta, t\rangle \tag{9.29}$$

に従って，スピン状態の時間発展を調べてみよう．$\left|\frac{1}{2}\right\rangle, \left|-\frac{1}{2}\right\rangle$ はハミルトニアンの固有状態なので，時間発展はエネルギー固有値を用いて書くことができる．時刻 $t=0$ での状態がそれぞれ $\left|\frac{1}{2}\right\rangle, \left|-\frac{1}{2}\right\rangle$ だったとすると，時刻 t での状態は $e^{-i\frac{E}{\hbar}t}$ が掛かるだけなので，それぞれ

$$\left.\begin{aligned}\left|\frac{1}{2}, t\right\rangle &= e^{-i\frac{E_1}{\hbar}t}\left|\frac{1}{2}\right\rangle = e^{i\frac{g\mu_B H}{2\hbar}t}\left|\frac{1}{2}\right\rangle \\ \left|-\frac{1}{2}, t\right\rangle &= e^{-i\frac{E_2}{\hbar}t}\left|-\frac{1}{2}\right\rangle = e^{-i\frac{g\mu_B H}{2\hbar}t}\left|-\frac{1}{2}\right\rangle\end{aligned}\right\} \tag{9.30}$$

である．このように時刻 $t=0$ で上向きスピンであった状態は，いつまで経っても上向きスピンの状態である．

傾いたスピンの運動

次に，(9.17) で考えた z 軸から角度 θ だけ傾いたスピン状態 $|\theta\rangle$ の時間発展を考えてみよう．時刻 $t=0$ で

$$|\theta\rangle = \cos\frac{\theta}{2}\left|\frac{1}{2}\right\rangle + \sin\frac{\theta}{2}\left|-\frac{1}{2}\right\rangle \tag{9.31}$$

であるとしよう．時間が経つと $\left|\frac{1}{2}\right\rangle, \left|-\frac{1}{2}\right\rangle$ がそれぞれ (9.30) に従って時間発展するので

$$|\theta, t\rangle = \cos\frac{\theta}{2}\, e^{i\frac{g\mu_B H}{2\hbar}t}\left|\frac{1}{2}\right\rangle + \sin\frac{\theta}{2}\, e^{-i\frac{g\mu_B H}{2\hbar}t}\left|-\frac{1}{2}\right\rangle \tag{9.32}$$

となる. 式を見やすくするために $\varphi(t) = g\mu_B Ht/\hbar$ とおいて,

$$|\theta, t\rangle = \cos\frac{\theta}{2} e^{i\frac{\varphi(t)}{2}} \left|\frac{1}{2}\right\rangle + \sin\frac{\theta}{2} e^{-i\frac{\varphi(t)}{2}} \left|-\frac{1}{2}\right\rangle$$

$$\iff \begin{pmatrix} \cos\dfrac{\theta}{2} e^{i\frac{\varphi(t)}{2}} \\ \sin\dfrac{\theta}{2} e^{-i\frac{\varphi(t)}{2}} \end{pmatrix} \tag{9.33}$$

と書いてみよう.

例題 9.3

(9.33) の時刻 t での状態で, 演算子 $\hat{S}_x$ の期待値を求めよ.

[解] (9.21) のように行列表示で計算してみればよい. ただし, ブラの状態 $\langle\theta, t|$ は複素共役をとることに注意が必要である. すると

$$\bar{S}_x = \langle\theta, t|\hat{S}_x|\theta, t\rangle$$

$$= \left(\cos\frac{\theta}{2} e^{-i\frac{\varphi(t)}{2}}, \ \sin\frac{\theta}{2} e^{i\frac{\varphi(t)}{2}}\right) \frac{1}{2}\begin{pmatrix} 0 & 1 \\ 1 & 0 \end{pmatrix} \begin{pmatrix} \cos\dfrac{\theta}{2} e^{i\frac{\varphi(t)}{2}} \\ \sin\dfrac{\theta}{2} e^{-i\frac{\varphi(t)}{2}} \end{pmatrix}$$

$$= \frac{1}{2} \sin\frac{\theta}{2} \cos\frac{\theta}{2} \{e^{i\varphi(t)} + e^{-i\varphi(t)}\}$$

$$= \frac{1}{2} \sin\theta \cos\varphi(t) \tag{9.34}$$

が得られる.

同様にして

$$\left. \begin{aligned} \bar{S}_y &= \langle\theta, t|\hat{S}_y|\theta, t\rangle = \frac{1}{2}\sin\theta\sin\varphi(t) \\ \bar{S}_z &= \langle\theta, t|\hat{S}_z|\theta, t\rangle = \frac{1}{2}\cos\theta \end{aligned} \right\} \tag{9.35}$$

となることがわかる (演習問題 [5]). これは z 成分 ($\hat{S}_z$ の期待値) を一定に保ちながら, x, y 平面内で一定の速さで回転するベクトルを表しているといえる (図 9.2). これを **磁場中のスピンのラーモア (Larmor) 歳差運**

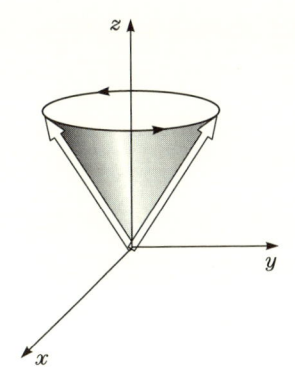

図 9.2 スピンのラーモア歳差運動

動という．重力中で回転しているコマが，回転軸が傾くと，傾いたまま回転軸が図9.2のように回るのと同じ現象である．核磁気共鳴（NMR：Nuclear Magnetic Resonance の略）でスピン状態を見るのも同じ原理を使っている．病院で使っている MRI（Magnetic Resonance Imaging の略）と原理は同じである．

§9.4 角運動量やスピンの合成

本章の最後に，2つの角運動量の合成ということを考えておこう．

一般に，角運動量をもつ粒子が複数個ある状況を考えることが，しばしば起こる．ここで角運動量とは，スピン $\hat{S}$ であっても，古典力学での角運動量に対応する $\hat{L}$ であってもよい．特に後者をスピンと区別するために**軌道角運動量演算子**ということがある．スピンと軌道角運動量とは同じ代数に従うので，一緒に扱うことができるのである．

例えば，水素原子では原子核の陽子はスピン 1/2 をもち，電子もスピン 1/2 をもつ．また，超伝導状態ではスピン 1/2 をもつ2つの電子が**クーパー (Cooper) 対**という束縛状態をつくって，これが超伝導を引き起こすと考えられている．また，原子番号の大きい元素では，スピンと軌道角運動量の間に**スピン軌道相互作用**という相互作用があり，その結果，$\hat{L}$ と $\hat{S}$ の混ざっ

た角運動量が新しい量子数となる．このスピン軌道相互作用は，相対論的量子力学で自然に導かれるものである．

これらの状況を理解するためには，2つの角運動量の合成ということが必要になる．この節では最も単純な2つのスピン1/2の合成を具体例として調べることにする．これは最も単純ではあるが，非常に幅広く物理学の分野で現れる問題である．この場合がわかれば，一般の角運動量をもつ場合に拡張するのは比較的容易である（これについては付録Cにまとめた）．

直積の状態

スピン1/2の2つの粒子があるとする．それぞれの粒子に対する角運動量演算子を$\hat{L}_1^2, \hat{L}_{1z}, \hat{L}_2^2, \hat{L}_{2z}$などと書く．添字の1は1番目の粒子，添字の2は2番目の粒子に対する演算子であることを示す．スピンのときは$\hat{S}_1^2, \hat{S}_{1z}$のように，スピンらしく書くことも多いが，ここでは軌道角運動量とスピンの両方を含んだ一般の角運動量ということで$\hat{L}_1^2, \hat{L}_{1z}$を使っておこう．

粒子1の固有状態を$|m_1\rangle$，粒子2の固有状態を$|m_2\rangle$と書く．スピン1/2のときは$m_1 = \pm 1/2, m_2 = \pm 1/2$である．さて，一般に粒子1と粒子2が両方ある場合の状態を，

$$|m_1\rangle \otimes |m_2\rangle \tag{9.36}$$

と書く約束としよう．ここで$\otimes$は2つの状態（数学的にはヒルベルト空間とよばれる）の**直積**というものを表している．さらに，粒子1に対する演算子$\hat{L}_1^2, \hat{L}_{1z}$は左側の$|m_1\rangle$に演算されるだけで，右側の$|m_2\rangle$に対しては影響を及ぼさないとする．逆に，$\hat{L}_2^2, \hat{L}_{2z}$は$|m_1\rangle$には演算されない．例えば，

$$\left. \begin{array}{l} \hat{L}_1^2 |m_1\rangle \otimes |m_2\rangle = l_1(l_1+1)|m_1\rangle \otimes |m_2\rangle \\ \hat{L}_2^2 |m_1\rangle \otimes |m_2\rangle = |m_1\rangle \otimes \hat{L}_2^2 |m_2\rangle = l_2(l_2+1)|m_1\rangle \otimes |m_2\rangle \end{array} \right\} \tag{9.37}$$

ということである（$\hbar$は省略した）．

いまのスピン1/2の場合，具体的には次の4つの状態を表す．

$$\left|\tfrac{1}{2}\right\rangle \otimes \left|\tfrac{1}{2}\right\rangle,\ \left|\tfrac{1}{2}\right\rangle \otimes \left|-\tfrac{1}{2}\right\rangle,\ \left|-\tfrac{1}{2}\right\rangle \otimes \left|\tfrac{1}{2}\right\rangle,\ \left|-\tfrac{1}{2}\right\rangle \otimes \left|-\tfrac{1}{2}\right\rangle \tag{9.38}$$

全角運動量

さて，古典力学では2つの粒子が $\boldsymbol{L}_1$, $\boldsymbol{L}_2$ の角運動量をもつとき，全角運動量はベクトルの和 $\boldsymbol{L} = \boldsymbol{L}_1 + \boldsymbol{L}_2$ で与えられる．これに対して，量子力学ではどのように考えればよいであろうか．

まず，全角運動量の演算子は量子力学においても

$$\hat{\boldsymbol{L}} = \hat{\boldsymbol{L}}_1 + \hat{\boldsymbol{L}}_2 \quad (\text{つまり } \hat{L}_x = \hat{L}_{1x} + \hat{L}_{2x} \text{ など}) \tag{9.39}$$

と定義する．（特に全スピンであることを強調して $\hat{\boldsymbol{S}} = \hat{\boldsymbol{S}}_1 + \hat{\boldsymbol{S}}_2$ と書くこともある．）古典力学との違いは，$\hat{\boldsymbol{L}}$ の固有値，固有ベクトルを新たに求めなければならないという点である．

さて，この全角運動量の演算子の定義を用いると，$\hat{L}^2, \hat{L}_z, \hat{L}_1^2, \hat{L}_2^2$ がすべて可換であることがわかる．ここで $\hat{L}_z \equiv \hat{L}_{1z} + \hat{L}_{2z}$ は，全角運動量の z 成分である．例えば $\hat{L}_1^2$ と $\hat{L}_2^2$ は，演算する相手が異なるので可換としてよい．また他の組合せも可換であることを示すことができる（演習問題［6］）．したがって，$\hat{L}^2, \hat{L}_z, \hat{L}_1^2, \hat{L}_2^2$ の4つの演算子は同時対角化可能である．以下，これらすべてを同時に対角化する状態を順につくることにしよう．

いまの場合，(9.38) の4つの状態は (9.37) で示したようにすべて $\hat{L}_1^2$ と $\hat{L}_2^2$ の固有状態になっている．したがって，これら4つの状態の適当な線形結合をつくって，残りの全角運動量 $\hat{L}^2$ と $\hat{L}_z$ の固有状態をつくればよい．

$\hat{L}_z$ の固有値

まず，全角運動量の z 成分 $\hat{L}_z$ の固有状態について考えてみよう．

例題 9.4

(9.36) の状態を用いて，全角運動量の z 成分の演算子 $\hat{L}_z$ の固有値を調べよ．

[解]　$|m_1\rangle \otimes |m_2\rangle$ に演算子 $\hat{L}_z$ を掛けてみると

$$\begin{aligned}
\hat{L}_z |m_1\rangle \otimes |m_2\rangle &= (\hat{L}_{1z} + \hat{L}_{2z}) |m_1\rangle \otimes |m_2\rangle \\
&= \hat{L}_{1z} |m_1\rangle \otimes |m_2\rangle + |m_1\rangle \otimes \hat{L}_{2z} |m_2\rangle \\
&= (m_1 + m_2) |m_1\rangle \otimes |m_2\rangle
\end{aligned} \quad (9.40)$$

となる ($\hbar$ は省略した). このように, 最後の表式では, 始めと同じ状態 $|m_1\rangle \otimes |m_2\rangle$ に戻っている. このことは, $|m_1\rangle \otimes |m_2\rangle$ が $\hat{L}_z$ の固有状態であり, 固有値が $m_1 + m_2$ であることを意味している. つまり, この状態であるとき, 全角運動量の z 成分を測定すると, 必ず $m_1 + m_2$ という値になる.

$\hat{L}_z$ の固有値 $m_1 + m_2$ をまとめて m と書くことにする. 具体的に, (9.38) の 4 つの状態を $\hat{L}_z$ の固有値 m で分類すると

$$\left. \begin{aligned}
m = 1: &\quad \left|\tfrac{1}{2}\right\rangle \otimes \left|\tfrac{1}{2}\right\rangle \\
m = 0: &\quad \left|\tfrac{1}{2}\right\rangle \otimes \left|-\tfrac{1}{2}\right\rangle, \quad \left|-\tfrac{1}{2}\right\rangle \otimes \left|\tfrac{1}{2}\right\rangle \\
m = -1: &\quad \left|-\tfrac{1}{2}\right\rangle \otimes \left|-\tfrac{1}{2}\right\rangle
\end{aligned} \right\} \quad (9.41)$$

となる. このようにしてみると, (9.41) の 4 つの状態はすべて $\hat{L}_1^2, \hat{L}_2^2, \hat{L}_z$ の共通の固有状態となっていることがわかる. 残された課題は (9.41) の 4 つの状態 (およびその線形結合) から $\hat{L}^2$ の固有状態をつくるということだけになる.

2 つのスピン 1/2 の合成の方法

全角運動量 $\hat{L}^2$ の固有状態は, 以下のようにつくればよい.

まず, 全角運動量の昇降演算子というものを, 以前と同じように

$$\left. \begin{aligned}
\hat{L}_+ = \hat{L}_x + i\hat{L}_y = (\hat{L}_{1x} + \hat{L}_{2x}) + i(\hat{L}_{1y} + \hat{L}_{2y}) = \hat{L}_{1+} + \hat{L}_{2+} \\
\hat{L}_- = \hat{L}_x - i\hat{L}_y = (\hat{L}_{1x} + \hat{L}_{2x}) - i(\hat{L}_{1y} + \hat{L}_{2y}) = \hat{L}_{1-} + \hat{L}_{2-}
\end{aligned} \right\}$$
$$(9.42)$$

として定義する. これから $\hat{L}_x = (\hat{L}_+ + \hat{L}_-)/2, \hat{L}_y = (\hat{L}_+ - \hat{L}_-)/2i$ と書

けるが，これを用いると第8章のときの (8.19) と全く同じようにして

$$\hat{\bm{L}}^2 = \hat{L}_-\hat{L}_+ + \hat{L}_z{}^2 + \hat{L}_z \tag{9.43}$$

を示すことができる（$\hbar$ は省略した）．

さて，(9.41) で一番上の状態 $\left|\frac{1}{2}\right\rangle \otimes \left|\frac{1}{2}\right\rangle$ に着目してみよう．この状態に全角運動量の上昇演算子 $\hat{L}_+$ を演算すると，(9.42) と直積と演算子の定義から，

$$\begin{aligned}
\hat{L}_+ \left|\frac{1}{2}\right\rangle \otimes \left|\frac{1}{2}\right\rangle &= (\hat{L}_{1+} + \hat{L}_{2+})\left|\frac{1}{2}\right\rangle \otimes \left|\frac{1}{2}\right\rangle \\
&= \hat{L}_{1+}\left|\frac{1}{2}\right\rangle \otimes \left|\frac{1}{2}\right\rangle + \left|\frac{1}{2}\right\rangle \otimes \hat{L}_{2+}\left|\frac{1}{2}\right\rangle \\
&= 0
\end{aligned} \tag{9.44}$$

となる．(9.41) で調べたように $\left|\frac{1}{2}\right\rangle \otimes \left|\frac{1}{2}\right\rangle$ の状態は L_z の固有状態であり，固有値が $m = m_1 + m_2 = 1$ である（図 9.3）．(9.44) は，この状態にさらに $\hat{L}_+$ を演算して固有値 m を増やそうとしても無理であることを示している．つまり図 9.3 のように，$m = m_1 + m_2 = 1$ の状態が合成スピンの大きさが最大の状態であるといえる．

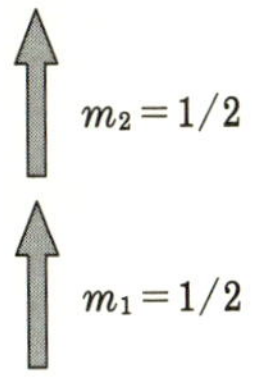

$m_2 = 1/2$

$m_1 = 1/2$

図 9.3 合成スピンが最大の場合

状態 $\left|\frac{1}{2}\right\rangle \otimes \left|\frac{1}{2}\right\rangle$ に (9.43) の形の全角運動量 $\hat{\bm{L}}^2$ を演算すると (9.40) と (9.44) の結果を使って

$$\begin{aligned}
\hat{\bm{L}}^2 \left|\frac{1}{2}\right\rangle \otimes \left|\frac{1}{2}\right\rangle &= (\hat{L}_-\hat{L}_+ + \hat{L}_z{}^2 + \hat{L}_z)\left|\frac{1}{2}\right\rangle \otimes \left|\frac{1}{2}\right\rangle \\
&= \{0 + (m_1 + m_2)^2 + (m_1 + m_2)\}\left|\frac{1}{2}\right\rangle \otimes \left|\frac{1}{2}\right\rangle \\
&= (m_1 + m_2)(m_1 + m_2 + 1)\left|\frac{1}{2}\right\rangle \otimes \left|\frac{1}{2}\right\rangle
\end{aligned} \tag{9.45}$$

となる．この式は $\left|\frac{1}{2}\right\rangle \otimes \left|\frac{1}{2}\right\rangle$ が $\hat{L}^2$ の固有状態でもあることを意味している．このときの固有値を

$$\hat{L}^2 \left|\frac{1}{2}\right\rangle \otimes \left|\frac{1}{2}\right\rangle = l(l+1) \left|\frac{1}{2}\right\rangle \otimes \left|\frac{1}{2}\right\rangle \qquad (9.46)$$

と書くことにすると，(9.45) と比較して $l = m_1 + m_2$ （いまの場合は $l = 1$）であることがわかる．

以上のことから，$\left|\frac{1}{2}\right\rangle \otimes \left|\frac{1}{2}\right\rangle$ の状態は $\hat{L}_1^2, \hat{L}_2^2, \hat{L}_z, \hat{L}^2$ の4つの演算子に共通な固有状態であることがわかった．こうして当初の目的の1つが達成されたのである．特に $\hat{L}^2$ の固有値 (9.46) の l は $l = 1$ なので，合成された新しいスピンは"スピン 1"であるといえる．まとめて記述すると，

　2つのスピン 1/2 を合成して，スピン 1 の状態をつくることができる

といえる．

$\hat{L}_z$ の固有値を下げる

(9.46) で $\hat{L}^2$ の固有状態を1つつくることができた．残りは下降演算子 $\hat{L}_-$ を用いて機械的につくることができる．

例題 9.5

$\left|\frac{1}{2}\right\rangle \otimes \left|\frac{1}{2}\right\rangle$ に $\hat{L}_-$ を演算して，$l = 1$，$m = 0$ の状態ができることを示せ．

[解] $\hat{L}_- \left|\frac{1}{2}\right\rangle \otimes \left|\frac{1}{2}\right\rangle = (\hat{L}_{1-} + \hat{L}_{2-}) \left|\frac{1}{2}\right\rangle \otimes \left|\frac{1}{2}\right\rangle$

$\qquad = \hat{L}_{1-} \left|\frac{1}{2}\right\rangle \otimes \left|\frac{1}{2}\right\rangle + \hat{L}_{2-} \left|\frac{1}{2}\right\rangle \otimes \left|\frac{1}{2}\right\rangle$

$\qquad = \left|-\frac{1}{2}\right\rangle \otimes \left|\frac{1}{2}\right\rangle + \left|\frac{1}{2}\right\rangle \otimes \left|-\frac{1}{2}\right\rangle$

となる．ここで (9.7) の関係を使った．この右辺最後の状態を規格化して，順序を変えると

$$\frac{1}{\sqrt{2}} \left(\left|\frac{1}{2}\right\rangle \otimes \left|-\frac{1}{2}\right\rangle + \left|-\frac{1}{2}\right\rangle \otimes \left|\frac{1}{2}\right\rangle \right) \qquad (9.47)$$

§9.4 角運動量やスピンの合成　185

と書くことができる．この状態は $\hat{L}_-$ の性質から考えて，同じ $l=1$ をもつが角運動量の z 成分の期待値 m が1つだけ下がった状態であることがわかる．つまり，$l=1$ でかつ $m=0$ の固有状態である．

(9.47) の状態にさらに $\hat{L}_-$ を演算すると $\left|-\frac{1}{2}\right\rangle \otimes \left|-\frac{1}{2}\right\rangle$ が得られる（演習問題 [7]）．$\left|-\frac{1}{2}\right\rangle \otimes \left|-\frac{1}{2}\right\rangle$ の状態では m_1 と m_2 は最小値をとっているので，さらに $\hat{L}_-$ を演算すると消えてしまう．こうして得られた3つの状態を並べて示すと，

$$\begin{aligned}
l=1, m=1: &\quad \left|\tfrac{1}{2}\right\rangle \otimes \left|\tfrac{1}{2}\right\rangle \\
l=1, m=0: &\quad \tfrac{1}{\sqrt{2}}\left(\left|\tfrac{1}{2}\right\rangle \otimes \left|-\tfrac{1}{2}\right\rangle + \left|-\tfrac{1}{2}\right\rangle \otimes \left|\tfrac{1}{2}\right\rangle\right) \\
l=1, m=-1: &\quad \left|-\tfrac{1}{2}\right\rangle \otimes \left|-\tfrac{1}{2}\right\rangle
\end{aligned} \tag{9.48}$$

である．

1重項（シングレット）と3重項（トリプレット）

(9.48) の状態を (9.41) と比較してみると，(9.41) では $m=0$ の状態が2状態あったのに，(9.48) では1つしかないことがわかる．いま行なおうとしていることは，もとの (9.41) の4状態から適当な線形結合をつくって，全角運動量の固有状態をつくるということである．(9.48) でそのような状態をすでに3つつくったので，あと1つ状態があるはずである．

残りの1つの状態は (9.48) の $m=0$ の状態と直交する方がよいので，

$$\tfrac{1}{\sqrt{2}}\left(\left|\tfrac{1}{2}\right\rangle \otimes \left|-\tfrac{1}{2}\right\rangle - \left|-\tfrac{1}{2}\right\rangle \otimes \left|\tfrac{1}{2}\right\rangle\right) \tag{9.49}$$

とすればよい．実は，この状態は全角運動量が $l=0$ であり，かつ $m=0$ の状態であることがわかる．実際に $\hat{L}_-$ を演算してみると

$$\hat{L}_-\frac{1}{\sqrt{2}}\left(\left|\frac{1}{2}\right\rangle\otimes\left|-\frac{1}{2}\right\rangle-\left|-\frac{1}{2}\right\rangle\otimes\left|\frac{1}{2}\right\rangle\right)$$

$$=\frac{1}{\sqrt{2}}\left(\hat{L}_{1-}\left|\frac{1}{2}\right\rangle\otimes\left|-\frac{1}{2}\right\rangle+\left|\frac{1}{2}\right\rangle\otimes\hat{L}_{2-}\left|-\frac{1}{2}\right\rangle\right.$$

$$\left.-\hat{L}_{1-}\left|-\frac{1}{2}\right\rangle\otimes\left|\frac{1}{2}\right\rangle-\left|-\frac{1}{2}\right\rangle\otimes\hat{L}_{2-}\left|\frac{1}{2}\right\rangle\right)$$

$$=\frac{1}{\sqrt{2}}\left(\left|-\frac{1}{2}\right\rangle\otimes\left|-\frac{1}{2}\right\rangle-\left|-\frac{1}{2}\right\rangle\otimes\left|-\frac{1}{2}\right\rangle\right)$$

$$=0 \qquad (9.50)$$

となってゼロになってしまう．したがって，$\hat{L}^2=\hat{L}_+\hat{L}_-+\hat{L}_z{}^2-\hat{L}_z$ を (9.49) の状態に演算すると

$$\hat{L}^2\frac{1}{\sqrt{2}}\left(\left|\frac{1}{2}\right\rangle\otimes\left|-\frac{1}{2}\right\rangle-\left|-\frac{1}{2}\right\rangle\otimes\left|\frac{1}{2}\right\rangle\right)=0 \quad (9.51)$$

となる．これは，この状態の全角運動量は $l=0$ で，$m=0$ ということを表している．

もう一度 (9.48) のように並べて書くと

$$l=0, m=0: \quad \frac{1}{\sqrt{2}}\left(\left|\frac{1}{2}\right\rangle\otimes\left|-\frac{1}{2}\right\rangle-\left|-\frac{1}{2}\right\rangle\otimes\left|\frac{1}{2}\right\rangle\right)$$

$$(9.52)$$

と書ける．こうして (9.41) の 4 つの状態の線形結合によって，(9.48) の 3 状態と (9.52) の 1 状態を合わせて，4 つの新しい状態をつくることができた．(9.48) の $l=1$ の方は 3 状態あるので**3重項（トリプレット）**，(9.52) の $l=0$ の方は 1 状態なので，**1重項（シングレット）**とよばれている．

スピン $+1/2$，$-1/2$ をそれぞれ↑，↓で表せば，トリプレットが

$$|\uparrow\uparrow\rangle, \quad \frac{1}{\sqrt{2}}(|\uparrow\downarrow\rangle+|\downarrow\uparrow\rangle), \quad |\downarrow\downarrow\rangle \qquad (9.53)$$

シングレットが

$$\frac{1}{\sqrt{2}}(|\uparrow\downarrow\rangle - |\downarrow\uparrow\rangle) \tag{9.54}$$

と書くことができる．

演習問題

[1] パウリ行列に関して，交換関係 (9.15) と反交換関係 (9.16) を確かめよ．
[2] (9.17) の状態を用いて $\bar{S}_y = \langle \theta | \hat{S}_y | \theta \rangle = 0$ を示せ．
[3] (9.24) の状態が $\hat{S}_x$ の固有状態であることを示し，その固有値を求めよ．
[4] $\hat{S}_y$ の固有状態をつくってみよ．
[5] (9.35) を確かめよ．
[6] 全角運動量の定義式 (9.39) に基づいて，$\hat{L}^2, \hat{L}_z, \hat{L}_1{}^2, \hat{L}_2{}^2$ がすべて互いに可換であることを示せ．
[7] (9.47) の状態に $\hat{L}_-$ を演算すると $\left|-\frac{1}{2}\right\rangle \otimes \left|-\frac{1}{2}\right\rangle$ に比例したものになることを確かめよ．
[8] 付録 C を参考に，$l_1 = 1$ と $l_2 = 1/2$ の 2 つの角運動量の合成を行なえ．
[9] 付録 C を参考に，$l_1 = 1$ と $l_2 = 1$ の 2 つの角運動量の合成を行なえ．
[10] (9.17) の状態で $\theta = \pi$ の場合と $\theta = 2\pi$ の場合を調べよ．

量子情報

本章でスピンのシングレット状態というものを知ったが、これを用いて簡単な量子情報の議論がなされている。まず、2つの電子を用意して、それらがシングレット状態

$$\frac{1}{\sqrt{2}}(|\uparrow\rangle|\downarrow\rangle - |\downarrow\rangle|\uparrow\rangle)$$

を組んでいる状況をつくってみよう。ここで、Aさん、例えば花子さんが2つの電子のうちの1つを持って、どこか遠くへ移動する。残りの1つの電子は太郎さんの手元に置く。

いま、花子さんの持っている電子は上向きスピンのものか、下向きスピンのものかどちらかわからない。確率は1/2である。この状況で、花子さんが電子のスピンの向きを測定したとする。もし花子さんの電子が上向きスピンであれば、太郎さんの電子は測定しなくても、全く同じ時刻に下向きスピンであることが決定する。逆の場合も、太郎さんのスピンの向きは確定する。さて、この場合、"太郎さんの電子のスピンの向き"という情報が光速より早く伝わったことにならないだろうか？ これが問題である。

実際には、花子さんの結果を太郎さんに伝えるためには、電話とか電報とか電子メールとか我々の通常の通信手段が必要である。このため、情報はやはり光速以下でしか太郎さんへは伝わらないのだと理解されている（と思う）。

ただし、2人が同時刻に測定したらどう考えるのかとか、花子さんがスピンの向きを測定するときに、量子化軸をz方向にするか、x方向にするかと選べるとしたら、その選択の結果は同時に太郎さんに伝わらないのだろうかとか、太郎さんが自分の持っている電子状態を複数個コピーすることができたらどうなるのだろうかとか考えると、面白そうなことはたくさんある。

10 摂動論

いままでは気持ち良くシュレーディンガー方程式が解ける場合を示してきたが，一般的には，完璧に解けるという場合の方が少数派である．例えば，調和振動子や水素原子のクーロンポテンシャルの場合はうまく解くことができたが，ちょっとポテンシャルの形が変わると解けなくなる．ただしうまく解けない場合でも，大きさの程度が非常に異なる 2 つの量が問題に含まれている場合には，"摂動"という方法によって近似的に解を求めることができる．本章では，この摂動の方法について述べる．

§10.1 摂動の考え方

大きさの程度の異なる 2 つの量が問題に含まれている場合，まず小さい部分を無視すれば解が求まるという場合も多い．そこで，小さい部分を無視したときの解を出発点として，そこに少しずつ補正を加えて正解に近づこうとする方法が**摂動論**である．

もともと摂動論とは，天文学で惑星の運動を調べているときに考え出された手法である．例えば，火星の運動を天体観測で精密に測定してケプラーの法則と比べると，ほんの少しだが，ずれが生じていることがわかる．これはケプラーの法則が間違っているのではなく，太陽系で太陽の次に質量の大きい木星からの万有引力を考えればよいということがわかっている（図 10.1）．つまり，火星の運動を正確に計算するためには，太陽と火星との間

の万有引力に加えて，木星と火星との間の万有引力も考えてニュートンの運動方程式を解かなければならないのである．（もちろん，他にも地球とか土星とかいろいろあるが，まずは太陽 - 火星 - 木星の3者で考えればよい．）

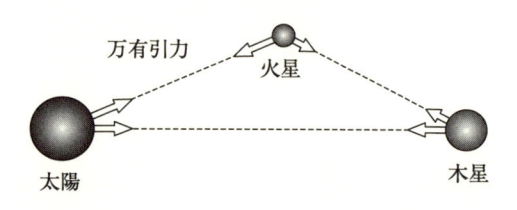

図10.1 太陽 - 火星 - 木星間の万有引力

もし太陽 - 火星 - 木星の3体問題が解析的にきれいに解ければ文句はないわけであるが，それができないので，摂動論を用いることになる．まず，非常に弱いと考えられる火星と木星との間の万有引力を無視して考える．この場合，太陽と火星との間の万有引力だけを考えてニュートンの運動方程式を解けばよいので，きれいに解けてケプラーの法則が出てくる．この解を出発点として，より小さな火星 - 木星間の万有引力による補正を摂動として考えるわけである．

この例は古典力学の場合であるが，量子力学でも同じアイデアで摂動の計算が行なわれる．量子力学での一般論で出てくる式は少し繁雑になるが，結果は比較的シンプルなので我慢してしばらくつき合って頂きたい．

§10.2 時間に依存しない摂動論

まず，時間発展を考えずに，エネルギー固有値と固有関数を求めるシュレーディンガー方程式での摂動論を考えよう．ハミルトニアンを

$$\hat{H} = \hat{H}_0 + g\hat{V} \tag{10.1}$$

とする．g が小さい場合，まず $\hat{H}_0$ だけを考えてシュレーディンガー方程式を解く．そうして得られた波動関数を出発点として，$g\hat{V}$ の項による補正を摂動としてとり入れるのである．具体的には，係数 g が小さいとして，g のベキ級数としてエネルギー固有値と固有関数を求める．以下では，g をパラ

メータとよぶ．

まず $g\hat{V}$ の項を無視した場合，シュレーディンガー方程式は解けて，固有値と固有関数が

$$\hat{H}_0 \, \phi_n^{(0)}(\boldsymbol{r}) = E_n^{(0)} \, \phi_n^{(0)}(\boldsymbol{r}) \tag{10.2}$$

となっているとする．ここで上添字の (0) は $g = 0$ のときの解という意味である．また $\phi_n^{(0)}(\boldsymbol{r})$ $(n = 0, 1, 2, 3, \cdots)$ は規格化されていて，完全正規直交関数系を成しているとする．

次に $\hat{V}$ の補正を含めた解を考えるのであるが，求めたい固有関数はパラメータ g に依存するはずなので，$\phi(\boldsymbol{r}, g)$ というように座標 $\boldsymbol{r}$ とともに，g にも依存するという形に書いておくことにする．さて，(10.2) の $\phi_n^{(0)}(\boldsymbol{r})$ は完全系をつくっていると仮定したので，関数 $\phi(\boldsymbol{r}, g)$ を $\phi_n^{(0)}(\boldsymbol{r})$ で展開することができる．具体的には

$$\phi(\boldsymbol{r}, g) = \sum_m C_m(g) \, \phi_m^{(0)}(\boldsymbol{r}) \tag{10.3}$$

と書ける．(10.2) で決まる $\phi_n^{(0)}(\boldsymbol{r})$ は g とは無関係なので，g 依存性はすべて展開係数の C_m に含まれていることに注意しよう．

展開係数 $C_m(g)$ の満たす方程式

展開係数 $C_m(g)$ に関する方程式をつくってみよう．解くべきシュレーディンガー方程式は

$$(\hat{H}_0 + g\hat{V}) \, \phi(\boldsymbol{r}, g) = E(g) \, \phi(\boldsymbol{r}, g) \tag{10.4}$$

である．ここで固有値 $E(g)$ も，パラメータ g に依存することが明らかになるように書いた．この方程式に (10.3) を代入すると以下のようになる．((10.3) の m の和を，後の都合上 l の和に変更しておく．また，$\boldsymbol{r}, g$ 依存性はしばらく省略した式を示す．)

$$(\hat{H}_0 + g\hat{V}) \sum_l C_l \phi_l^{(0)} = \sum_l C_l E_l^{(0)} \phi_l^{(0)} + g\hat{V} \sum_l C_l \phi_l^{(0)}$$

$$= E \sum_l C_l \phi_l^{(0)} \tag{10.5}$$

ここで最初の変形では $\psi_l^{(0)}$ が $\hat{H}_0$ の固有関数であり、固有値が $E_l^{(0)}$ であることを用いた.

さらに、この式の両辺に $\psi_m^{(0)*}$ を掛けて、座標 r で両辺を積分してみよう. すると直交性と規格化されていることから

$$\int \psi_m^{(0)*} \psi_l^{(0)} \, dr = \begin{cases} 1 & (m = l \text{ のとき}) \\ 0 & (m \neq l \text{ のとき}) \end{cases} \tag{10.6}$$

なので、例えば (10.5) の右辺最後の項においては、l の和の中の m だけがとり出されることになり EC_m となる. このことに注意すると、

$$E_m^{(0)} C_m + g \sum_l C_l \int \psi_m^{(0)*} \hat{V} \psi_l^{(0)} \, dr = EC_m \tag{10.7}$$

が得られることがわかる（演習問題［1］）.

この左辺第2項で出てくる積分は、今後何度も出てくるので省略した形

$$V_{ml} = \int \psi_m^{(0)*} \hat{V} \psi_l^{(0)} \, dr \tag{10.8}$$

と表しておこう. この記号を用いて (10.7) を整理して書き表すと

$$E_m^{(0)} C_m + g \sum_l V_{ml} C_l = EC_m \tag{10.9}$$

となる. この式を解いて C_m を求めることができれば、求めたい波動関数 (10.3) が決まるのである. しかし、一般には (10.9) は簡単には解けないので、摂動の方法で解くことにする.（V_{ml} のことを**行列要素**とよぶ.）

パラメータ g による展開

具体的には以下のように行なう. まず (10.9) の中でパラメータ g に依存するのは、展開係数 C_m とエネルギー固有値 E である（(10.3) と (10.4) を参照）. したがって、$C_m(g)$ と $E(g)$ を g のテイラー展開として表し、

$$\left. \begin{aligned} C_m(g) &= C_m^{(0)} + g C_m^{(1)} + g^2 C_m^{(2)} + \cdots \\ E(g) &= E^{(0)} + g E^{(1)} + g^2 E^{(2)} + \cdots \end{aligned} \right\} \tag{10.10}$$

とする. ここで現れた係数 $C_m^{(0,1,2,\cdots)}$ と $E^{(0,1,2,\cdots)}$ を順次求めていくという方法が摂動論である.

§10.2 時間に依存しない摂動論　193

(10.10) のテイラー展開を $C_m(g)$ と $E(g)$ の満たす方程式 (10.9) に代入する．式は繁雑になるが，少し詳しく書くと

$$E_m^{(0)}(C_m^{(0)} + gC_m^{(1)} + g^2C_m^{(2)} + \cdots) + g\sum_l V_{ml}(C_l^{(0)} + gC_l^{(1)} + g^2C_l^{(2)} + \cdots)$$
$$= (E^{(0)} + gE^{(1)} + g^2E^{(2)} + \cdots) \times (C_m^{(0)} + gC_m^{(1)} + g^2C_m^{(2)} + \cdots) \quad (10.11)$$

となる．この式が成り立つためには，両辺を g のベキで整理して，g^0, g^1, g^2 などの係数が両辺で同じになるようにすればよい．

0 次の項

まず，0 次の項である g^0 の係数を比較しよう．(10.11) で g^0 の係数をとり出すには，$g=0$ とおけばよくて

$$E_m^{(0)}C_m^{(0)} = E^{(0)}C_m^{(0)} \quad (10.12)$$

ということがわかる．この式は $E^{(0)} = E_m^{(0)}$ または $C_m^{(0)} = 0$ を意味している．

元の問題 (10.1) に戻って考えてみると，$g = 0$ ということはハミルトニアンが簡単な $\hat{H}_0$ の場合，つまり (10.2) のように既に解けている場合である．(10.2) では波動関数が $\psi = \psi_n^{(0)}$ なので (10.3) と見比べて

$$C_m^{(0)} = \begin{cases} 1 & (m = n \text{ のとき}) \\ 0 & (m \neq n \text{ のとき}) \end{cases} \quad (10.13)$$

となっていればよい．この場合，(10.12) は $m \neq n$ の場合は自動的に成立している．$m = n$ の場合は，$C_n^{(0)} = 1$ なので $E^{(0)} = E_n^{(0)}$ でなければならない．これが g の 0 次の解ということになる．

1 次の項

次に，(10.11) で g^1 の係数をとり出すと，

$$E_m^{(0)}C_m^{(1)} + \sum_l V_{ml}C_l^{(0)} = E^{(0)}C_m^{(1)} + E^{(1)}C_m^{(0)} \quad (10.14)$$

であることがわかる．この式で，まず $m = n$ とおいてみると

$$E_n^{(0)}C_n^{(1)} + \sum_l V_{nl}C_l^{(0)} = E^{(0)}C_n^{(1)} + E^{(1)}C_n^{(0)} \quad (10.15)$$

となるが，g^0 のときに求めた $E^{(0)} = E_n^{(0)}$ ということを考慮すると，左辺第1項と右辺第1項は全く同じものとなって両辺で打ち消し合う．残った項で，(10.13) を考慮すると，

$$E^{(1)} = V_{nn} \qquad (10.16)$$

が得られる．これがエネルギー固有値 $E(g)$ の初めの補正を表す．つまり元の (10.10) に戻ると，エネルギー固有値が

$$E(g) = E_n^{(0)} + gV_{nn} + \cdots \qquad (10.17)$$

ということを意味している．つまり図10.2のように，$g = 0$ のときのエネルギー固有値 $E_n^{(0)}$ が，1次の補正により，gV_{nn} だけ変化するのである．これを **1次摂動** という．

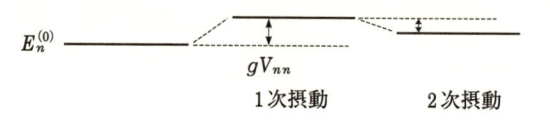

図10.2 摂動論によるエネルギーの補正．横棒の高さがエネルギー固有値を示す．

次に (10.14) に戻って，まだ調べていない $m \neq n$ の場合をチェックしてみよう．(10.14) の右辺第2項は，$m \neq n$ の場合は g^0 の結果からゼロになる．また左辺第2項の l の和の内，残るのは $l = n$ のときだけなので，結局

$$E_m^{(0)} C_m^{(1)} + V_{mn} = E_n^{(0)} C_m^{(1)} \qquad (10.18)$$

となる．これを解くと

$$C_m^{(1)} = \frac{V_{mn}}{E_n^{(0)} - E_m^{(0)}} \qquad (m \neq n \text{ の場合}) \qquad (10.19)$$

が得られる．これは (10.3) と (10.10) に戻ると，波動関数の1次の補正を表している．実際 (10.3) に戻って，g^1 までの項を具体的に書くと，

$$\psi = \psi_n^{(0)} + \sum_{m \neq n} g C_m^{(1)} \psi_m^{(0)} + \cdots \qquad (10.20)$$

ということがわかる．これを **波動関数の1次摂動** という．また，波動関数の規格化条件を考慮すると，$C_n^{(1)} = 0$ とおかなければならないこともわかる（演習問題［2］）．

2次の項

次に，(10.11) の中の g^2 の係数をとり出して調べてみよう．

例題 10.1

(10.11) の g^2 の係数のうち，特に $m = n$ の場合を調べよ．

[解] g^2 の係数は

$$E_m^{(0)} C_m^{(2)} + \sum_l V_{ml} C_l^{(1)} = E^{(0)} C_m^{(2)} + E^{(1)} C_m^{(1)} + E^{(2)} C_m^{(0)} \qquad (10.21)$$

である．ここで $m = n$ とおいてみると，左辺第1項と右辺第1項は打ち消す．さらに $C_n^{(1)} = 0$ であることを考えると，エネルギーの2次の補正 $E^{(2)}$ が得られて

$$E^{(2)} = \sum_m V_{nm} C_m^{(1)} = \sum_{m \neq n} \frac{V_{nm} V_{mn}}{E_n^{(0)} - E_m^{(0)}}$$

となる．ただし，ここで $C_m^{(1)}$ の形 (10.19) を代入した．この補正をエネルギー固有値の**2次摂動**という．

元の (10.10) に戻ってエネルギー固有値を2次摂動まで書くと

$$E(g) = E_n^{(0)} + g V_{nn} + g^2 \sum_{m \neq n} \frac{|V_{mn}|^2}{E_n^{(0)} - E_m^{(0)}} \qquad (10.22)$$

となる．ここで $V_{nm} = V_{mn}^*$ （演習問題 [3]）を使った．

もし n としてエネルギー $E_n^{(0)}$ が最低の状態，つまり基底状態を選ぶと，n 以外の状態はすべて $E_n^{(0)}$ よりエネルギーが高いので，(10.22) の右辺第3項の分母は常に負ということになる．また分子は正なので，基底状態のエネルギーの2次摂動は

$$-g^2 \sum_{m \neq n} \frac{|V_{mn}|^2}{E_m^{(0)} - E_n^{(0)}} < 0 \qquad (10.23)$$

となって，必ず負であることがわかる（図 10.2 参照）．(10.23) の結果は一般的な結果であり，有用な式である．

§10.3 縮退のある場合 —— 永年方程式 ——

エネルギー固有値が縮退している場合がこれまでもあったが，この状態に小さい摂動が加わると，縮退が解けるということが起こる．このような状況は実験でも明確にわかるので，非常に重要なケースである．この節では，この縮退のある場合の摂動を調べる．

M 個の状態が同じエネルギー $E_n^{(0)}$ をもっているとしよう．つまり，エネルギー固有値 $E_n^{(0)}$ が M 重に縮退している場合である．このときの固有関数は，第5章で述べたようなグラム–シュミットの直交化によって正規直交関数系とすることができる．特に，縮退した M 個の固有関数を表すために

$$\psi_{n\alpha}^{(0)} \quad (\alpha = 1, 2, 3, \cdots, M) \tag{10.24}$$

と書いておくことにしよう．エネルギー固有値はすべて $E_n^{(0)}$ である．これにともない，求めたい固有関数の展開係数 (10.3) も $C_{n\alpha}(g)$ と書くことにする．

まず g^0 の次数では，前節 (10.12) 以下で述べたように $g = 0$ の場合の解を考えればよい．前節と違うところは，縮退のために係数 $C_{n\alpha}^{(0)}$ ($\alpha = 1, 2, \cdots, M$) が決まっていないということである．つまり，縮退しているので，(10.24) の M 個の固有関数の任意の線形結合が固有状態になっている．

次に g^1 の係数を比較すると，前節の (10.14) と全く同じ式が得られる．この式で固有値の添字 m が $n\alpha$ である場合を考えてみよう．すると (10.14) は

$$E_n^{(0)} C_{n\alpha}^{(1)} + \sum_l V_{n\alpha, l} \, C_l^{(0)} = E^{(0)} C_{n\alpha}^{(1)} + E^{(1)} C_{n\alpha}^{(0)} \tag{10.25}$$

となる（$E_{n\alpha}^{(0)}$ は α によらず $E_n^{(0)}$ であることに注意）．ここで0次のエネルギー $E^{(0)}$ は $E^{(0)} = E_n^{(0)}$ なので，左辺第1項と右辺第1項は同じ値となり，両辺から消去される．残りの左辺第2項の l の和の内，$C_{n\beta}^{(0)}$ ($\beta = 1, 2, 3, \cdots, M$) という0次の係数が未定である．これを考えると，(10.25) は

10.3 縮退のある場合

$$\sum_{\beta=1}^{M} V_{n\alpha,n\beta} C_{n\beta}^{(0)} = E^{(1)} C_{n\alpha}^{(0)} \tag{10.26}$$

となる．この式を解けば，$E^{(1)}$ という摂動の 1 次のエネルギー固有値の補正と，波動関数の係数 $C_{n\alpha}^{(0)}$ が一緒に決まる．この方程式を**永年方程式**という．以下，具体的な例を考えるとわかるように，この問題は $M \times M$ の行列の固有値，固有ベクトルを求めるという線形代数の問題と同じになる．

簡単な例

例として，$M = 2$ の 2 重縮退の場合を考えてみよう（図 10.3）．この場合，α, β として 1 と 2 しかないので，(10.26) を具体的に書き下すと

$$\left. \begin{array}{l} V_{n1,n1} C_{n1}^{(0)} + V_{n1,n2} C_{n2}^{(0)} = E^{(1)} C_{n1}^{(0)} \\ V_{n2,n1} C_{n1}^{(0)} + V_{n2,n2} C_{n2}^{(0)} = E^{(1)} C_{n2}^{(0)} \end{array} \right\} \tag{10.27}$$

である．これは，行列を用いて書く方が楽で，

$$\begin{pmatrix} V_{n1,n1} & V_{n1,n2} \\ V_{n2,n1} & V_{n2,n2} \end{pmatrix} \begin{pmatrix} C_{n1}^{(0)} \\ C_{n2}^{(0)} \end{pmatrix} = E^{(1)} \begin{pmatrix} C_{n1}^{(0)} \\ C_{n2}^{(0)} \end{pmatrix} \tag{10.28}$$

となる．この式は，まさに 2×2 行列の固有値，固有ベクトルを求める問題となっている．

式中の $V_{n1,n1}, V_{n1,n2}$ などは，具体的にポテンシャルの形 $\hat{V}$ が決まらないと計算できないが，簡単な場合の例として $V_{n1,n1} = V_{n2,n2} = u$，$V_{n1,n2} = V_{n2,n1} = v$ という場合を考えてみよう．この場合，(10.28) の左辺の行列は

$$\begin{pmatrix} u & v \\ v & u \end{pmatrix} \tag{10.29}$$

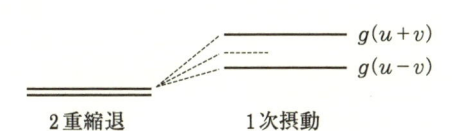

図 10.3 縮退のある場合の摂動論の例．2 重縮退の場合．

となる．この行列の固有値は $\lambda = u \pm v$ の 2 つである．これが摂動の 1 次のエネルギー固有値の補正 $E^{(1)}$ となるので，(10.10) に戻るとエネルギー固有値は

$$E(g) = E_n^{(0)} + g(u \pm v)$$

の2つの値となる．このエネルギー固有値を表したものが図10.3であるが，2重縮退したエネルギーが2つに分裂するのである．これを（1次）摂動によって**縮退がとける**と表現する．

シュタルク (Stark) 効果

もう1つの例として，水素原子に外部電場をかけるという問題を考えてみよう．$\hat{H}_0$ としては，水素原子のハミルトニアンを考え，摂動 $\hat{V}$ として

$$\hat{V} = eE\hat{x} \tag{10.30}$$

とする．古典力学では，一般にポテンシャルエネルギーを座標 x で微分して逆符号にすれば，x 軸方向にかかる力となるが，(10.30)のエネルギーを x で微分すると eE となるので，これは x 軸方向に電場がかかっているという問題になっている．この $\hat{V}$ を摂動として扱ってみよう．

例題 10.2

縮退した状態として，$2s$，$2p_x$，$2p_y$，$2p_z$ の4つの軌道を考えた場合の永年方程式を立て，エネルギー固有値の1次摂動を求めよ．

[解] まず，(10.26)に現れる $V_{n\alpha,n\beta}$ を計算する．定義式は (10.8) だから，いまの場合

$$V_{n\alpha,n\beta} = \int \phi_{n\alpha}^{(0)*} \, \hat{V} \, \phi_{n\beta}^{(0)} \, d\mathbf{r} \tag{10.31}$$

として，$\phi_{n\alpha}^{(0)}$ に $2s$，$2p_x$ などの波動関数を代入して積分を実行すればよい．実は，この積分は，ほとんどの場合ゼロとなってしまう．例えば $\phi_{n\alpha}^{(0)}$ と $\phi_{n\beta}^{(0)}$ の両方に $2s$ の波動関数を代入すると，$\phi_{n\alpha}^{(0)}$ と $\phi_{n\beta}^{(0)}$ は両方とも x に関して偶関数である．一方，$\hat{V}$ は x に比例するので x に関して奇関数である．偶関数と奇関数の積はやはり x に関する奇関数になるので，(10.31)のように座標で積分するとゼロとなることがわかる．

同様に調べていくと，結局ゼロとならない場合は，2つの波動関数として $2s$ と $2p_x$ を選んだ場合だけだということがわかる．つまり

$$V_{n\alpha, n\beta} = \begin{cases} v & (\alpha = 2\mathrm{s},\ \beta = 2\mathrm{p}_x\ \text{または}\ \alpha = 2\mathrm{p}_x,\ \beta = 2\mathrm{s}\ \text{の場合}) \\ 0 & (\text{その他}) \end{cases}$$

(10.32)

となる．（積分結果は簡単に v という値で表した．）したがって，すべての $V_{n\alpha, n\beta}$ の行列を書き表すと

$$\begin{pmatrix} 0 & v & 0 & 0 \\ v & 0 & 0 & 0 \\ 0 & 0 & 0 & 0 \\ 0 & 0 & 0 & 0 \end{pmatrix} \quad (10.33)$$

となる．これを対角化すると，エネルギー固有値は $E = \pm v$ と $E = 0$ が2つという解になる．この様子を図10.4に示した．

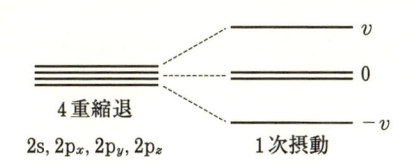

図10.4 シュタルク効果．4重縮退している $2\mathrm{s}, 2\mathrm{p}_x, 2\mathrm{p}_y, 2\mathrm{p}_z$ が1次摂動により縮退が一部とける．

§10.4 時間に依存する場合の摂動

この節では $\widehat{V}(t)$ というように，摂動 $\widehat{V}$ が時間 t に依存する場合を考えてみよう．このようにハミルトニアンの一部が時間に依存するときは，一般に全エネルギーは保存しない．つまり，定常状態がないことになる．

このような場合を考えるには，時間に依存するシュレーディンガー方程式

$$i\hbar \frac{\partial}{\partial t} \psi = \{\widehat{H}_0 + g\widehat{V}(t)\}\psi \quad (10.34)$$

を解けばよい．摂動の計算は§10.2の時間に依存しない場合を参考に行なう．

まず $\widehat{V}(t)$ の項を無視した場合，波動関数 $\psi_n^{(0)}(t)$ は

$$i\hbar \frac{\partial}{\partial t} \psi_n^{(0)}(t) = \widehat{H}_0\, \psi_n^{(0)}(t) \quad (10.35)$$

を満たす．(10.2)の固有関数との関係は

$$\psi_n^{(0)}(t) = e^{-\frac{i}{\hbar} E_n^{(0)} t}\, \psi_n^{(0)} \quad (10.36)$$

である．次に(10.3)に対応して，求めたい波動関数 $\psi(\boldsymbol{r}, g, t)$ を関数

$\psi_n^{(0)}(t)$ で展開する．ただし，いまの場合，係数 $C_m(g)$ は時間 t にも依存していて

$$\psi(\bm{r}, g, t) = \sum_m C_m(g, t)\, \psi_m^{(0)}(\bm{r}, t) \tag{10.37}$$

という形に書けるとするのである．これは"定数変化の方法"という微分方程式の解法の 1 つと同じような考え方である．つまり，係数 C_m が時間に依存するとして，C_m に対する微分方程式に変換して解くという方法である．

(10.37) をシュレーディンガー方程式 (10.34) に代入して整理すると

$$i\hbar \sum_l \left\{ \frac{d}{dt} C_l(g, t) \right\} \psi_l^{(0)}(\bm{r}, t) = g \sum_l C_l(g, t)\, \hat{V}(t)\, \psi_l^{(0)}(\bm{r}, t)$$

となる（演習問題 [5]）．さらにこの式の両辺に左から $\psi_m^{(0)*}(\bm{r}, t)$ を掛けて，座標 $\bm{r}$ で両辺を積分してみよう．すると直交性 (10.6) を用いて

$$i\hbar \frac{d}{dt} C_m(g, t) = g \sum_l V_{ml}(t)\, C_l(g, t) \tag{10.38}$$

となることがわかる．ここで再び (10.8) のように

$$\begin{aligned} V_{ml}(t) &= \int \psi_m^{(0)*}(\bm{r}, t)\, \hat{V}(t)\, \psi_l^{(0)}(\bm{r}, t)\, d\bm{r} \\ &= e^{\frac{i}{\hbar}\{E_m^{(0)} - E_l^{(0)}\}t} \int \psi_m^{(0)*}(\bm{r})\, \hat{V}(t)\, \psi_l^{(0)}(\bm{r})\, d\bm{r} \end{aligned} \tag{10.39}$$

と定義した．

展開係数 $C_m(g, t)$ はパラメータ g に依存するので，以前と同じように g に関するテイラー展開として表し，

$$C_m(g, t) = C_m^{(0)}(t) + g C_m^{(1)}(t) + g^2 C_m^{(2)}(t) + \cdots \tag{10.40}$$

とする．これを (10.38) に代入して $C_m^{(0,1,2,\cdots)}(t)$ を順次求めていけばよいのである．

0 次の項

(10.38) に (10.40) を代入すると，まず g^0 に比例する項は右辺には存在しないので

$$\frac{d}{dt} C_m^{(0)}(t) = 0 \quad \text{つまり} \quad C_m^{(0)}(t) = \text{一定値} \tag{10.41}$$

となる．$t = t_0$ の初期条件として，状態が $\psi_n^{(0)}$ という固有関数であったとすれば，

$$C_m^{(0)}(t) = \begin{cases} 1 & (m = n \text{ の場合}) \\ 0 & (\text{他の場合}) \end{cases} \tag{10.42}$$

となる．

1 次 の 項

次に，g^1 の項を調べる．(10.38) の右辺の l に関する和のうち，g^1 で残るのは，(10.42) の関係から $l = n$ の項だけである．このことを考えると

$$i\hbar \frac{d}{dt} C_m^{(1)}(t) = V_{mn}(t) \tag{10.43}$$

が得られる．この微分方程式はすぐに解けて

$$C_m^{(1)}(t) = -\frac{i}{\hbar} \int_{t_0}^{t} V_{mn}(t') \, dt' \tag{10.44}$$

である（時刻 $t = t_0$ でゼロになるように積分範囲をとった）．

§10.5 遷移確率とフェルミの黄金則

周期的な摂動の場合

(10.44) は g の 1 次での一般的な解であるが，もう少し具体的に計算するために，$\hat{V}(t)$ が周期的な関数である場合を考えよう．例えば，系に外部から振動電場をかけたり，振動磁場をかけたりする状況に対応している．この場合，$\hat{V}(t)$ を演算子 $\hat{F}$ を用いて

$$\hat{V}(t) = 2\hat{F} \cos \omega t = \hat{F}(e^{i\omega t} + e^{-i\omega t}) \tag{10.45}$$

と書いてみよう．(10.39) の定義に従って $V_{ml}(t)$ を計算すると

$$V_{ml}(t) = F_{ml} \, e^{\frac{i}{\hbar}\{E_m^{(0)} - E_l^{(0)}\}t} (e^{i\omega t} + e^{-i\omega t}) \tag{10.46}$$

である．ただし，

$$F_{ml} = \int \psi_m^{(0)*} \hat{F} \psi_l^{(0)} d\mathbf{r}$$

とした．さらに，これを (10.44) に代入して積分を実行すると

$$C_m^{(1)}(t) = -\frac{F_{mn}}{E_m^{(0)} - E_n^{(0)} + \hbar\omega}\left[e^{\frac{i}{\hbar}\{E_m^{(0)} - E_n^{(0)} + \hbar\omega\}t} - e^{\frac{i}{\hbar}\{E_m^{(0)} - E_n^{(0)} + \hbar\omega\}t_0} \right]$$
$$- \frac{F_{mn}}{E_m^{(0)} - E_n^{(0)} - \hbar\omega}\left[e^{\frac{i}{\hbar}\{E_m^{(0)} - E_n^{(0)} - \hbar\omega\}t} - e^{\frac{i}{\hbar}\{E_m^{(0)} - E_n^{(0)} - \hbar\omega\}t_0} \right]$$
(10.47)

が得られる．

(10.42) で示したように，初期状態では波動関数は $\psi_n^{(0)}$ だった．一方，いま求めた $C_m^{(1)}(t)$ は，時刻 t における波動関数 $\psi_m^{(0)}(t)$ の係数である．つまり，始め n の状態だったものに摂動 $\hat{V}(t)$ が掛かると，時刻 t では他の状態 m に見出される確率が生じてくるということを意味している．量子力学の確率解釈に従うと，状態 m に粒子が見出される確率は $|C_m^{(1)}(t)|^2$ である．これを状態 n から状態 m への**遷移確率**という．

共 鳴

(10.47) の結果は多少複雑であるが，特徴的な場合を調べてどのようなことが起こるのかを考えておこう．外からかけた振動数が，系のエネルギー差 $E_m^{(0)} - E_n^{(0)}$ に近い値となる場合を調べてみよう（図 10.5）．この場合，古典力学の振動で習う"共鳴"と似たような現象が起こる．つまり外から与えた振動数が，系の固有振動数（いまの場合，固有エネルギーの差）と一致すると，系が共鳴して激しく振動を開始するという現象である．これの量子力学版である．

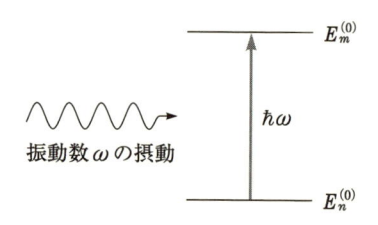

図 10.5 振動数 ω の周期的な摂動がかかった場合

具体的には，図 10.5 のように $E_m^{(0)} - E_n^{(0)} \sim \hbar\omega$ の場合を考えてみよう．式を簡単にするために

§10.5 遷移確率とフェルミの黄金則　203

$$E_m^{(0)} - E_n^{(0)} - \hbar\omega = \varepsilon \qquad (10.48)$$

として，ε が小さい数だとする．この場合，(10.47) の後半の項の分母が小さい値となるので，この項のみを考えることにする．

時刻 t で m の状態に粒子が見出される確率は $|C_m^{(1)}(t)|^2$ だから，これを計算してみると

$$|C_m^{(1)}(t)|^2 \sim \frac{|F_{mn}|^2}{\varepsilon^2}\left[2 - 2\cos\left\{\frac{\varepsilon}{\hbar}(t-t_0)\right\}\right]$$

$$= \frac{4|F_{mn}|^2}{\varepsilon^2}\sin^2\left\{\frac{\varepsilon}{2\hbar}(t-t_0)\right\} \qquad (10.49)$$

となることがわかる．この時間依存性を図示すると図 10.6 のようになる．

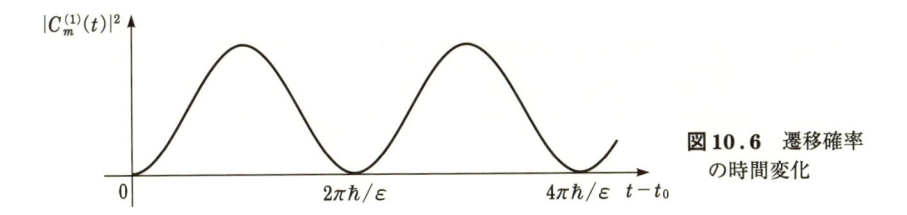

図 10.6　遷移確率の時間変化

フェルミの黄金則

まず，数学公式

$$\frac{1}{\pi}\lim_{t\to\infty}\frac{\sin^2\alpha t}{t\alpha^2} = \delta(\alpha) \qquad (10.50)$$

を示しておこう．右辺は付録 B で出てきた δ 関数である．実際 α がゼロでなければ，左辺は分母の t が大きくなってゼロとなる．この性質は δ 関数の性質の 1 つと一致している．次に $\alpha \to 0$ の極限をとると $\sin\alpha t \sim \alpha t$ が成立するので，左辺は $(1/\pi)\lim_{t\to\infty} t$ ということになって無限大である．この性質も δ 関数の性質である．最後に (10.50) を α で積分してみて 1 となっていれば δ 関数 $\delta(\alpha)$ ということになる．実際，積分を実行してみると

$$\frac{1}{\pi}\int_{-\infty}^{\infty}\frac{\sin^2\alpha t}{t\alpha^2}d\alpha = \frac{1}{\pi}\int_{-\infty}^{\infty}\frac{\sin^2\xi}{\xi^2}d\xi = 1 \qquad (10.51)$$

となる．ここで $at = \xi$ という変数変換を行なった．

(10.49) の $|C_m^{(1)}(t)|^2$ は，始め n の状態であったものが時刻 t で状態 m に見出されるという遷移確率である．そこで，時間が十分経ったときの単位時間当りの遷移確率は

$$\lim_{t \to \infty} \frac{|C_m^{(1)}(t)|^2}{t - t_0} \tag{10.52}$$

と書けるであろう．これを計算して，(10.50) の公式を用いると

$$\lim_{t \to \infty} \frac{|C_m^{(1)}(t)|^2}{t - t_0} = \lim_{t \to \infty} 4|F_{mn}|^2 \frac{\sin^2\left\{\frac{\varepsilon}{2\hbar}(t - t_0)\right\}}{(t - t_0)\varepsilon^2}$$

$$= \frac{\pi}{\hbar^2}|F_{mn}|^2 \delta\left(\frac{\varepsilon}{2\hbar}\right) \tag{10.53}$$

となる．さらに δ 関数の公式 $\delta(ax) = (1/a)\delta(x)$ を使うと

$$\lim_{t \to \infty} \frac{|C_m^{(1)}(t)|^2}{t - t_0} = \frac{2\pi}{\hbar}|F_{mn}|^2 \delta(E_m^{(0)} - E_n^{(0)} - \hbar\omega) \tag{10.54}$$

が得られる．特に $\omega = 0$ の場合の式を**フェルミ（Fermi）の黄金則**という．

この式の δ 関数の部分は，外から加えている振動数の $\hbar$ 倍（$\hbar\omega$）が，ちょうど系の固有エネルギーの差（$E_m^{(0)} - E_n^{(0)}$）に等しいときだけ値をもつ．これは外からエネルギー $\hbar\omega$ が加えられて，ちょうどエネルギー保存則を満たすような状態 m へ遷移する確率を表しているといえる（図 10.5）．

(10.49) の遷移確率 $|C_m^{(1)}(t)|^2$ をみると，時間 t の関数として振動している関数であるにもかかわらず，(10.54) の極限操作によって時間 t に依存しない関数になってしまった．これは少し不思議に感じられると思うが，以下のように理解すればよい．

ある時刻 $t - t_0$ を固定して，ε の関数として (10.49) を書いたものが図 10.7 である（$|F_{mn}|^2$ は一定値とした）．図からわかるように，主なピークは $\varepsilon = 0$ のところにあり，高さは $(t - t_0)^2$ に比例し，ピークの幅はだいたい $2\pi\hbar/(t - t_0)$ である．（したがって，時間が経つとともに δ 関数のような鋭

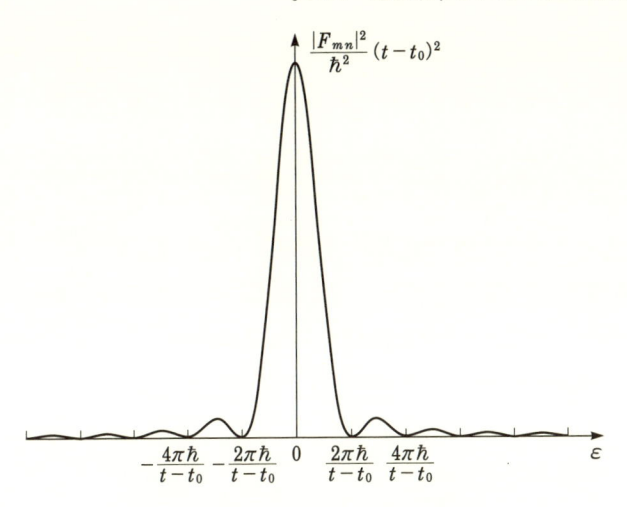

§10.5 遷移確率とフェルミの黄金則　205

図10.7 遷移確率$|C_m^{(1)}(t)|^2$のε依存性

いピークとなる.) ピークの面積は高さと幅を掛けて大体 $t - t_0$ に比例すると予想されるが，実際 (10.49) の $|C_m^{(1)}(t)|^2$ の関数形を ε で積分してみると

$$\int_{-\infty}^{\infty} \frac{4|F_{mn}|^2}{\varepsilon^2} \sin^2\left\{\frac{\varepsilon}{2\hbar}(t-t_0)\right\} d\varepsilon = \frac{2|F_{mn}|^2(t-t_0)}{\hbar} \int_{-\infty}^{\infty} \frac{\sin^2\xi}{\xi^2} d\xi$$

$$= \frac{2\pi}{\hbar}|F_{mn}|^2(t-t_0) \quad (10.55)$$

となる ($\varepsilon(t-t_0)/2\hbar = \xi$ とおいて (10.51) の公式を用いた).

さて，遷移する先の m の状態のエネルギー固有値 $E_m^{(0)}$ が密集していれば，m に関する和は $\varepsilon(= E_m^{(0)} - E_n^{(0)} - \hbar\omega)$ の積分におきかえることができて

$$\sum_m |C_m^{(1)}(t)|^2 \Rightarrow \int |C_m^{(1)}(t)|^2 \rho(\varepsilon) \, d\varepsilon \quad (10.56)$$

となるだろう．ここで $\rho(\varepsilon)$ はエネルギー固有値の密度である．さらに，図 10.7 の $|C_m^{(1)}(t)|^2$ の鋭さに比べて $\rho(\varepsilon)$ がゆっくりと変化する関数ならば $\rho(\varepsilon)$ は大体 $\varepsilon = 0$ での値 $\rho(0)$ で代表させてしまい，積分の外に出すことができる．そうすると積分は (10.55) で計算した図 10.7 のピークの面積と

同じになり，$t-t_0$ に比例したものになる．したがって $\sum_m |C_m^{(1)}(t)|^2$ は $t-t_0$ に比例することになるので，(10.54) で求めたような単位時間当りの遷移確率というものが定義できるのである．

いい方を変えると，図10.7の $\varepsilon \approx 0$ 付近，つまり $E_m^{(0)} = E_n^{(0)} + \hbar\omega$ 付近の状態 m のエネルギー固有値 $E_m^{(0)}$ が密集していれば，m のうちのいずれかに遷移する確率は，図10.7のピークの面積に比例するので $t-t_0$ に比例する．このため，(10.54) の単位時間当りの遷移確率というものが計算できるのである．(時間の関数としてみたときの説明は演習問題 [12] を参照.)

演習問題

[1] (10.7) を確かめよ．

[2] (10.20) の波動関数の1次摂動の中で，波動関数の規格化条件を考えると，$C_n^{(1)} = 0$ となることを示せ．

[3] 一般的に行列要素 V_{nm} は V_{mn} の複素共役であることを示せ．

[4] §10.2の方法を用いて，波動関数の2次摂動を調べよ．(ヒント： (10.21) で $m \neq n$ の項を調べ，$C_m^{(2)}$ を求めよ.)

[5] $C_m(g,t)$ に対する微分方程式 (10.38) を求めよ．

[6] 1次元調和振動子の基底状態 (3.21) に摂動 $g\hat{V}(x) = g\hat{x}$ が加わったときの，エネルギーの2次摂動と波動関数の1次摂動を求めよ．

[7] [6] の場合のハミルトニアンは
$$\hat{H} = -\frac{\hbar^2}{2m}\frac{\partial^2}{\partial x^2} + \frac{1}{2}m\omega^2\hat{x}^2 + g\hat{x}$$
であるが，これは x を平行移動することによって解けてしまう．こうして解いた波動関数とエネルギー固有値を [6] の結果と比較せよ．

[8]* 1次元の $V_0 \to \infty$ の井戸型ポテンシャルでの基底状態 (§2.4) に，摂動

$$g\widehat{V}(x) = \begin{cases} g & (0 \leq x \leq a) \\ 0 & (-a \leq x < 0) \end{cases}$$

が加わったときの波動関数の1次摂動とエネルギーの2次摂動を求めよ．

[9] 図10.3のように2重縮退がとけたときの固有ベクトル $\begin{pmatrix} C_{n1}^{(0)} \\ C_{n2}^{(0)} \end{pmatrix}$ を求め，波動関数を決定せよ．

[10] (10.29)の代わりに $\begin{pmatrix} u_1 & v \\ v & u_2 \end{pmatrix}$ のときの永年方程式を解き，波動関数を求めよ．

[11] 3重縮退の場合に，永年方程式の行列が

$$\begin{pmatrix} u_1 & 0 & v \\ 0 & u_1 & v \\ v & v & u_2 \end{pmatrix}$$

であるとしてエネルギー固有値を求めよ．

[12]* 図10.8は，遷移確率 $|C_m^{(1)}(t)|^2$ (10.49) の時間依存性を，ε がいろいろな値の場合について図示したものである．この図を用いて，単位時間当りの遷移確率が (10.54) のようになる理由を考えよ．

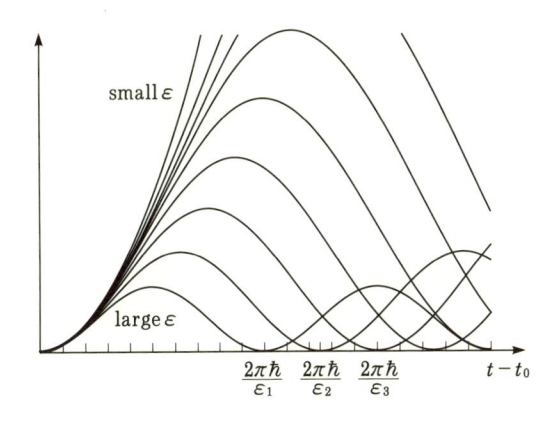

図 10.8 いくつかの ε に対する遷移確率 $|C_m^{(1)}(t)|^2$ の時間依存性

11 対称性と保存則

　対称性とは"左右対称である"などと使う日常用語だが，物理学では非常に有益な概念で，いろいろな局面で使われる．例えば左右対称とは，関数でいえば偶関数ということになるが，偶関数と奇関数の積を積分すれば，必ずゼロになる．このように対称性がわかっていれば，具体的な計算をしなくても答がわかることがある．本章では，量子力学におけるいくつかの種類の対称性について述べる．特に，対称性と保存則との間に密接な関係があることを示す．

§11.1　物理学における対称性

　偶関数であるか奇関数であるかは，x を $-x$ に変換したときに関数形が元に戻るかどうかで判定すればよい．この考え方を発展させて，物理学では以下のように対称性というものを考える（ワイル（Wyle）による定義）．

> ある操作があって，その操作の前後で，あるものが不変であるとき，操作に対して対称であるという．

例えば，以下のような対称性がある．
（1）"物理法則は，平行移動に対して対称である"
　　といえる．
　　　これは座標 r を $r+a$ に変更するという並進操作を行なった場合（図11.1），物理法則が変わ

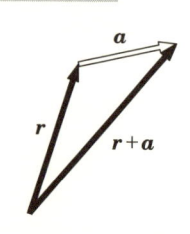

図11.1　並進操作

らないということを意味する．
(2) "物理法則は，回転操作に対して対称である"ともいえる．

　　これは測定装置を 90°回転させて実験しても，測定結果が変わらないということを意味している．もちろん回転させている最中と，回転していないときでは同じではない．（実際，古典力学では，回転している座標系で遠心力やコリオリ力がはたらく．）ここでいう対称性は，あくまでも回転前と回転後の話である．
(3) "物理法則は時間に依存しない．"つまり，"時間の並進操作に対して不変である．"

　　これは，ある時刻と別の時刻での物理法則は変わらないということである．

保存則

さて，量子力学では各対称性に対してそれぞれ保存則が対応している．上記の（1）～（3）に対しては，それぞれ

　（1）　全運動量保存則

　（2）　全角運動量保存則

　（3）　全エネルギー保存則

が対応する．これらの保存則は，物理系にいくら複雑なことが起こっても必ず成立する一般則なので，保存則がわかっていれば，ある程度結果を予想することができて大変便利なのである．以下では，まずこの対称性と保存則の関係を考えることにする．

§11.2　並進対称性と運動量保存則

例として，並進対称性を考えてみよう．ある波動関数 $\psi_n(x)$ がシュレーディンガー方程式

$$\hat{H}\,\psi_n(x) = E_n\,\psi_n(x) \tag{11.1}$$

を満たすとする．（簡単のため座標は x のみにしたが，一般に x, y, z の変

数があっても，話は同じように進めることができる.）物理法則に並進対称性があるということは，$\psi_n(x)$ を x 軸方向に a だけずらした波動関数 $\psi_n(x-a)$ も同じシュレーディンガー方程式

$$\hat{H}\psi_n(x-a) = E_n \psi_n(x-a) \tag{11.2}$$

を満たすということである.

ここで波動関数の中の座標が $x+a$ ではなく，$x-a$ となることに注意しよう．図11.2のように波動関数を a だけ平行移動して新しい波動関数 $\psi_n{}'(x)$ をつくったとする．この関数の x における値は，移動前の関数 $\psi_n(x)$ の $x-a$ での値と等しい（図11.2）ということを考えると

$$\psi_n{}'(x) = \psi_n(x-a) \tag{11.3}$$

であることがわかる.

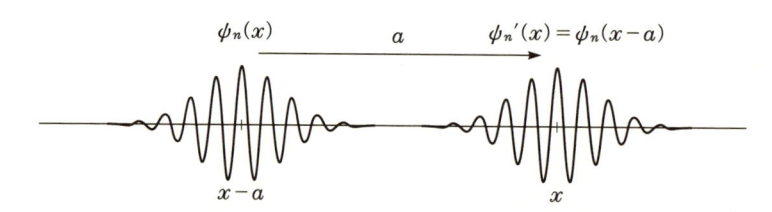

図11.2 波動関数の平行移動．移動された波動関数 $\psi_n{}'(x)$ は，移動前の波動関数の座標を $x \to x-a$ にしたものとなることに注意．

(11.2) が成り立つ例として，$\hat{H} = -(\hbar^2/2m)(\partial^2/\partial x^2)$ の場合を考えてみよう．この場合，平面波の波動関数 e^{ikx} について，(11.1) と (11.2) が同時に成立していることがわかる．つまり，並進対称性があることになる．しかし，調和振動子の場合のように

$$\hat{H} = -\frac{\hbar^2}{2m}\frac{\partial^2}{\partial x^2} + \frac{1}{2}m\omega^2 x^2 \tag{11.4}$$

のときは，固有関数 $\psi_n(x)$ は原点を中心とした波動関数なので，a だけずらすと同じ方程式を満たさなくなる．この場合は，(11.4) のハミルトニアンに並進対称性がないという．

§11.2 並進対称性と運動量保存則

並進操作の演算子

さて，並進操作の演算子 $\hat{O}$ というものを考えて

$$\hat{O}\,\psi_n(x) = \psi_n'(x) \tag{11.5}$$

を満たすとしよう．つまり，波動関数 $\psi_n(x)$ に $\hat{O}$ を演算すると，平行移動した新しい波動関数 $\psi_n'(x)$（(11.3) 式）になるという演算子である．

(11.5) に (11.3) を代入すると

$$\hat{O}\,\psi_n(x) = \psi_n(x-a) \tag{11.6}$$

となる．具体的な演算子 $\hat{O}$ の形は後で示すが，ここではまず $\hat{O}$ の満たす性質を調べてみよう．

(11.6) の関係式を用いると，(11.2) は

$$\hat{H}\hat{O}\,\psi_n(x) = E_n \hat{O}\,\psi_n(x)$$

と書ける．一方，(11.1) の両辺に左側から $\hat{O}$ を演算すると，

$$\hat{O}\hat{H}\,\psi_n(x) = E_n \hat{O}\,\psi_n(x)$$

である．この 2 つの式が，すべての状態 $\psi_n(x)$ に対して成り立つためには

$$\hat{H}\hat{O} = \hat{O}\hat{H} \tag{11.7}$$

でなければならない．この関係式は $\hat{H}$ と $\hat{O}$ が可換である（順序を入れかえても作用が同じ）ということを意味している．これは交換関係を用いて

$$[\hat{H}, \hat{O}] = 0 \tag{11.8}$$

と書くこともできる．

並進操作の演算子と運動量演算子の関係

次に，具体的に $\hat{O}$ の形を決めてみよう．有限の大きさの平行移動は後で考えるとして，まず微小な平行移動の場合，つまり $a = \delta x$ の場合を考える．これを**無限小変換**という．

並進操作後の波動関数は $\psi_n(x - \delta x)$ であるが，δx が微小量であるとして，δx の 1 次の変化分まで考えると

$$\psi_n(x-\delta x) \cong \psi_n(x) - \delta x \frac{\partial}{\partial x}\psi_n(x) = \left(1 - \delta x \frac{\partial}{\partial x}\right)\psi_n(x) \tag{11.9}$$

と書ける．したがって，微小な平行移動を引き起こす演算子は (11.6) と (11.9) とを比べて

$$\hat{O} = 1 - \delta x \frac{\partial}{\partial x} \tag{11.10}$$

と書けることがわかる．これを**無限小並進操作の演算子**とよぶ．

(11.10) の第2項は運動量演算子 $\hat{p}_x = -i\hbar(\partial/\partial x)$ に比例しているから，

$$\hat{O} = 1 - \frac{i}{\hbar}\delta x \cdot \hat{p}_x \tag{11.11}$$

と書き直すことができる．つまり，無限小並進操作の演算子は運動量演算子と結び付いている．

有限の並進操作の演算子

有限の大きさの平行移動は，この無限小変換を繰り返して行なえばよい．実際，有限の平行移動をした波動関数 $\psi_n(x-a)$ は，テイラー展開を用いて

$$\psi_n(x-a) = \left(1 - a\frac{\partial}{\partial x} + \frac{1}{2!}a^2\frac{\partial^2}{\partial x^2} - \frac{1}{3!}a^3\frac{\partial^3}{\partial x^3} + \cdots\right)\psi_n(x)$$

と書けるので，この x 微分のところを運動量演算子 $\hat{p}_x$ で書きかえれば

$$\psi_n(x-a)$$
$$= \left\{1 - \frac{i}{\hbar}a\cdot\hat{p}_x + \frac{1}{2!}\left(\frac{i}{\hbar}\right)^2 a^2\cdot\hat{p}_x^2 - \frac{1}{3!}\left(\frac{i}{\hbar}\right)^3 a^3\cdot\hat{p}_x^3 + \cdots\right\}\psi_n(x) \tag{11.12}$$

となる．この $\{\ \}$ の中は e^x のテイラー展開の形と同じなので

$$\psi_n(x+a) = e^{-\frac{i}{\hbar}a\cdot\hat{p}_x}\psi_n(x) \tag{11.13}$$

と書くことができる．つまり，有限距離 a の並進操作の演算子は

$$\hat{O} = e^{-\frac{i}{\hbar}a\cdot\hat{p}_x} \tag{11.14}$$

§11.2 並進対称性と運動量保存則　213

であると考えればよい．

保存則との関係

次に，並進操作の演算子 $\hat{O}$ の期待値というものを考えてみよう．第5章の一般論でみたように，この期待値は $\hat{O}$ を波動関数で挟むので

$$\bar{O}(t) = \int \Psi^*(x,t)\,\hat{O}\,\Psi(x,t)\,dx \qquad (11.15)$$

である（(5.44) を参照）．

例題 11.1

期待値 $\bar{O}(t)$ の時間微分を調べてみよ．

[解]　$\Psi(x,t)$ に対する時間に依存するシュレーディンガー方程式 $i\hbar(\partial\Psi/\partial t) = \hat{H}\Psi$ を使うと

$$\frac{d}{dt}\bar{O}(t) = \frac{d}{dt}\int \Psi^*(x,t)\,\hat{O}\,\Psi(x,t)\,dx$$

$$= \int\left[\frac{\partial\Psi^*(x,t)}{\partial t}\hat{O}\,\Psi(x,t) + \Psi^*(x,t)\hat{O}\frac{\partial\Psi(x,t)}{\partial t}\right]dx$$

$$= \int\left[\left\{\frac{1}{i\hbar}\hat{H}\,\Psi(x,t)\right\}^*\hat{O}\,\Psi(x,t)\right.$$

$$\left. + \Psi^*(x,t)\,\hat{O}\left\{\frac{1}{i\hbar}\hat{H}\,\Psi(x,t)\right\}\right]dx$$

$$= \frac{i}{\hbar}\int\left[\{\hat{H}\,\Psi(x,t)\}^*\hat{O}\,\Psi(x,t) - \Psi^*(x,t)\hat{O}\{\hat{H}\,\Psi(x,t)\}\right]dx$$

$$= \frac{i}{\hbar}\int \Psi^*(x,t)\,[\hat{H},\hat{O}]\,\Psi(x,t)\,dx \qquad (11.16)$$

となる．ここで $\hat{H}$ がエルミート演算子であることを用いた．(11.16) の最後の式で $\hat{H}$ と $\hat{O}$ の交換関係が現れたが，これは (11.8) によってゼロである．したがって

$$\frac{d}{dt}\bar{O}(t) = 0 \qquad (11.17)$$

となる．

(11.17) の結果は，$\hat{O}$ の期待値が保存するということを意味している．

さらに，$\hat{O}$ は (11.11) のように運動量演算子で書き表される演算子なので，(11.17) は運動量演算子の期待値が保存するということを意味している．

このように，運動量保存則は系の並進対称性から導かれる法則であるといえる．または，空間の一様性から導かれる法則といってもよい．

同時対角化可能と保存則との関係

第8章の§8.2で，2つの演算子が可換である場合，同時対角化が可能であることを証明した．いまの場合，2つの演算子 $\hat{H}$ と $\hat{O}$ は可換なので，同時対角化可能である．つまり，エネルギーが確定し，かつ演算子 $\hat{O}$ の固有値も確定しているような状態をつくることができる．この状態では，演算子 $\hat{O}$ の期待値は時間変化しない．つまり，(11.17) で示したように，保存量となっているのである．

§11.3 回転対称性と角運動量

次に，系に回転対称性がある場合を考えてみよう．この場合，並進対称性の場合と同じように微小回転を引き起こす演算子をつくると，それがハミルトニアンと可換であるということになる．

まず，具体的に微小回転の演算子 $\hat{O}$ の形を決めてみよう．図11.3のように，z 軸を中心として (x, y) を $\delta\theta$ だけ回転する場合を考えることにする．図からわかるように，回転によって座標は

$$\begin{aligned} x\,\text{方向}:&\quad -r\,\delta\theta\cdot\sin\theta = -y\,\delta\theta \\ y\,\text{方向}:&\quad r\,\delta\theta\cdot\cos\theta = x\,\delta\theta \end{aligned} \right\}$$

(11.18)

だけ移動する．

一方，波動関数 $\psi_n(x, y, z)$ を $\delta\theta$ だけ回転させて新しい波動関数 $\psi_n'(x, y, z)$ をつくったとしてみよう．この場合は，図11.2で

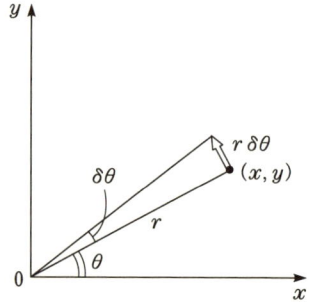

図11.3 z 軸中心の座標 (x, y) の $\delta\theta$ 回転

みたように座標の方を $-\delta\theta$ だけ回転したものを使わなければならない．したがって，回転操作後の波動関数 $\psi_n{}'$ は (11.6) を参考にして書くと

$$\hat{O}\,\psi_n(x,y,z) \equiv \psi_n{}'(x,y,z) = \psi_n(x + y\,\delta\theta, y - x\,\delta\theta, z) \tag{11.19}$$

となる．さらに $\delta\theta$ が微小量であるとして，$\delta\theta$ の 1 次の変化分まで考えると，(11.9) と同じようにして

$$\psi_n(x + y\,\delta\theta, y - x\,\delta\theta, z) \cong \left(1 + y\,\delta\theta\,\frac{\partial}{\partial x} - x\,\delta\theta\,\frac{\partial}{\partial y}\right)\psi_n(x,y,z) \tag{11.20}$$

と書ける．したがって，(11.19) の微小回転を引き起こす演算子は

$$\hat{O} = 1 + y\,\delta\theta\,\frac{\partial}{\partial x} - x\,\delta\theta\,\frac{\partial}{\partial y} = 1 - \frac{i}{\hbar}\,\delta\theta\,\hat{L}_z \tag{11.21}$$

といえる．最後の $\hat{L}_z$ は，第 6 章で導入した角運動量演算子の z 成分，つまり

$$\hat{L}_z = \hat{x}\hat{p}_y - \hat{y}\hat{p}_x \tag{11.22}$$

である．このことからわかるように，回転操作の演算子は角運動量演算子と結び付いている．

§11.2 の並進操作のときと全く同じ議論によって，回転操作の演算子はハミルトニアンと可換である．つまり

$$[\hat{H}, \hat{O}] = 0 \tag{11.23}$$

が成り立つ．したがって例題 11.1 の議論と同様にして，角運動量は保存量となっていて，かつ角運動量はハミルトニアンと同時対角化可能であることがわかる．実際，水素原子など原点に対して回転対称性がある場合，角運動量保存則が成り立っている．

有限の回転操作の演算子

有限の回転操作についても，並進操作のときと同様に無限小変換を繰り返して行なえばよい．テイラー展開を用いると，z 軸を中心とした有限角度 θ の回転操作の演算子は

216　11. 対称性と保存則

$$\hat{O} = e^{-\frac{i}{\hbar}\theta \cdot \hat{L}_z} \tag{11.24}$$

と書けることになる．

　第8, 9章で調べたように，スピンも角運動量と同じように振舞うので，スピンの回転操作に関しても (11.24) と同じ演算子が対応する．つまり

$$\hat{O} = e^{-\frac{i}{\hbar}\theta \cdot \hat{S}_z} \tag{11.25}$$

と書ける．この演算子を使うと，図9.1や (9.17) で使ったような傾いたスピンの状態 $|\theta\rangle$ をつくることができる（図11.4）．

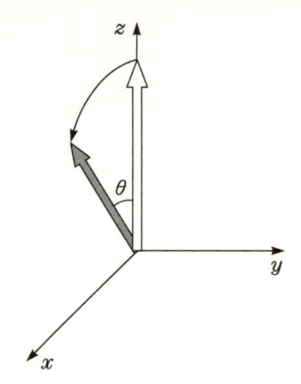

図11.4　y 軸を中心に θ だけスピン状態（波動関数）を回転させる．

---── 例題 11.2 ──────

　(11.25) に対応して，y 軸周りに角度 θ だけスピンを回転させる演算子は

$$\hat{O} = e^{-\frac{i}{\hbar}\theta \cdot \hat{S}_y} \tag{11.26}$$

である．(9.13) で得られた $\hat{S}_y$ の行列表示とパウリ行列 σ_y を用いて (11.26) の演算子の行列表示を求めよ．

[解]　$\hat{S}_y$ の行列表示はパウリ行列 σ_y を用いて

$$\frac{\hbar}{2}\sigma_y = \frac{\hbar}{2}\begin{pmatrix} 0 & i \\ -i & 0 \end{pmatrix} \tag{11.27}$$

§11.3 回転対称性と角運動量　217

と表せる（(9.13) では $\hbar$ を省略していた）．(11.26) の演算子の指数関数は，元をたどれば (11.12) のようなテイラー展開で定義されているので

$$\hat{O} = \mathbf{1} - \frac{i}{\hbar}\theta \hat{S}_y + \frac{1}{2!}\left(\frac{i}{\hbar}\right)^2 \theta^2 \hat{S}_y^2 - \frac{1}{3!}\left(\frac{i}{\hbar}\right)^3 \theta^3 \hat{S}_y^3 + \cdots$$

$$= \mathbf{1} - i\left(\frac{\theta}{2}\right)\sigma_y - \frac{1}{2!}\left(\frac{\theta}{2}\right)^2 \sigma_y^2 + \frac{1}{3!}\left(\frac{\theta}{2}\right)^3 \sigma_y^3 + \cdots \quad (11.28)$$

である．ここでパウリ行列の性質 $\sigma_y^2 = \mathbf{1} =$ 単位行列 ということを用いると (11.28) の無限級数の和は 2 つの項にまとめることができて（$\sigma_y^3 = \sigma_y$, $\sigma_y^4 = \mathbf{1}$ などに注意）

$$\hat{O} = \left\{1 - \frac{1}{2!}\left(\frac{\theta}{2}\right)^2 + \frac{1}{4!}\left(\frac{\theta}{2}\right)^4 + \cdots\right\}\mathbf{1}$$
$$\qquad - i\left\{\frac{\theta}{2} - \frac{1}{3!}\left(\frac{\theta}{2}\right)^3 + \frac{1}{5!}\left(\frac{\theta}{2}\right)^5 + \cdots\right\}\sigma_y$$

$$= \cos\frac{\theta}{2} \cdot \mathbf{1} - i\sin\frac{\theta}{2} \cdot \sigma_y \qquad (11.29)$$

となる．まとめて書くと次のようになる．

$$\hat{O} = e^{-\frac{i}{\hbar}\theta \cdot \hat{S}_y} = e^{-i\frac{\theta}{2}\sigma_y}$$
$$= \cos\frac{\theta}{2} \cdot \mathbf{1} - i\sin\frac{\theta}{2} \cdot \sigma_y$$
$$= \begin{pmatrix} \cos\frac{\theta}{2} & -\sin\frac{\theta}{2} \\ \sin\frac{\theta}{2} & \cos\frac{\theta}{2} \end{pmatrix} \qquad (11.30)$$

z 軸を向いたスピンの状態は行列表示で書くと，(9.8) のように

$$\left|\frac{1}{2}\right\rangle \Leftrightarrow \begin{pmatrix} 1 \\ 0 \end{pmatrix}$$

と書けたが，この状態に (11.30) の演算子を掛け算すると y 軸周りに角度 θ だけスピンを回転することができる（図 11.4）．実際，

$$\hat{O}\left|\tfrac{1}{2}\right\rangle \Leftrightarrow \begin{pmatrix} \cos\dfrac{\theta}{2} & -\sin\dfrac{\theta}{2} \\ \sin\dfrac{\theta}{2} & \cos\dfrac{\theta}{2} \end{pmatrix}\begin{pmatrix} 1 \\ 0 \end{pmatrix} = \begin{pmatrix} \cos\dfrac{\theta}{2} \\ \sin\dfrac{\theta}{2} \end{pmatrix} \quad (11.31)$$

となるので，(9.19) の $|\theta\rangle$ と同じになることがわかる．これが図 11.4 に示したように z 軸から θ だけ x 軸方向へ傾いたスピンの状態（波動関数）を表している．

同じように，x 軸周りに角度 θ だけ回転させる演算子は $\hat{S}_x$ と σ_x を使って

$$\hat{O} = e^{-\frac{i}{\hbar}\theta\cdot\hat{S}_x} = e^{-i\frac{\theta}{2}\sigma_x}$$

$$= \cos\frac{\theta}{2}\cdot\mathbf{1} - i\sin\frac{\theta}{2}\cdot\sigma_x$$

$$= \begin{pmatrix} \cos\dfrac{\theta}{2} & -i\sin\dfrac{\theta}{2} \\ -i\sin\dfrac{\theta}{2} & \cos\dfrac{\theta}{2} \end{pmatrix} \quad (11.32)$$

となる（演習問題 [2]）．

時間に関する並進対称性

物理法則が時間によらず一定であるということは，ハミルトニアンが時間に依存しないことで表されている．別な言い方をすると，時間に関する並進を表す演算子 $\hat{O}$ をつくると，それはハミルトニアンと可換であり，$\hat{O}$ が同時対角化可能ということになる．

具体的に時間に関する並進を表す演算子は，簡単につくることができる．時間が δt だけずれた波動関数は $\psi_n(t-\delta t)$ と書けるから，x 座標の並進と全く同じようにして，

$$\hat{O} = 1 - \delta t\frac{\partial}{\partial t} \quad (11.33)$$

ということになる．

一方，時間に依存するシュレーディンガー方程式を

$$i\hbar\frac{\partial}{\partial t}\Psi(x,t) = \hat{H}\,\Psi(x,t) = E\,\Psi(x,t) \quad (11.34)$$

§11.3 回転対称性と角運動量　219

と書き表してみると，演算子 $i\hbar(\partial/\partial t)$ の固有値がエネルギー E であると見なすことができる．したがって，系が時間に関する並進に対して対称ならば，エネルギー E が保存されるということを意味している．

逆にハミルトニアンが時間に依存するときは，エネルギーは一定ではなくなる．これは第 10 章の時間に依存する摂動の場合にみたことである．

ニュートリノとクォーク

本章で挙げる保存量の他にも，いくつかの保存量がある．代表的なものは電荷の保存である．これに対して，実は粒子数は保存しないことが知られている．代わりに，レプトン数の保存，バリオン数の保存という法則がある．

レプトンとはギリシャ語で"小さい"を意味する言葉から付けられていて，現在のところ，e（電子），μ 粒子，τ 粒子とそれぞれに対応するニュートリノ（ν_e, ν_μ, ν_τ）があり，さらにこの 6 種の粒子の反粒子がある．粒子は $+1$，反粒子（上に横棒を付ける）は -1 と数えることにすると，レプトン数は保存される．例えば μ^- の崩壊は

$$\mu^- \longrightarrow e^- + \bar{\nu}_e + \nu_\mu$$

となっていて，レプトン数は崩壊の前後で 1 である．

また，バリオンとは 3 つのクォークから成る粒子で，ギリシャ語の"重い"を意味する言葉から付けられている．代表的なのは陽子（p）と中性子（n）であるが，その他にも，デルタ（Δ），ラムダ（Λ），シグマ（Σ），グザイ（Ξ），オメガ（Ω）粒子などが知られている．太陽の中では水素の核融合が行なわれていて

$$4\mathrm{p} \longrightarrow \mathrm{He} + 2\mathrm{e}^+ + 2\nu_e \quad (\text{He は 2 個の p と 2 個の n から成る})$$

という反応が生じていると予想されているが，この反応において，バリオン数は 4 のままであり，レプトン数も $-2+2=0$ となっていて保存されている（陽電子 e^+ は電子の反粒子なのでレプトン数は -1 であるとして計算する）．

上記の反応で，4 つの陽子（4 p）の質量は 4.02936 であり，He の質量は 4.0026 である．この質量の減少がエネルギーとなる．これが我々が恩恵をこうむっている太陽エネルギーの源泉であると考えられている．

この反応はちょうど，中性子の崩壊（ベータ崩壊）

$$n \longrightarrow p + e^- + \bar{\nu}_e$$

の逆が起こっているという勘定になっている．この中で，ニュートリノはほとんど他の物質と反応しないので，検出することが大変難しい．ベータ崩壊は，始めニュートリノなしで考えられていたが，そうするとエネルギー保存則や運動量保存則が破れていることになってしまう．当時の物理学者は大変困ったが，結局エネルギー保存則は絶対に成り立つと考えて，むしろ未知の粒子"ニュートリノ"（$\bar{\nu}_e$）が存在すると予想したのである．

超新星爆発でもニュートリノが生じると予想されていたが，実際1987年2月23日に岐阜県神岡鉱山の観測施設で（ほとんど偶然）大マゼラン星雲内の超新星爆発にともなうニュートリノが検出された．この超新星は地球から16.4万光年離れているので，実際に爆発したのは今から16.4万年前のことである．肉眼で観測された超新星としては，1604年のケプラーの超新星以来といわれている．この観測により，東京大学の小柴昌俊先生が2002年のノーベル物理学賞を受賞した．実は，神岡鉱山の施設では，陽子が崩壊するかどうかを検証しようという実験を行なっていた．もし陽子が崩壊すると，バリオン数保存則が破れるということになるのだが，現在までのところ陽子崩壊の結果は得られていない．

最後にクォークという一風変わった名前について．これは1964年にゲルマン（M. Gell-Mann）がバリオンが3つのクォークから構成されるというモデルを出して以来の名前である．現在はアップ（u），ダウン（d），ストレンジ（s），チャーム（c），トップ（t），ボトム（b）の6種類とその反粒子があると考えられている．陽子はuud，中性子はudd，K中間子は$s\bar{u}$などとなっている．トップ，ボトムの代わりに truth，beauty とよぶこともある．チャームは"魅力的"というよりは，"魔法にかかった"という意味なのかもしれない．

クォークという名は，ジェイムズ・ジョイスの難解な「フィネガンズ・ウェイク」中の文章からとったといわれている．「マーク氏（マーク王？）に3つのクォークを」（ビール3杯の注文）からとったとか，鳥の鳴き声からとったとかいわれている．

6種類のクォークは，2つずつ3つの flavor（香り）として分けられ，さらに3色の color（色）とよばれる量子数をもっているとされている．色に意味はないが，一応 RGB（Red-Green-Blue）となっている．光の3原色が混ざって白くなった状態だけが安定とされている．color と flavor を併せて，クォークには"色香"があるそうである．

§11.4 パリティと選択則

§11.3までの対称性の例は，微小変換からつくられたものであった．これに対して，もっと離散的な対称操作というものもある．その典型的な例が，パリティ変換または，空間反転の対称性である．

空間反転操作とは

$$(x, y, z) \rightarrow (-x, -y, -z) \tag{11.35}$$

という操作である．この操作を $\hat{I}$ と書く．いままでの議論から，ハミルトニアンがこの操作に対して対称である場合，つまり座標を一斉に逆符号にしてもハミルトニアンの形が変わらないとき，空間反転操作 $\hat{I}$ とハミルトニアンは可換であり，同時対角化可能となる．

空間反転操作 $\hat{I}$ の固有値を考えてみよう．波動関数 $\psi(x,y,z)$ が $\hat{I}$ の固有関数であるとして，固有値を λ とすると

$$\hat{I}\psi(x,y,z) = \psi(-x,-y,-z) = \lambda\psi(x,y,z) \tag{11.36}$$

ということである．この両辺にもう一度 $\hat{I}$ を演算すると

$$\hat{I}^2\psi(x,y,z) = \hat{I}\psi(-x,-y,-z) = \psi(x,y,z)$$
$$= \lambda^2\psi(x,y,z) \tag{11.37}$$

となる．$\hat{I}$ を2回演算すると波動関数が元に戻ることに注意しよう．このことから，$\lambda^2 = 1$ つまり，$\hat{I}$ の固有値 λ は1か -1 かの2通りしかないことがわかる．

$\lambda = 1$ のとき，波動関数は空間反転で変化しないので，いわば偶関数である．これを**パリティが正**であるという．逆に $\lambda = -1$ のとき，波動関数は空間反転で逆符号になる．これを**パリティが負**であるという．第2章の井戸型ポテンシャルや第3章の調和振動子のときは，ポテンシャルが空間反転操作に対して対称だったので，波動関数はパリティが正のものと負のものが現れたのである．

222 11. 対称性と保存則

■ 演習問題

[1] 複数の粒子がある波動関数 $\psi(x_1, x_2, x_3, \cdots)$ を考える．x_i は i 番目の粒子の x 座標であるとする．図11.2のように波動関数を a だけ平行移動すると，新しい波動関数は $\psi(x_1 - a, x_2 - a, x_3 - a, \cdots)$ となる．この並進操作の無限小変換の演算子が全運動量を用いて書けることを示せ．

[2] スピン 1/2 を x 軸周りに θ だけ回転させる演算子の行列表示(11.32)を示せ．

[3] 角運動量 $l = 1$ の場合，$\hat{L}_z$ の行列表示は (8.30) で示したように

$$\hat{L}_z \Leftrightarrow \begin{pmatrix} \hbar & 0 & 0 \\ 0 & 0 & 0 \\ 0 & 0 & -\hbar \end{pmatrix}$$

である．これを用いて，z 軸周りの θ 回転の演算子 $e^{-\frac{i}{\hbar}\theta \cdot \hat{L}_z}$ の行列表示を求めよ．(ヒント：

$$\frac{1}{\hbar^3} \hat{L}_z^3 \Leftrightarrow \begin{pmatrix} 1 & 0 & 0 \\ 0 & 0 & 0 \\ 0 & 0 & -1 \end{pmatrix}$$

をまず示せ．)

[4] $l = 1$ の $\hat{L}_x$ の行列表示は

$$\hat{L}_x \Leftrightarrow \begin{pmatrix} 0 & \frac{\hbar}{\sqrt{2}} & 0 \\ \frac{\hbar}{\sqrt{2}} & 0 & \frac{\hbar}{\sqrt{2}} \\ 0 & \frac{\hbar}{\sqrt{2}} & 0 \end{pmatrix}$$

である．このときの $e^{-\frac{i}{\hbar}\theta \cdot \hat{L}_x}$ を求めよ．

[5] 空間反転は $\theta \to \theta + \pi$，$\varphi \to \varphi + \pi$ という変換と同じである．このことを用いて，第6章の (6.51) の $Y_{lm}(\theta, \varphi)$ のパリティの偶奇を調べよ．どのような規則があるか考えよ．

[6] $Y_{l0}(\theta, \varphi)$ はルジャンドル関数で表されるが，このパリティの偶奇を調べよ．

[7] $\hat{I}$ の固有状態ではない波動関数 ψ があったとする．このとき ψ と $\hat{I}\psi$ の 2 つを使って $\hat{I}$ の固有関数をつくることができるか考えよ．

[8] 鏡に映すと左右が逆になるのはなぜか．

鏡の世界

　鏡にモノを映すと「左右逆になる」という．なぜ上下逆などではなくて，左右逆なのだろうか．この問題は昔から哲学者や心理学者を悩ませてきた．

　よくある答えは，人間の目が左右についているからだというものである．しかし，これは明らかに間違いである．実際，片方の目をつぶっても同じように見えるからである．また，図 (a) や (b) を見てみよう．これらの図で，鉛筆は左右逆に映っているといえるだろうか．

　自分を鏡で映したときでも，必ずしも左右逆とは思えない場合もある．例えば，横に寝っころがった状態で鏡に自分の姿を映したときを想像してみよう．右手左手とよばず，体の下になっている手を"下の手"，反対の手を"上の手"とよんでみよう．すると，"下の手"は鏡の中でも"下の手"である（？）．また，この状態を第3者が見たとすると，寝っころがった"私"は左右逆になって鏡に映っているように見えるだろうか？

　次に，鏡を床に置いて，その上に"私"が立ってみよう．鏡の中の"私"は左右反対といえるだろうか？　上下逆といった方がふさわしくないだろうか？

　だんだんわからなくなってきたところで，図 (c), (d) を見てみよう．"量子"という字は左右逆になっているように見えるだろうか？　また，図 (e) は "量子" と書いた紙を鏡に映した状態で，"左右逆"の典型的なものであるが，図 (f) は，透明なシートに "量子" と書いたものを鏡に映しているのである．これを見ると "量子" は何も変化せずに鏡に映っているではないか！

　実は私も長年のあいだ悩んできたのだが，現在達した心境は「鏡は左右逆に映すものではなく，前後を逆にするものなのである」という単純なものである．（このように明らさまに説明している本は，少ないと思う．）鏡は 2 次元平面であるから，平面内での左右・上下は等価であって，左右を特別視する理由は全くない．対称性を破っている方向は，鏡に垂直な軸（z 軸とよぼう）だけである．つまり，鏡の中の像は z 座標を"反転"したものであるといえばよいのだと思う．

224　11. 対称性と保存則

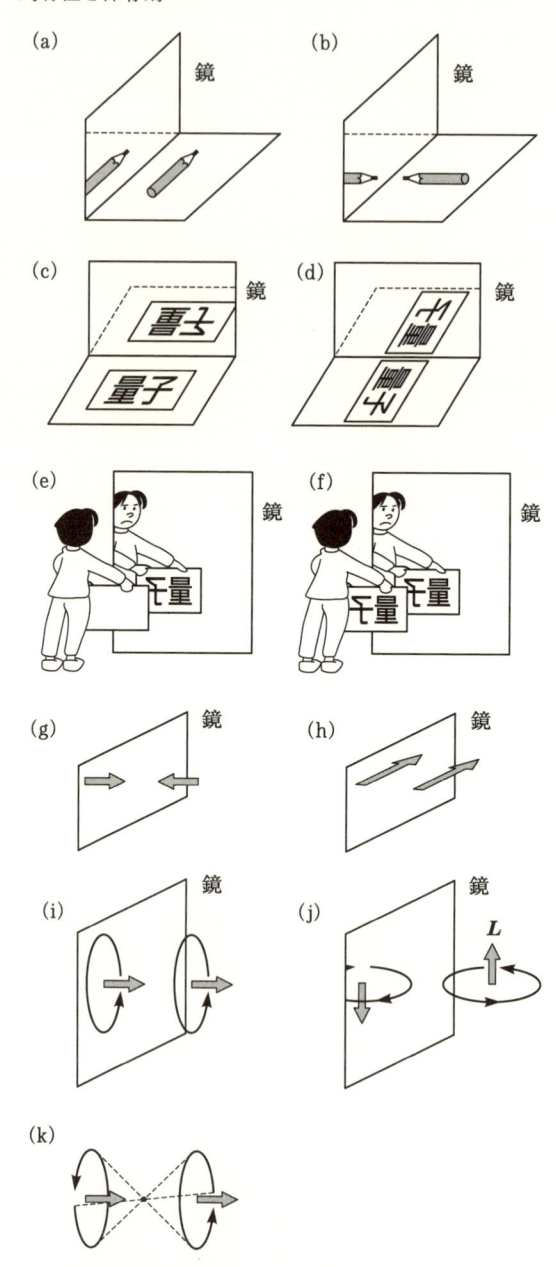

例えば，"私"が鏡の前に立っているとき，私の"鼻"は私の前方にあるが，この"鼻"が私の中を背中側に向かって移動し，私の後方に飛び出した様子を考えてみよう．すべての体の部分をこのように裏返してみたものが，鏡の中の「私」ということになる．これが z 座標反転ということであり，鏡に映るすべての現象は，これで理解できるのだ（と思う）．

このように考えると，§11.4のパリティ変換と鏡を混同してはならないということがわかる．パリティ変換はすべての座標が反転するもので $(x, y, z) \to (-x, -y, -z)$ であるが，鏡の変換は $(x, y, z) \to (x, y, -z)$ である．よくパリティ変換を鏡を用いて説明している場合があるが，これは矛盾を生じる．例えば，パリティ変換では，ベクトルである座標 r と運動量 p は反転するが，角運動量 $L = r \times p$ は不変である．しかしベクトルを鏡に映した場合，図 (g) では確かに運動量ベクトルは反転しているが，図 (h) では運動量ベクトルは反転しない．また図 (i) では角運動量は不変だが，図 (j) では反転してしまう．パリティ変換を正しく行なうには，1点を原点と決めて，それを中心に点対称に変換しなければならないのである．（図 (k)）

付録 A　特殊関数と直交多項式の公式集

1. エルミート（Hermit）多項式

微分方程式

$$\frac{d^2}{dx^2}f(x) - 2x\frac{d}{dx}f(x) + 2nf(x) = 0$$

一般形

$$H_n(x) = (-1)^n e^{x^2}\frac{d^n}{dx^n}e^{-x^2}$$

$$= \sum_{r=0}^{\left[\frac{n}{2}\right]}(-1)^r(2r-1)!!\,{}_nC_{2r}2^{n-r}x^{n-2r}$$

$\left[\dfrac{n}{2}\right]$ は $\dfrac{n}{2}$ を超えない最大の整数，$(2r-1)!! = (2r-1)(2r-3)\cdots 3\cdot 1$，

$H_0(x) = 1$, 　$H_1(x) = 2x$, 　$H_2(x) = 4x^2 - 2$, 　$H_3(x) = 8x^3 - 12x$,

$H_4(x) = 16x^4 - 48x^2 + 12$

漸化式

$$H_{n+1}(x) - 2x\,H_n(x) + 2n\,H_{n-1}(x) = 0$$

$$H_n'(x) = 2n\,H_{n-1}(x)$$

母関数

$$\sum_{n=0}^{\infty}\frac{t^n}{n!}H_n(x) = e^{-t^2+2tx}$$

直交関係

$$\int_{-\infty}^{\infty}e^{-x^2}H_n(x)H_m(x) = \begin{cases} 0 & (n \neq m) \\ 2^n\sqrt{\pi}\,n! & (n = m) \end{cases}$$

規格化された波動関数

$$\psi_n(x) = \sqrt{\frac{1}{\sqrt{\pi}\,2^n n!\,\xi}}\,H_n\!\left(\frac{x}{\xi}\right)e^{-\frac{x^2}{2\xi^2}}$$

2. ルジャンドル (Legendre) 多項式

微分方程式

$$\frac{d}{dx}\left\{(1-x^2)\frac{df}{dx}\right\} + l(l+1)f(x) = 0$$

一般形

$$P_n(x) = \frac{1}{2^n n!}\frac{d^n}{dx^n}(x^2-1)^n$$

$$P_{2n}(x) = \sum_{r=0}^{n}(-1)^{n-r}\frac{(2n+2r-1)!!}{(2r)!(2n-2r)!!}x^{2r}$$

$$P_{2n+1}(x) = \sum_{r=0}^{n}(-1)^{n-r}\frac{(2n+2r+1)!!}{(2r+1)!(2n-2r)!!}x^{2r+1}$$

$$P_0(x) = 1, \quad P_1(x) = x, \quad P_2(x) = \frac{1}{2}(3x^2-1),$$

$$P_3(x) = \frac{1}{2}(5x^3-3x), \quad P_4(x) = \frac{1}{8}(35x^4-30x^2+3)$$

漸化式

$$(n+1)P_{n+1}(x) = (2n+1)x\,P_n(x) - n\,P_{n-1}(x)$$

$$(1-x^2)P_n'(x) = -n\{x\,P_n(x) - P_{n-1}(x)\}$$

$$= (n+1)\{x\,P_n(x) - P_{n+1}(x)\}$$

$$P_{n+1}'(x) - x\,P_n'(x) = (n+1)P_n(x)$$

$$x\,P_n'(x) - P_{n-1}'(x) = n\,P_n(x)$$

母関数

$$\sum_{n=0}^{\infty} t^n P_n(x) = \frac{1}{\sqrt{1-2tx+t^2}} \qquad (|x|<1,\ |t|<1)$$

直交関係

$$\int_{-1}^{1} P_n(x)P_m(x)\,dx = \begin{cases} 0 & (m \neq n) \\ \dfrac{2}{2n+1} & (m=n) \end{cases}$$

ルジャンドル陪関数

$$P_n^m(x) = (1-x^2)^{\frac{m}{2}}\frac{d^m}{dx^m}P_n(x)$$

$$\int_{-1}^{1} P_n^m(x) P_l^m(x)\, dx = \begin{cases} 0 & (n \neq l) \\ \dfrac{2(n+m)!}{(2n+1)(n-m)!} & (n = l) \end{cases}$$

規格化された球面調和関数

$$Y_{lm}(\theta, \varphi) = \begin{cases} \sqrt{\dfrac{2n+1}{4\pi}} P_l(\cos\theta) & (m = 0) \\ \varepsilon_m \sqrt{\dfrac{2n+1}{4\pi} \dfrac{(n-m)!}{(n+m)!}} P_l^m(\cos\theta) e^{im\varphi} & (m \neq 0) \end{cases}$$

$$\varepsilon_m = \begin{cases} (-1)^m & (m > 0) \\ 1 & (m < 0) \end{cases}$$

3. ラゲール (Laguerre) 多項式

微分方程式

$$x \frac{d^2}{dx^2} f(x) + (m+1-x) \frac{df}{dx} + (n-m) f(x) = 0$$

一般形

$$L_n^m(x) = (-1)^m \frac{n!}{(n-m)!} e^x x^{-m} \frac{d^{n-m}}{dx^{n-m}} (e^{-x} x^n)$$

$$= (-1)^m \sum_{r=0}^{n-m} \frac{(-1)^r n!}{r!} {}_n C_{n-m-r}\, x^r$$

$$= \frac{d^m}{dx^m} L_n(x)$$

特に $m = 0$ のときは

$$L_n(x) = e^x \frac{d^n}{dx^n} (e^{-x} x^n)$$

$$= \sum_{r=0}^{n} \frac{(-1)^r n!}{r!} {}_n C_r\, x^r$$

$L_0(x) = 1, \quad L_1(x) = 1 - x, \quad L_2(x) = 2 - 4x + x^2$

$L_1^1(x) = -1, \quad L_2^1(x) = -2(2-x), \quad L_3^1(x) = -3(6 - 6x + x^2)$

$L_3^3(x) = -6, \quad L_4^3(x) = -24(4 - x)$

$L_5^5(x) = -120, \quad L_6^5(x) = -720(6 - x)$

漸化式
$$L_{n+1}(x) - (2n+1-x)L_n(x) + n^2 L_{n-1}(x) = 0$$
$$L_n'(x) = n L_{n-1}'(x) - n L_{n-1}(x)$$
$$x L_n'(x) = n L_n(x) - n^2 L_{n-1}(x)$$
$$x L_n^{m\prime}(x) = (n-m) L_n^m(x) - n^2 L_{n-1}^m(x)$$

母関数
$$\sum_{n=0}^{\infty} \frac{t^n}{n!} L_n(x) = \frac{1}{1-t} e^{-\frac{xt}{1-t}}$$

直交関係
$$\int_0^\infty e^{-x} L_n(x) L_m(x)\, dx = \begin{cases} 0 & (n \neq m) \\ (n!)^2 & (n = m) \end{cases}$$

$$\int_0^\infty x^{m+1} e^{-x} L_n^m(x) L_l^m(x)\, dx = \begin{cases} 0 & (n \neq l) \\ \dfrac{(n!)^3}{(n-m)!} & (n = l) \end{cases}$$

$$\int_0^\infty x^{m+1} e^{-x} L_n^m(x) L_l^m(x)\, dx = \begin{cases} 0 & (n \neq l) \\ \dfrac{(n!)^3}{(n-m)!}(2n-m+1) & (n = l) \end{cases}$$

規格化された動径方向の波動関数
$$R_{nl}(r) = -\frac{2}{n^2} \sqrt{\frac{(n-l-1)!}{[(n+l)!]^3}} e^{-\frac{r}{n}} \left(\frac{2r}{n}\right)^l L_{n+l}^{2l+1}\left(\frac{2r}{n}\right)$$

(注) 「岩波 数学公式 III」での定義 $L_n^{(\alpha)}(x)$ との関係は次のようになる.
$$L_n^m(x) = (-1)^m n!\, L_{n-m}^{(m)}(x)$$

付録 B　平面波展開と δ 関数

§5.1 の一般論では, 波動関数を適当な完全系で展開するとしたが, その 1 つの典型的な例が平面波による展開である. これはフーリエ解析と結びついている. 平面波展開は非常に応用範囲が広いので, ここでまとめておく. δ 関数について

付録 B 平面波展開と δ 関数

もまとめる．

関数の集合 $\{\psi_n\}$ として，平面波の波動関数

$$\psi_k(r) = Ae^{ik\cdot r} = Ae^{i(k_x x + k_y y + k_z z)} \tag{B.1}$$

を考える．平面波は運動量演算子 $\hat{p} = (\hat{p}_x, \hat{p}_y, \hat{p}_z)$ の固有関数であり，同時に確定した運動量 $(p_x, p_y, p_z) = (\hbar k_x, \hbar k_y, \hbar k_z)$ をもつ．(p_x, p_y, p_z) が決まれば波動関数が決定するので，この (p_x, p_y, p_z) という組は物理量の完全系といわれるものの 1 つである．

$|\psi_k(r)|^2 = |A|^2$ は位置 r によらないので，規格化に注意しなければならない．(第 2 章で平面波を用いていろいろと計算したときには，入射波と透過波，反射波との比だけを問題にしたので，規格化については考えなくてよかった．) 規格化のために一辺 L の立方体の箱を考えて，その中での平面波を考えることにする．このようにすると境界条件をどうするかが問題になるが，便利なものは周期境界条件というものである．これは

$$\psi_k(x+L, y, z) = \psi_k(x, y, z) \quad (y, z \text{ 方向についても同様}) \tag{B.2}$$

とするもので，x 方向に L だけ進むと元の値に戻るというものである．または，$x=0$ と $x=L$ での関数の値が同じであるということである．規格化条件は

$$\int_0^L dx \int_0^L dy \int_0^L dz\, |\psi_k(r)|^2 = 1 \tag{B.3}$$

と書ける．この規格化条件を満たすためには $A = 1/\sqrt{V} \, (V=L^3)$ とおけばよい．

以下，x 方向の平面波を考えることとし，関数

$$\psi_k(x) = \frac{1}{\sqrt{L}} e^{ikx} \tag{B.4}$$

を用いて説明する．(B.1) の 3 次元の $\psi_k(r)$ の場合への拡張は簡単に行なうことができる．まず，周期境界条件は，とり得る k の値を制限することがわかる．つまり $x+L$ での波動関数 $e^{ik(x+L)}$ が e^{ikx} と等しくならなければならないので，$e^{ikL} = 1$ が成立しなければならない．これを満たすのは

$$k = \frac{2\pi}{L} n \quad (n = \text{整数}) \tag{B.5}$$

である．この場合，運動量 $p = \hbar k$ は離散スペクトルとなる．ただし，最後に

$L \to \infty$ の極限をとると連続スペクトルに移行する．この極限のとり方は後で示す．

1. 正規直交性と完全性

関数系 $\{\psi_k(x)\}$ は，正規直交完全系である．まず，直交性を示す．$k \neq k'$ のとき，内積は

$$\int_0^L \psi_k{}^*(x)\, \psi_{k'}(x)\, dx = \frac{1}{L} \int_0^L e^{-i(k-k')x}\, dx = \frac{1}{L} \frac{1 - e^{-i(k-k')L}}{i(k-k')} \tag{B.6}$$

となる．ここで $k = (2\pi/L)n, k' = (2\pi/L)n'$ を考慮すると，最後の指数関数の肩は $-i(k-k')L = -2\pi i(n-n')$ となり，右辺はゼロとなる．すなわち，$\psi_k(x)$ と $\psi_{k'}(x)\, (k \neq k')$ は直交する．この直交性と規格化条件を合わせて

$$\int_0^L \psi_k{}^*(x)\, \psi_{k'}(x)\, dx = \delta_{kk'} \tag{B.7}$$

と書く．右辺の $\delta_{kk'}$ は**クロネッカーの δ** とよばれるもので，$k = k'$ のとき（つまり $n = n'$ のとき）に 1 となり，他の場合はゼロになる．

任意の関数 $\psi(x)$ が $\psi_k(x)$ を用いて

$$\psi(x) = \sum_k c_k\, \psi_k(x) \tag{B.8}$$

と展開できれば，$\{\psi_k(x)\}$ が完全系であるといえる．ここで和 $\sum_k$ は k の定義に含まれる n に関する和のことを意味する．一般に，滑らかな周期関数は (B.8) の形のフーリエ級数に展開できるので，関数系 $\{\psi_k(x)\}$ は正規直交完全系である．係数 c_k は (B.7) の直交性を用いて

$$c_k = \int_0^L \psi_k{}^*(x)\, \psi(x)\, dx \tag{B.9}$$

となる．一般に，関数 $\psi(x)$ から展開係数 c_k を求めることを**フーリエ解析**という．

2. フーリエ変換

上記の周期境界条件を用いた平面波展開を公式としてまとめておくと，(B.8) と (B.9) から

付録 B 平面波展開と δ 関数

$$\left.\begin{array}{l} \phi(x) = \sum_k c_k \, \psi_k(x) = \dfrac{1}{\sqrt{L}} \sum_k e^{ikx} c_k \\[6pt] c_k = \displaystyle\int_0^L \psi_k{}^*(x) \, \phi(x) \, dx = \dfrac{1}{\sqrt{L}} \int_0^L e^{-ikx} \, \phi(x) \, dx \end{array}\right\} \quad (\text{B.}10)$$

となる．これは周期関数 $\phi(x)$ についての平面波展開であるが，一般に波動関数 $\phi(x)$ は周期関数とは限らない．しかし周期関数でない場合でも，積分範囲 L を非常に大きくとれば (B.10) のような展開が成り立つといえる．（数学的に厳密に行なうには，いろいろと準備が必要であるが，ここではおおらかにフーリエ級数展開を認めて話を進める．）

(B.10) をそのまま $L \to \infty$ の極限をとると，第 2 式の分母の $\sqrt{L}$ が困る．そこで，新しく $\sqrt{L/2\pi}\, c_k \equiv G(k)$ という関数 $G(k)$ を定義することにする．すると，第 2 式は

$$G(k) = \frac{1}{\sqrt{2\pi}} \int_{-\infty}^{\infty} e^{-ikx} \, \phi(x) \, dx \quad (\text{B.}11)$$

となる．ここで $\sqrt{2\pi}$ は後で式がきれいな形になるために付けている．また，積分範囲は $-\infty$ から ∞ に拡げた．

一方，(B.10) の第 1 式は $\phi(x) = (\sqrt{2\pi}/L) \sum_k e^{ikx} G(k)$ と変更を受けるが，後で示す変換公式 $\dfrac{1}{L} \sum_k = \dfrac{1}{2\pi} \displaystyle\int_{-\infty}^{\infty} dk$ を用いて

$$\phi(x) = \frac{1}{\sqrt{2\pi}} \int_{-\infty}^{\infty} e^{ikx} \, G(k) \, dk \quad (\text{B.}12)$$

と書ける．(B.11) と (B.12) を比べてみると，x 座標（実空間）での関数 $\phi(x)$ と，k 座標（波数空間または k 空間）での関数 $G(k)$ とが対称的な形にまとめられていることがわかる．一般に，x の関数から波数 k の関数に移行することを**フーリエ変換**という．

実は，ほとんど同じような計算を「振動・波動」の分野で行なっている．このあたりのフーリエ解析が不安な場合は，ぜひ「振動・波動」の教科書を復習しておくことをおすすめする．いまなら，よくわかるはずである．

3. k の和と積分の変換公式

ここで k についての和 $(1/L)\sum_k$ を，L が十分大きいときに積分に直す変換公式を示す．$k = (2\pi/L)n$ であるから，k についての和は図 B.1 のようになっている．一方，k に関する積分値は適当な極限操作をとった面積のことだから，図 B.1 の灰色の長方形の和（の極限）である．つまり，

$$\text{関数 } f(k) \text{ の } k \text{ 積分} = \int_{-\infty}^{\infty} f(k)\, dk = \text{図 B.1 の面積}$$

$$= \lim_{L\to\infty} \sum_n \frac{2\pi}{L}(\text{底辺}) \times f(k)$$

$$= \lim_{L\to\infty} \frac{2\pi}{L} \sum_n f(k)$$

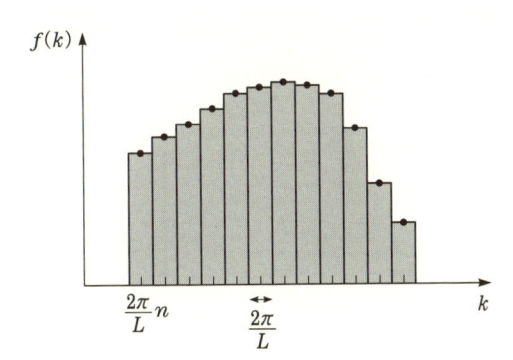

図 B.1 k についての和（黒丸の和）と k に関する積分値（灰色の面積）

といえる．したがって，$k = (2\pi/L)n$ の和を積分に変換する公式は

$$\lim_{L\to\infty} \frac{1}{L} \sum_k = \frac{1}{2\pi} \int_{-\infty}^{\infty} dk \tag{B.13}$$

である．これは公式として覚えておくとよい．

4. δ 関数

(B.11) で得られた係数 $G(k)$ を (B.12) に代入すると

付録 B　平面波展開と δ 関数

$$\psi(x) = \frac{1}{2\pi}\int_{-\infty}^{\infty} dk\, e^{ikx} \int_{-\infty}^{\infty} e^{-ikx'}\, \psi(x')\, dx'$$

$$= \int_{-\infty}^{\infty} \left[\frac{1}{2\pi}\int_{-\infty}^{\infty} dk\, e^{ik(x-x')}\right]\psi(x')\, dx' \qquad (\text{B.14})$$

となる．新たに [ ] の部分を $\delta(x-x')$ と書くことにすると

$$\psi(x) = \int_{-\infty}^{\infty} \delta(x-x')\, \psi(x')\, dx' \qquad (\text{B.15})$$

となる．この式からわかるように，関数 $\delta(x-x')$ は，x' 積分を実行するときに $x' = x$ の位置での関数の値 $\psi(x)$ をとり出すような関数である．このような特徴をもつ関数を **δ（デルタ）関数** という．後で示すように，δ 関数とクロネッカーの δ との間には密接な関係がある．

上で定義した δ 関数

$$\frac{1}{2\pi}\int_{-\infty}^{\infty} dk\, e^{ik(x-x')} = \delta(x-x') \qquad (\text{B.16})$$

の積分を詳しくみてみよう．以下，x' はある固定された数であるとして，(B.16) を x の関数として考える．

（1）$x = x'$ のとき，(B.16) の左辺の被積分関数は 1 なので左辺は無限大になる．一方，x が少しでも x' からずれていれば，$e^{ik(x-x')}$ は複素平面の単位円上の値となるが，k 積分で k が変化すると，さまざまな値をとる．したがって，k の積分の結果はゼロになると考えられる．このように (B.16) の積分は，図 B.2 のように非常に強い特異性をもつ関数である．

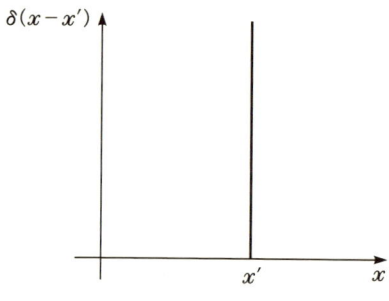

図 B.2　δ 関数 $\delta(x-x')$

（2）次に $x = x'$ の特異点を挟んだ領域で，δ 関数を積分してみる．適当な正の実数 a を用いて，$x = x' - a$ から $x = x' + a$ まで積分すると，積分の順序を入れ換えてよいとして

$$\int_{x'-a}^{x'+a} dx \frac{1}{2\pi} \int_{-\infty}^{\infty} dk \, e^{ik(x-x')} = \frac{1}{2\pi} \int_{-\infty}^{\infty} dk \int_{x'-a}^{x'+a} dx \, e^{ik(x-x')}$$

$$= \int_{-\infty}^{\infty} dk \frac{\sin ak}{\pi k} \tag{B.17}$$

となる．ここで右辺の積分は，積分公式

$$\int_{-\infty}^{\infty} \frac{\sin ax}{x} dx = \pi \quad (a\text{ は任意の正の実数}) \tag{B.18}$$

を用いるとちょうど1となる．つまり $\int_{x'-a}^{x'+a} \delta(x-x') \, dx = 1$ である．

結局，δ関数の性質をまとめると以下のようになる．$\delta(x)$ は $x=0$ のとき以外はゼロであり，$x=0$ のところに無限大のピークをもつ．さらに，この関数は積分したときに意味をもち，

$$\int_{-\infty}^{\infty} \delta(x) \, dx = 1 \quad (\text{積分領域に } x=0 \text{ が含まれるとき}) \tag{B.19}$$

$$\int_{-\infty}^{\infty} \delta(x-a) f(x) \, dx = f(a) \quad (\text{積分領域に } x=a \text{ が含まれるとき}) \tag{B.20}$$

というものである．δ関数の場合のポテンシャルについては §2.5 で考えた．物理で非常によく使う公式として (B.16) を書き換えておくと

$$\int_{-\infty}^{\infty} e^{ikx} \, dk = 2\pi \, \delta(x) \tag{B.21}$$

である．

(B.16) の左辺の k に関する積分は $-\infty$ から ∞ までであるが，これを大きい値 Λ を用いて $-\Lambda$ から Λ までの積分としてみよう．すると左辺の積分は

$$\frac{\sin \Lambda(x-x')}{\pi(x-x')} \quad (\text{ただし，}\Lambda \text{ は非常に大きい})$$

となる．このことからδ関数を

$$\delta(x) = \lim_{\Lambda \to \infty} \frac{\sin \Lambda x}{\pi x} \tag{B.22}$$

と書くこともできる．（δ関数は**超関数**とよばれているものの一種で，いろいろと数学的に調べられている．物理学では，単に道具の1つとして便利に使っている．）

5. 平面波の規格化と直交性

(B.11) と (B.12) をまとめて

$$\left.\begin{array}{l} \phi(x) = \int_{-\infty}^{\infty} u_k(x)\, G(k)\, dk \\ G(k) = \int_{-\infty}^{\infty} u_k{}^*(x)\, \phi(x)\, dx \end{array}\right\} \quad \text{(B.23)}$$

と書くことができる．ここで

$$u_k(x) = \frac{1}{\sqrt{2\pi}} e^{ikx} \quad \text{(B.24)}$$

とおいた．(B.23) の第 1 式は波動関数 $\phi(x)$ を平面波の波動関数 $u_k(x)$ を用いて展開しているとみることができる．展開関数が $G(k)$ である．以前と違うのは，$L \to \infty$ の極限をとったために，波数 k が連続変数となっている点である．このような連続変数の場合，$u_k(x)$ の規格化や直交性・完全性の表式が少し変更をうけて，δ 関数を用いたものになるので，これについて少し丁寧に説明しよう．

まず，関数 $u_k(x)$ の定義 (B.24) を用いると

$$\int_{-\infty}^{\infty} u_k{}^*(x)\, u_{k'}(x)\, dx = \frac{1}{2\pi} \int_{-\infty}^{\infty} e^{-i(k-k')x}\, dx = \delta(k - k') \quad \text{(B.25)}$$

となる．ここで (B.21) の公式を用いた．(B.25) は，正規直交性の代わりとなる式である．(B.7) の正規直交性と比べるとクロネッカーの δ の代わりに δ 関数が現れている．$k = k'$ のとき右辺は無限大になってしまうが，この場合は $u_k(x)$ の一種の規格化条件であると見なすことができる．

一方，完全性の方は以下のように示すことができる．任意の波動関数 $\phi(x)$ が与えられたとき，(B.23) の第 2 式によって関数 $G(k)$ を決める．この関数を用いて $\int_{-\infty}^{\infty} G(k)\, u_k(x)\, dk$ を計算してみると，

$$\begin{aligned} \int_{-\infty}^{\infty} G(k)\, u_k(x)\, dk &= \int_{-\infty}^{\infty} \left\{ \int_{-\infty}^{\infty} u_k{}^*(x')\, \phi(x')\, dx' \right\} u_k(x)\, dk \\ &= \int_{-\infty}^{\infty} \left\{ \int_{-\infty}^{\infty} u_k{}^*(x')\, u_k(x)\, dk \right\} \phi(x')\, dx' \\ &= \int_{-\infty}^{\infty} \left\{ \frac{1}{2\pi} \int_{-\infty}^{\infty} e^{ik(x-x')}\, dk \right\} \phi(x')\, dx' \end{aligned}$$

$$= \int_{-\infty}^{\infty} \delta(x - x') \, \phi(x') \, dx' = \phi(x) \qquad (B.26)$$

となる．この式は，任意の関数 $\phi(x)$ が関数系 $\{u_k(x)\}$ によって展開できて，$\phi(x) = \int G(k) \, u_k(x) \, dk$ と表すことができるということを意味している．つまり，$\{u_k(x)\}$ は完全系である．

ここで出てきた式，

$$\int_{-\infty}^{\infty} u_k{}^*(x') \, u_k(x) \, dk = \frac{1}{2\pi} \int_{-\infty}^{\infty} e^{ik(x-x')} \, dk = \delta(x - x') \qquad (B.27)$$

は，(B.25) と対称的で，非常にきれいな形になっている．この式は，関数系 $\{u_k(x)\}$ が完全系を成すことの必要十分条件である．

以上のように，連続変数をもつ固有関数系 $\{u_k(x)\}$ を正規直交完全系として用いるという手法も 1 つのスタンダードなものである．

6. クロネッカーの δ と δ 関数の関係

平面波 $\psi_k(x)$ の正規直交性 (B.7) と $u_k(x)$ の正規直交性 (B.25) を比べてみよう．$\psi_k(x)$ と $u_k(x)$ の定義を比べてみると $\psi_k(x) = \sqrt{2\pi/L} \, u_k(x)$ となっているので，これを (B.7) の直交関係に代入すると

$$\delta_{kk'} = \int_0^L \psi_k{}^*(x) \, \psi_{k'}(x) \, dx \;\Leftrightarrow\; \frac{2\pi}{L} \int_{-\infty}^{\infty} u_k{}^*(x) \, u_{k'}(x) \, dx = \frac{2\pi}{L} \delta(k - k') \tag{B.28}$$

といえる．このことからクロネッカーの δ と δ 関数の間の対応は

$$\delta_{kk'} = \frac{2\pi}{L} \delta(k - k') \qquad (B.29)$$

と考えればよい．または，k の和と積分の変換公式 (B.13) を用いても，(B.29) の関係が納得できる．

7. δ 関数の公式

δ 関数の性質として，いくつかの有用なものをまとめておくと

$$\delta(-x) = \delta(x), \qquad x \, \delta(x) = 0, \qquad x \, \delta'(x) = -\delta(x) \qquad (B.30)$$

これらは，積分するときに効果が同じであるとして証明される．

δ 関数の中身が複雑なときは

$$\delta(ax) = \frac{1}{|a|}\delta(x), \qquad \delta(x^2 - a^2) = \frac{1}{2|a|}\{\delta(x-a) + \delta(x+a)\} \tag{B.31}$$

などとなる．また，

$$f(x)\,\delta(x-a) = f(a)\,\delta(x-a), \qquad \int_{-\infty}^{\infty} \delta(x-a)\,\delta(x-b)\,dx = \delta(a-b) \tag{B.32}$$

も成立する．

8. 運動量の確率分布

平面波関数 $u_k(x)$ は運動量演算子 $\hat{p}$ の固有状態であり，固有値 $p = \hbar k$ をもっている．したがって，第 5 章の一般論（(5.5) 付近の仮定 C）によれば，(B.23) の第 1 式の平面波展開の係数 $G(k)$ の絶対値の 2 乗 $|G(k)|^2$ は，運動量を測定したときに $p = \hbar k$ という値が得られる確率を意味していることになる．これを**運動量の確率分布**という．

確率分布の和が 1 になるかどうかチェックしてみよう．$G(k)$ を決める式，つまり，(B.23) の第 2 式を使うと，

$$\int_{-\infty}^{\infty} dk\,|G(k)|^2 = \int_{-\infty}^{\infty} dk \left\{\int_{-\infty}^{\infty} u_k{}^*(x)\,\psi(x)\,dx\right\}^* \int_{-\infty}^{\infty} u_k{}^*(x')\,\psi(x')\,dx'$$

$$= \int_{-\infty}^{\infty} dx \int_{-\infty}^{\infty} dx' \left\{\int_{-\infty}^{\infty} dk\,u_k(x)\,u_k{}^*(x')\right\} \psi^*(x)\,\psi(x')$$

$$= \int_{-\infty}^{\infty} dx \int_{-\infty}^{\infty} dx'\,\delta(x-x')\,\psi^*(x)\,\psi(x')$$

である．ここで k の積分はちょうど (B.27) と同じで δ 関数になることを使った．上の式で x' に関する積分をとり出すと，$\int_{-\infty}^{\infty} dx'\,\delta(x-x')\,\psi(x')$ となるが，これは δ 関数の定義により $\psi(x)$ と等しい．結局，

$$\int_{-\infty}^{\infty} dk\,|G(k)|^2 = \int_{-\infty}^{\infty} dx\,\psi^*(x) \left\{\int_{-\infty}^{\infty} dx'\,\delta(x-x')\,\psi(x')\right\} = \int_{-\infty}^{\infty} dx\,|\psi(x)|^2 \tag{B.33}$$

となる．右辺は波動関数の規格化条件なので 1 となり，運動量の確率分布 $|G(k)|^2$ の積分も 1 となることが示された．平面波展開の典型的な例が，第 4 章で調べた波束の場合である．(4.2) の波動関数 $\phi(x)$ における運動量の分布関数を調べてみるとよい．

付録 C　一般の角運動量の合成

§9.4 では最も単純な 2 つのスピン 1/2 の合成を行なったが，ここでは，一般に 2 つの角運動量の合成の仕方を具体的に示す（図 C.1）．

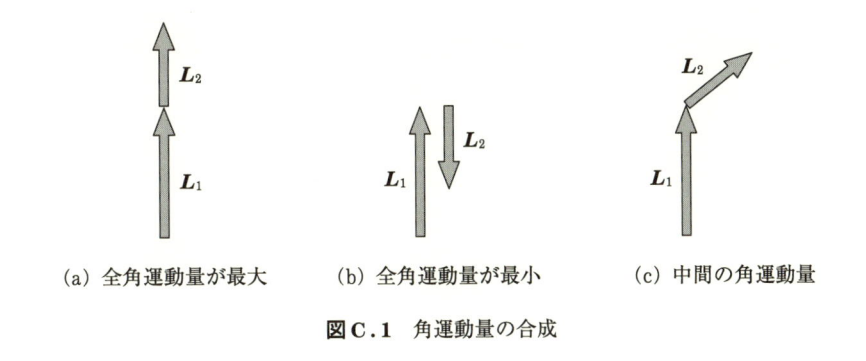

(a) 全角運動量が最大　　(b) 全角運動量が最小　　(c) 中間の角運動量

図 C.1　角運動量の合成

2 つの粒子がある場合を考え，それぞれの粒子に対する角運動量演算子を $\hat{L}_1^2$, $\hat{L}_{1z}$, $\hat{L}_2^2$, $\hat{L}_{2z}$ などと書く．添字の 1 は 1 番目の粒子，添字の 2 は 2 番目の粒子に対する演算子であることを示す．粒子 1 の固有状態を $|m_1\rangle$，粒子 2 の固有状態を $|m_2\rangle$ と書いて

$$\left.\begin{array}{ll} \hat{L}_1^2|m_1\rangle = l_1(l_1+1)|m_1\rangle, & \hat{L}_{1z}|m_1\rangle = m_1|m_1\rangle \\ \hat{L}_2^2|m_2\rangle = l_2(l_2+1)|m_2\rangle, & \hat{L}_{2z}|m_2\rangle = m_2|m_2\rangle \end{array}\right\} \quad \text{(C.1)}$$

が成り立っているとする（$\hbar$ は省略した）．$m_1 = -l_1, \cdots, l_1$, $m_2 = -l_2, \cdots, l_2$ である（§9.4 では $l_1 = l_2 = 1/2$ の場合を調べた）．

一般に粒子 1 と粒子 2 が両方ある場合の状態を，§9.4 と同じように直積を使って

$$|m_1\rangle \otimes |m_2\rangle \qquad (m_1 = -l_1, \cdots, l_1, \ m_2 = -l_2, \cdots, l_2) \qquad (\text{C.2})$$

と書くことにする．§9.4 と同じように $\hat{L} = \hat{L}_1 + \hat{L}_2$ として $\hat{L}^2$, $\hat{L}_z$, $\hat{L}_1^2$, $\hat{L}_2^2$ の 4つの演算子は同時対角化可能であることを示すことができる．さらに (C.1) の状態はすべて $\hat{L}_1^2$, $\hat{L}_2^2$, $\hat{L}_z$ の固有状態になっている（例題 9.4 参照）．$\hat{L}_1^2$, $\hat{L}_2^2$, $\hat{L}_z$ の固有値はそれぞれ，$l_1(l_1+1)$, $l_2(l_2+1)$, $m_1 + m_2$ である（$\hbar$ は省略した）．残された問題は，(C.2) の状態の適当な線形結合をつくって，全角運動量 $\hat{L}^2$ の固有状態をつくるということである．これができれば，$\hat{L}^2$, $\hat{L}_z$, $\hat{L}_1^2$, $\hat{L}_2^2$ のすべての演算子の共通の固有状態ができたことになる．

$\hat{L}_z$ の固有値を m と書くことにすると，m は $m_1 + m_2$ ($m_1 = -l_1, \cdots, l_1$, $m_2 = -l_2, \cdots, l_2$) という簡単なもので，(C.2) の書き方を使って m の大きい方から順に並べると，

$$\left.\begin{array}{ll} m = l_1 + l_2 & |l_1\rangle \otimes |l_2\rangle \\ m = l_1 + l_2 - 1 & |l_1\rangle \otimes |l_2 - 1\rangle, \ |l_1 - 1\rangle \otimes |l_2\rangle \\ m = l_1 + l_2 - 2 & |l_1\rangle \otimes |l_2 - 2\rangle, \ |l_1 - 1\rangle \otimes |l_2 - 1\rangle, \ |l_1 - 2\rangle \otimes |l_2\rangle \\ \quad \vdots & \qquad \cdots\cdots\cdots \\ \quad \vdots & \qquad \cdots\cdots\cdots \\ \quad \vdots & \qquad \cdots\cdots\cdots \\ m = -(l_1 + l_2 - 1) & |-l_1\rangle \otimes |-l_2 + 1\rangle, \ |-l_1 + 1\rangle \otimes |-l_2\rangle \\ m = -(l_1 + l_2) & |-l_1\rangle \otimes |-l_2\rangle \end{array}\right\} \quad (\text{C.3})$$

となっている．m_1 のとり得る値は $m_1 = l_1, l_1 - 1, \cdots, -l_1$ の $2l_1 + 1$ 個，m_2 のとり得る値は $m_2 = l_2, l_2 - 1, \cdots, -l_2$ の $2l_2 + 1$ 個なので，全部で $(2l_1 + 1)(2l_2 + 1)$ 個の状態がある．これらの状態は，そのままでは $\hat{L}^2$ の固有関数にはなっていない．そこで，いくつかの状態の線形結合をつくって $\hat{L}^2$ の固有関数をつくる必要がある．これを具体的に行なうには，以下のようにすればよい．

(1) まず，(C.3) の一番上の状態 $|l_1\rangle \otimes |l_2\rangle$ に着目する．この状態は $\hat{L}_z$ の固有状態で，固有値が $m = l_1 + l_2$ であるが，同時に $\hat{L}^2$ の固有状態でもある．実際，この状態に全角運動量の上昇演算子 $\hat{L}_+ = \hat{L}_{1+} + \hat{L}_{2+}$ を演算す

ると

$$\hat{L}_+|l_1\rangle \otimes |l_2\rangle = 0 \tag{C.4}$$

となる．この事情はスピン 1/2 の場合の (9.44) と同じである．

一方，$\hat{\boldsymbol{L}}^2 = \hat{L}_-\hat{L}_+ + \hat{L}_z^2 + \hat{L}_z$ なので，

$$\begin{aligned}\hat{\boldsymbol{L}}^2|l_1\rangle \otimes |l_2\rangle &= (\hat{L}_-\hat{L}_+ + \hat{L}_z^2 + \hat{L}_z)|l_1\rangle \otimes |l_2\rangle \\ &= (l_1 + l_2)(l_1 + l_2 + 1)|l_1\rangle \otimes |l_2\rangle \end{aligned} \tag{C.5}$$

が得られる．この式は，状態 $|l_1\rangle \otimes |l_2\rangle$ が $\hat{\boldsymbol{L}}^2$ の固有状態であることを意味している．このときの固有値を

$$\hat{\boldsymbol{L}}^2|l_1\rangle \otimes |l_2\rangle = l(l+1)|l_1\rangle \otimes |l_2\rangle \tag{C.6}$$

と書くことにすると，(C.5) と比較して $l = l_1 + l_2$ であることがわかる．

以上のことから，$|l_1\rangle \otimes |l_2\rangle$ は $\hat{\boldsymbol{L}}^2$, $\hat{L}_z$, $\hat{\boldsymbol{L}}_1^2$, $\hat{\boldsymbol{L}}_2^2$ の 4 つの演算子に共通な固有状態であることがわかる．特に (C.6) の $l(=l_1+l_2)$ のことを全角運動量の固有値が l であるということが多い．（正確には，全角運動量 $\hat{\boldsymbol{L}}^2$ の固有値が $l(l+1)$ であるが，省略して l という．）また m のことを全角運動量の z 成分の固有値であるという．ここで得られた状態は全角運動量が最大の値であり，図 C.1(a) のように考えればよい．

(2)　(1) で得られたように 1 つ固有状態がわかれば，$\hat{L}_-$ を順に演算することにより $\hat{L}_z$ の固有値 m が 1 つずつ減った状態をつくることができる（l は同じままである）．つまり，状態 $|l_1\rangle \otimes |l_2\rangle$ から出発して $\hat{L}_-|l_1\rangle \otimes |l_2\rangle$, $(\hat{L}_-)^2|l_1\rangle \otimes |l_2\rangle$ などをつくっていけば，$l = l_1 + l_2$ で，かつ $m = l_1 + l_2$, $m = l_1 + l_2 - 1$, $m = l_1 + l_2 - 2, \cdots, m = -l_1 - l_2$ までの $2(l_1 + l_2) + 1$ 個の状態を順につくることができる．

(3)　次に，(C.3) の上から 2 番目の状態に着目する．この 2 つの状態は，$\hat{L}_z$ の固有値が $m = l_1 + l_2 - 1$ の状態である．一方，(2) のプロセスでつくった $\hat{L}_-|l_1\rangle \otimes |l_2\rangle$ の状態も $m = l_1 + l_2 - 1$ の状態だから，(C.3) の上から 2 番目の状態の線形結合となっているはずである．したがって，これと直交する別の線形結合を 1 つつくることができる．この状態は同じ $\hat{L}_z$ の固有値 $m = l_1 + l_2 - 1$ をもつが，全角運動量は，$l = l_1 + l_2 - 1$ である

ことがわかる．これで，また1つ新しい固有状態が得られた．

(4) (3)で$l = l_1 + l_2 - 1, m = l_1 + l_2 - 1$という状態が得られたので，再び，$\hat{L}_-$を順に演算していけば，$m = l_1 + l_2 - 2, m = l_1 + l_2 - 3, \cdots, m = -(l_1 + l_2 - 1)$という固有状態をつくることができる．(1)と(2)でつくった状態と比べると，$\hat{L}^2$の固有値が異なっているので，必ず直交する．($\hat{L}^2$はエルミート演算子であり，異なる固有値をもつ固有状態は直交することに注意．)

(5) 次に，(C.3)の上から3番目の状態を考える．この3つの状態は，$\hat{L}_z$の固有値が$m = l_1 + l_2 - 2$の状態である．(2)と(4)の手続きによって，この3つの状態の線形結合で，かつ直交する2つの状態がすでに得られている．しかし，$m = l_1 + l_2 - 2$の状態は(C.3)の第3式のように3つあるので，もう1つ，いままで得られた2つの状態と直交する状態をつくることができる．こうしてつくった第3の状態が，(3)と同じ議論によって$l = l_1 + l_2 - 2, m = l_1 + l_2 - 2$の状態であることがわかる．

(6) 次に，$m = l_1 + l_2 - 3$に対して同じ手続きを繰り返す．

(7) このように固有状態をつくっていけばよいのだが，mがどの値まで同じように繰り返していけるのかどうかは，いままでの話では明らかではない．しかし，ちょうど$m = |l_1 - l_2|$のところで終わるはずであることがわかる．このとき全角運動量lが$l = |l_1 - l_2|$のものがつくられる（図 C.1(b)）．

以上のようにしてつくられた$l = l_1 + l_2$から$l = |l_1 - l_2|$まで状態の総数を数え上げてみよう．一般に，全角運動量がlの状態には$m = l, l-1, \cdots, -l$の$2l + 1$個の状態がある．したがって，上記の手順でつくった状態の数は級数で計算できて

$$\sum_{l=|l_1-l_2|}^{l_1+l_2}(2l+1) = \sum_{l=1}^{l_1+l_2}(2l+1) - \sum_{l=1}^{|l_1-l_2|-1}(2l+1)$$
$$= (l_1 + l_2 + 1)^2 - (|l_1 - l_2|)^2$$
$$= (2l_1 + 1)(2l_2 + 1) \qquad (C.7)$$

である．これで，(C.3) のすべての状態数と同じになり，余った状態はなくなるのである．

以上のように，l の最大値は $l_1 + l_2$，最小値は $|l_1 - l_2|$ である．古典力学の対応でいうと，前者はベクトル $\boldsymbol{L}_1$ と $\boldsymbol{L}_2$ が同じ向きを向いて足し合わさった状態，後者は $\boldsymbol{L}_1$ と $\boldsymbol{L}_2$ が反対向きで差をとった状態に対応するといえる（図 C.1）．中間の l の値の場合は，図 C.1(c) のように $\boldsymbol{L}_1$ と $\boldsymbol{L}_2$ が 180°以外の向きを向いたものであると考えればよいが，量子力学の場合，合成された全角運動量の値 l は離散的な値しかとらないのである．

演習問題略解

第 1 章

[1] スリットの幅を D, 波の波数を k, 回折した波の角度を θ とすると, 波の振幅は

$$\int_{-\frac{D}{2}}^{\frac{D}{2}} e^{ikx\sin\theta}\,dx = \frac{2\sin\left(\frac{1}{2}kD\sin\theta\right)}{k\sin\theta}$$

に比例する（詳しくは本シリーズの「振動・波動」を参照）.

[2] 運動量 $p = 6.04$ [kg·m/sec]. $\lambda = 2\pi\hbar/p = 1.10 \times 10^{-34}$ [m].

[3] $|\Psi(x,t)|^2 = |c_1|^2|\Psi_1(x,t)|^2 + |c_2|^2|\Psi_2(x,t)|^2$
$\qquad\qquad\qquad\qquad + 2\,\mathrm{Re}(c_1{}^*c_2\Psi_1{}^*(x,t)\Psi_2(x,t))$

[4] $|c_1|^2|\Psi_1(x,t)|^2$ と $|c_2|^2|\Psi_2(x,t)|^2$. 干渉を表す項は [3] の第3項である.

[5] $|\Psi(x,t)|^2 = |c_1|^2|\psi_1(x)|^2 + |c_2|^2|\psi_2(x)|^2$
$\qquad\qquad\qquad\qquad + 2\,\mathrm{Re}(c_1{}^*c_2 e^{\frac{i}{\hbar}(E_1-E_2)t}\psi_1{}^*(x)\psi_2(x))$

第3項が一般に時間に依存する.

[6] $\hat{p}(A_1 e^{ik_1 x} + A_2 e^{ik_2 x}) = A_1\hbar k_1 e^{ik_1 x} + A_2\hbar k_2 e^{ik_2 x}$

となるので, $k_1 \neq k_2$ なら元の関数形 $A_1 e^{ik_1 x} + A_2 e^{ik_2 x}$ に比例しない. したがって, 固有関数ではない.

[7] 期待値は値 (x) とそれの出る確率 $(|\Psi(x,t)|^2 = \Psi^*(x,t)\Psi(x,t))$ との積の和（いまの場合は積分）で与えられるので (1.35) になる.

[8] (1.18) の解 $\psi(x)$ がわかっているとして, $V(x) \to V(x) + V_0$ となったシュレーディンガー方程式に代入すると, 固有エネルギーが $E \to E + V_0$ となることがわかる. $\Psi(x,t) = e^{-\frac{i}{\hbar}(E+V_0)t}\psi(x)$.

第 2 章

[1] 運動量は $p = \hbar k = 1.05 \times 10^{-24}$ [kg·m/sec]. 電子の質量（見返し参照）で割ると 1.16×10^6 m/sec で光速の約 0.4% である.（第1章の例題1.1も参照）.

第 2 章　245

[2] 壁の中に $1/\kappa$ の距離だけ入るとする．往復で距離 $2/\kappa$ を古典論的な速度 $\hbar k/m$ で割り算すると，壁の中にいる時間 τ は $\tau = 2m/\hbar k\kappa$ となる．この間に位相は $E\tau/\hbar = (\hbar k^2/2m)\tau = k/\kappa$ だけ進む．これがそのまま δ になるのではなく，$\kappa \to \infty$ で固定端反射の $\delta = \pi/2$，$\kappa = 0$ で自由端反射の $\delta = 0$ となるように $\cot \delta = k/\kappa$ とすると本文の定義と同じになる．

[3] $x < 0$ では $\psi'(x) = -kA\sin(kx + \delta)$，$x \geq 0$ では $\psi'(x) = -\kappa A e^{-\kappa x} \times \cos \delta$．$x = 0$ を代入すると，それぞれ $-kA\sin\delta$ と $-\kappa A\cos\delta$ なので，δ の定義を考慮すると一致する．

[4] $\kappa = \sqrt{2m(V_0 - E)}/\hbar = 1/\sqrt{3}\,a = 5.77 \times 10^9$ [1/m] と，$\delta = \pi/6$ なので $\cos \delta = k/\sqrt{k^2 + \kappa^2} = \sqrt{E/V_0} = \sqrt{3}/2$，つまり $E = 3V_0/4$ を連立させて解けば，$E = 6.10 \times 10^{-19}$ [J] $= 3.81$ [eV]，$V_0 = 8.14 \times 10^{-19}$ [J] $= 5.08$ [eV]．

[5] $\kappa = 0$ となり，$A_1 = A_2 = B_2/2$ となるので $x < 0$ で $\phi(x) = A\cos kx$，$x \geq 0$ で $\phi(x) = A$（一定値）．$A_1 = A_2$ なので反射係数は 1．

[6] $\xi = ka$，$\eta = \kappa a$ とおくと ξ と η の満たす方程式は

$$\begin{cases} \xi \tan \xi = \eta & (2.56) \\ \xi^2 + \eta^2 = \dfrac{2mV_0 a^2}{\hbar^2} & (2.57) \end{cases}$$

である．(2.56) を ξ-η 平面上のグラフとして表すと図 2.10 の太い実線となる．一方 (2.57) は細い実線で表された半径 $\sqrt{2mV_0 a^2}/\hbar$ の円であり，交点が解 (ξ, η) である．V_0 (> 0) がいくら小さくても必ず 1 つ解がある（図の黒丸）．$V_0 \geq \pi^2 \hbar^2/2ma^2$ となると，(2.57) は図の点線の円となるので 2 つの解（図の 2 つの白丸）がある．

[7] 左右反対称の波動関数を

$$\left.\begin{array}{ll} \phi(x) = -B'e^{-\kappa|x|} & (x \leq -a) \\ \phi(x) = A'\sin kx & (-a < x < a) \\ \phi(x) = B'e^{-\kappa|x|} & (a \leq x) \end{array}\right\} \quad (2.58)$$

とおくと，$x = \pm a$ での境界条件から

$$\begin{vmatrix} \sin ka & -e^{-\kappa a} \\ k\cos ka & \kappa e^{-\kappa a} \end{vmatrix} = 0$$

つまり，$-k\cot ka = \kappa$ が成り立つ必要がある．[6] と同様に ξ と η で書くと，$-\xi\cot\xi = \eta$．これをグラフに表すと図 2.10 の太い破線となる．これと円との交点が解である．$V_0 < \pi^2\hbar^2/8ma^2$ では，この左右反対称な解は存在しない．

[8] V_0 が大きいと図 2.10 の円の半径が大きくなる．したがって，交点は大体 $\xi = \pi/2$ の奇数倍（左右対称の解）と $\xi = \pi/2$ の偶数倍（左右反対称の解）に

なる．$\xi = ka$ だからエネルギーは $E = \hbar^2 k^2/2m = \hbar^2 \xi^2/2ma^2 = \hbar^2\pi^2 n^2/8ma^2$ (n は正の整数) となる ((2.39))．

[**9**] 左右反対称の解が存在する条件は [7] で示したように $V_0 \geqq \pi^2\hbar^2/8ma^2$, つまり $V_0 a^2 \geqq \pi^2\hbar^2/8m$ である．しかし，§2.5 では $V_0 \to \infty$, $a \to 0$, $2aV_0 = U_0$ (一定) という極限をとったので，左辺の $V_0 a^2$ は $V_0 a^2 = (V_0 a) \times a \to 0$ となってしまう．したがって，解が存在する条件を満たすことができない．

[**10**] $x = a$ で

$$\left.\begin{array}{l} B_1 e^{\kappa a} + B_2 e^{-\kappa a} = C_1 e^{ika} + C_2 e^{-ika} \\ \kappa(B_1 e^{\kappa a} - B_2 e^{-\kappa a}) = ik(C_1 e^{ika} - C_2 e^{-ika}) \end{array}\right\} \tag{2.59}$$

$x = -a$ で

$$\left.\begin{array}{l} A_1 e^{-ika} + A_2 e^{ika} = B_1 e^{-\kappa a} + B_2 e^{\kappa a} \\ ik(A_1 e^{-ika} - A_2 e^{ika}) = \kappa(B_1 e^{-\kappa a} - B_2 e^{\kappa a}) \end{array}\right\} \tag{2.60}$$

(2.59) で $C_2 = 0$ とおいて解けば (2.52) の B_1, B_2 が求まる．得られた B_1, B_2 を (2.60) に代入して A_1, A_2 が求まる．透過係数は (2.53)，反射係数は

$$R = \frac{|A_2|^2}{|A_1|^2} = \frac{(k^2 + \kappa^2)^2 \sinh^2 2\kappa a}{4k^2\kappa^2 + (k^2 + \kappa^2)^2 \sinh^2 2\kappa a} \tag{2.61}$$

となる．

[**11**] 左右対称な解は $B_1 = B_2 = B$, $A_1 = C_2$, $A_2 = C_1$ なので (2.59) を解くと

$$\left.\begin{array}{l} C_1 = \left(\cosh \kappa a + \dfrac{\kappa}{ik} \sinh \kappa a\right) e^{-ika} B = A_2 \\ C_2 = \left(\cosh \kappa a - \dfrac{\kappa}{ik} \sinh \kappa a\right) e^{ika} B = A_1 \end{array}\right\} \tag{2.62}$$

左右反対称な解は $B_1 = -B_2 = B'$, $A_1 = -C_2$, $A_2 = -C_1$ なので

$$\left.\begin{array}{l} C_1 = \left(\sinh \kappa a + \dfrac{\kappa}{ik} \cosh \kappa a\right) e^{-ika} B' = -A_2 \\ C_2 = \left(\sinh \kappa a - \dfrac{\kappa}{ik} \cosh \kappa a\right) e^{ika} B' = -A_1 \end{array}\right\} \tag{2.63}$$

[10] の散乱問題の解をつくるには (2.62) と (2.63) の線形結合をつくって C_2 を消せばよい．例えば

$$B = -\left(\sinh \kappa a - \frac{\kappa}{ik} \cosh \kappa a\right) C, \quad B' = \left(\cosh \kappa a - \frac{\kappa}{ik} \sinh \kappa a\right) C$$

とおいて (2.62) と (2.63) の和をつくれば $C_2 = 0$ となる．その結果

$$C_1 = \frac{2\kappa}{ik} e^{-ika} C$$

$$B_1 = \frac{\kappa + ik}{ik} e^{-\kappa a} C, \quad B_2 = \frac{\kappa - ik}{ik} e^{\kappa a} C$$

$$A_1 = \left(-\frac{k^2 - \kappa^2}{k^2} e^{ika} \sinh 2\kappa a + \frac{2\kappa}{ik} e^{ika} \cosh 2\kappa a\right) C$$

$$A_2 = -\frac{k^2 + \kappa^2}{k^2} e^{-ika} \sinh 2\kappa a \cdot C$$

となる.A_1, A_2, B_1, B_2 を C_1 で表すと (2.52) が得られる.

[**12**] [10] の解や (2.52) で形式的に $\kappa \to ik'$ ($k' = \sqrt{2m(E + V_0)}$) とおきかえれば, 井戸型ポテンシャルの $E = \hbar^2 k^2/2m > 0$ での解となる. したがって, 透過係数は (2.53) で $\kappa \to ik'$ として

$$T = \frac{4k^2 k'^2}{4k^2 k'^2 + (k^2 - k'^2)^2 \sin^2 2k'a}$$

となる.

第 3 章

[**1**] 各自で確かめること.

[**2**] $\int_{-\infty}^{\infty} |\phi_0(x)|^2 \, dx = c_0^2 \int_{-\infty}^{\infty} e^{-\frac{x^2}{\xi^2}} \, dx = c_0^2 \xi \sqrt{\pi}$ なので $c_0 = \frac{1}{\sqrt{\xi\sqrt{\pi}}}$,

$\int_{-\infty}^{\infty} |\phi_1(x)|^2 \, dx = c_1^2 \int_{-\infty}^{\infty} \frac{x^2}{\xi^2} e^{-\frac{x^2}{\xi^2}} \, dx = \frac{1}{2} c_1^2 \xi \sqrt{\pi}$ なので $c_1 = \sqrt{\frac{2}{\xi\sqrt{\pi}}}$,

$\int_{-\infty}^{\infty} |\phi_2(x)|^2 \, dx = c_2^2 \int_{-\infty}^{\infty} \left(-2\frac{x^2}{\xi^2} + 1\right)^2 e^{-\frac{x^2}{\xi^2}} \, dx = c_2^2 \left(4 \cdot \frac{3}{4} - 4 \cdot \frac{1}{2} + 1\right) \xi \sqrt{\pi}$

なので $c_2 = \frac{1}{\sqrt{2\xi\sqrt{\pi}}}$.

[**3**] 各自で確かめること.

[**4**] $\overline{V(x)} = \frac{1}{2} m\omega^2 \overline{x^2} = \frac{1}{4} m\omega^2 \xi^2 = \frac{1}{4} m\omega^2 \frac{\hbar}{m\omega} = \frac{1}{4} \hbar\omega = \frac{1}{2} E$

[**5**] [2] から $\phi_1(x) = \sqrt{2/\xi\sqrt{\pi}} \, (x/\xi) e^{-\frac{x^2}{2\xi^2}}$

$$\overline{x^2} = \int_{-\infty}^{\infty} x^2 |\phi_1(x)|^2 \, dx = \frac{2}{\xi\sqrt{\pi}} \int_{-\infty}^{\infty} \frac{x^4}{\xi^2} e^{-\frac{x^2}{\xi^2}} \, dx = \frac{3}{2} \xi^2$$

したがって $\Delta x = \sqrt{3/2}\,\xi$, また $\overline{V(x)} = m\omega^2 \overline{x^2}/2 = (3/4)\hbar\omega$. これは, やはり $E = (3/2)\hbar\omega$ のちょうど半分である.

[**6**] $-\frac{\hbar^2}{2m} \frac{d^2}{dx^2} \psi(x) + \frac{1}{2} m\omega^2 x^2 \, \psi(x) = \hat{H} \, \psi(x) = E \, \psi(x)$

において $x \to ax'$ と (スケール) 変換する. $\psi(ax') \equiv \psi(x', a)$ とおくと,

$$-\frac{\hbar^2}{2m} \frac{1}{a^2} \frac{\partial^2}{\partial x'^2} \psi(x', a) + \frac{1}{2} m\omega^2 a^2 x'^2 \, \psi(x', a) = E \, \psi(x', a)$$

を満たす．ここで $x' \to x$ と書き直し，演算子 $\hat{T} = (-\hbar^2/2m)(\partial^2/\partial x^2)$, $\hat{V} = m\omega^2 x^2/2$ を使うと

$$\left(\frac{1}{a^2}\hat{T} + a^2\hat{V}\right)\phi(x,a) = E\,\phi(x,a)$$

と書ける．両辺に $\phi^*(x,a)$ を掛けて積分すると

$$\int \phi^*(x,a)\left(\frac{1}{a^2}\hat{T} + a^2\hat{V}\right)\phi(x,a)\,dx = E\int \phi^*(x,a)\,\phi(x,a)\,dx$$

この両辺を a で偏微分すると

$$\int \frac{\partial \phi^*(x,a)}{\partial a}\left(\frac{1}{a^2}\hat{T} + a^2\hat{V}\right)\phi(x,a)\,dx$$
$$+ \int \phi^*(x,a)\left(-\frac{2}{a^3}\hat{T} + 2a\hat{V}\right)\phi(x,a)\,dx$$
$$+ \int \phi^*(x,a)\left(\frac{1}{a^2}\hat{T} + a^2\hat{V}\right)\frac{\partial \phi(x,a)}{\partial a}\,dx$$
$$= E\int \frac{\partial \phi^*(x,a)}{\partial a}\phi(x,a)\,dx + E\int \phi^*(x,a)\frac{\partial \phi(x,a)}{\partial a}\,dx$$

ここで $a=1$ とおけば，$\phi(x,1) = \phi(x)$ を考慮して

$$\int \frac{\partial \phi^*(x,a)}{\partial a}\bigg|_{a=1}(\hat{T}+\hat{V})\phi(x)\,dx + \int \phi^*(x)(-2\hat{T}+2\hat{V})\phi(x)\,dx$$
$$+ \int \phi^*(x)(\hat{T}+\hat{V})\frac{\partial \phi(x,a)}{\partial a}\bigg|_{a=1}dx$$
$$= E\int \frac{\partial \phi^*(x,a)}{\partial a}\bigg|_{a=1}\phi(x)\,dx + E\int \phi^*(x)\frac{\partial \phi(x,a)}{\partial a}\bigg|_{a=1}dx$$

ここで $\hat{H}\phi = (\hat{T}+\hat{V})\phi = E\phi$ および $\hat{H}$ のエルミート性を用いると，$\hat{T}+\hat{V}$ の項と E の項は打ち消す．残りの項は

$$2\int \phi^*(x)\hat{T}\phi(x)\,dx = 2\int \phi^*(x)\hat{V}\phi(x)\,dx$$

と書けるので，運動エネルギーの期待値（左辺）とポテンシャルエネルギーの期待値（右辺）は等しくなる．

[7]
$$-\frac{\hbar^2}{2m}\frac{d^2}{dx^2}\phi^*(x) + V(x)\phi^*(x) = E\,\phi^*(x)$$

したがって $\phi^*(x)$ と $\phi(x)$ は同じシュレーディンガー方程式の固有関数であり，同じ固有値 E をもつ．いま，E が縮退していなければ $\phi^*(x)$ は $\phi(x)$ に比例しているはずであり $\phi^*(x) = C\,\phi(x)$ (C は，ある複素数の定数)．

この両辺の絶対値をとると $|\phi(x)|^2 = |C|^2|\phi(x)|^2$ なので $|C|^2 = 1$. $C = e^{i\theta}$ とおき，新たに $\tilde{\phi}(x) = e^{\frac{i\theta}{2}}\phi(x)$ とおけば

$$\tilde{\phi}^*(x) = e^{-\frac{i\theta}{2}}\phi^*(x) = e^{-\frac{i\theta}{2}}C\,\phi(x) = e^{\frac{i\theta}{2}}\phi(x) = \tilde{\phi}(x)$$

となるので $\tilde{\phi}(x)$ は実数関数であり，かつ固有値 E の固有関数である．

[8] もし同じエネルギー E をもつ 2 つの線形独立な波動関数 $\psi_1(x)$, $\psi_2(x)$ があったとする.
$$f(x) = \psi_1{}'(x)\psi_2(x) - \psi_1(x)\psi_2{}'(x)$$
とおくと
$$f'(x) = \psi_1{}''(x)\psi_2(x) - \psi_1(x)\psi_2{}''(x)$$
$\psi_1{}''(x)$ と $\psi_2{}''(x)$ にシュレーディンガー方程式
$$-\frac{\hbar^2}{2m}\psi_1{}''(x) + V(x)\psi_1(x) = E\psi_1(x)$$
を代入すると
$$f'(x) = \frac{2m}{\hbar^2}\{V(x) - E\}\psi_1(x)\psi_2(x) - \psi_1(x)\frac{2m}{\hbar^2}\{V(x) - E\}\psi_2(x) = 0$$
となり, $f'(x) = 0$ である.

一方, 束縛状態という仮定から, $x \to \infty$ で $\psi_1(x) \to 0$, $\psi_2(x) \to 0$. したがって $f(x) \to 0$. このことと $f'(x) = 0$ から $f(x) = $ 一定値 $= 0$ が得られる. したがって $f(x)$ の定義式から
$$\frac{\psi_1{}'(x)}{\psi_1(x)} = \frac{\psi_2{}'(x)}{\psi_2(x)}$$
が成り立つ. この式を $g(x)$ とおいて微分方程式を解くと
$$\left.\begin{array}{l}\psi_1(x) = A\exp\left[\int_{-\infty}^{x}g(x')\,dx'\right]\\[2mm]\psi_2(x) = B\exp\left[\int_{-\infty}^{x}g(x')\,dx'\right]\end{array}\right\} \quad (A, B \text{ は未定係数})$$
となるが, これは $\psi_1(x)$ と $\psi_2(x)$ が線形独立ということに反する.

第 4 章

[1] $|\psi(x)|^2 = (1/a\sqrt{\pi})e^{-\frac{x^2}{a^2}}$ に注意して積分を実行すればよい.

[2] $\varDelta x = 1$ [Å] なので $\varDelta p = \hbar/2\varDelta x = 5.3 \times 10^{-25}$ [kg·m/sec], 速度にすれば $\varDelta p/m = 5.8 \times 10^5$ [m/sec] となる.

[3] 規格化定数の C を決める.
$$\int_{-a}^{a}|\psi_0(x)|^2\,dx = \int_{-a}^{a}C^2\cos^2\left(\frac{\pi x}{2a}\right)dx = C^2\int_{-a}^{a}\frac{1}{2}\left\{1 + \cos\left(\frac{\pi x}{a}\right)\right\}dx = aC^2$$
なので, $C = 1/\sqrt{a}$.

250　演習問題略解

$$\overline{x^2} = \int_{-a}^{a} x^2 |\psi_0(x)|^2 \, dx = \int_{-a}^{a} x^2 C^2 \cos^2\left(\frac{\pi x}{2a}\right) dx$$
$$= C^2 \int_{-a}^{a} \frac{x^2}{2} \left\{1 + \cos\left(\frac{\pi x}{a}\right)\right\} dx = \left(\frac{1}{3} - \frac{2}{\pi^2}\right) a^2 \cong 0.131 a^2$$

となる.

$$\Delta x = 0.362 a$$

[4]　$$i\hbar \frac{\partial}{\partial t} \Psi(x,t) = \int_{-\infty}^{\infty} \frac{\hbar^2 k^2}{2m} A e^{-\frac{a^2}{2}(k-k_0)^2} e^{-\frac{i}{\hbar} \frac{\hbar^2 k^2}{2m} t} e^{ikx} \, dk$$

を用いる.

[5]　$$\int_{-\infty}^{\infty} \cos bx^2 e^{-cx^2} \, dx = \int_{0}^{\infty} \frac{1}{\sqrt{z}} \cos bz e^{-cz} \, dz$$
$$= \frac{\sqrt{\pi}}{(b^2 + c^2)^{1/4}} \cos\left(\frac{1}{2} \tan^{-1} \frac{b}{c}\right)$$

(例えば「岩波数学公式 I」の p.231)

$$\int_{-\infty}^{\infty} \sin bx^2 e^{-cx^2} \, dx = \frac{\sqrt{\pi}}{(b^2 + c^2)^{1/4}} \sin\left(\frac{1}{2} \tan^{-1} \frac{b}{c}\right)$$

さらに $c + ib = (b^2 + c^2)^{1/2} e^{i \tan^{-1} \frac{b}{c}}$ を考えれば $(c+ib)^{-1/2}$ と関連がつく.

[6]　各自で確かめよ.

[7]　(4.13) の代わりに

$$\Psi(x,t) = \int_{-\infty}^{\infty} A e^{-\frac{a^2}{2}(k-k_0)^2} e^{-i\omega(k)t} e^{ikx} \, dk$$

を考える. $\omega(k)$ に与えられた展開を代入すると

$$\Psi(x,t) = \int_{-\infty}^{\infty} A \exp\left\{-\frac{a^2}{2}(k-k_0)^2 - i\omega(k_0)t - i \frac{d\omega(k)}{dk}\bigg|_{k=k_0}(k-k_0)t + ikx\right\} dk$$

$$= \int_{-\infty}^{\infty} A \exp\left\{-\frac{a^2}{2}\left(k - k_0 - \frac{ix}{a^2} + i\frac{d\omega(k)}{dk}\bigg|_{k=k_0} \frac{t}{a^2}\right)^2 - i\omega(k_0)t + ik_0 x - \frac{1}{2a^2}\left(x - \frac{d\omega(k)}{dk}\bigg|_{k=k_0} t\right)^2 \right\} dk$$

$$= A\sqrt{\frac{2\pi}{a^2}} \exp\left\{-\frac{1}{2a^2}\left(x - \frac{d\omega(k)}{dk}\bigg|_{k=k_0} t\right)^2 + ik_0 x - i\omega(k_0)t\right\}$$

[8]　期待値の定義については §5.2 を参照.

[9]　規格化された固有関数は

$$\psi_n(x) = \frac{1}{\sqrt{\xi}\sqrt{\pi} \, 2^n n!} H_n\left(\frac{x}{\xi}\right) e^{-\frac{1}{2}\frac{x^2}{\xi^2}}$$

一方, $H_n(z)$ の母関数は

$$\sum_{n=0}^{\infty} \frac{t^n}{n!} H_n(z) = e^{-t^2 + 2zt}$$

なので，$z = x/\xi$ として $H_n(z)$ を $\psi_n(x)$ で書き直すと

$$\sum_{n=0}^{\infty} \frac{\sqrt{2^n}}{\sqrt{n!}} t^n \psi_n(x) = \frac{1}{\sqrt{\xi}\sqrt{\pi}} e^{-\frac{1}{2}z^2 - t^2 + 2zt} = \frac{1}{\sqrt{\xi}\sqrt{\pi}} e^{-\frac{1}{2}(z-2t)^2 + t^2}$$

ここで $2t = z_0 = x_0/\xi$ とおけば，右辺は設問の波動関数 $\psi(x)$ に e^{t^2} を掛けたものになるので

$$\psi(x) = \frac{1}{\sqrt{\xi}\sqrt{\pi}} e^{-\frac{1}{2}(z-z_0)^2} = \sum_{n=0}^{\infty} \frac{z_0^n}{\sqrt{n!\,2^n}} e^{-\frac{z_0^2}{4}} \psi_n(x) \qquad (4.28)$$

この式は $x = x_0 (z = z_0)$ を中心とした波動関数 $\psi(x)$ を，$x = 0$ を中心とした調和振動子の固有関数 $\psi_n(x)$ で展開した式になっている．

（直接内積をとって

$$\int_{-\infty}^{\infty} \psi_n{}^*(x) \frac{1}{\sqrt{\xi}\sqrt{\pi}} e^{-\frac{1}{2}(z-z_0)^2} dx = \frac{1}{\xi\sqrt{\pi}} \frac{1}{\sqrt{n!\,2^n}} \int_{-\infty}^{\infty} H_n(z) e^{-\frac{1}{2}z^2} e^{-\frac{1}{2}(z-z_0)^2} dx$$
$$= \frac{z_0^n}{\sqrt{n!\,2^n}} e^{-\frac{z_0^2}{4}}$$

を示すこともできる．）

時間発展すると，$\psi_n(x)$ は $e^{-\frac{i}{\hbar} E_n t} \psi_n(x)$ と位相がつくので，時刻 t では (4.28) が

$$\Psi(x, t) = \sum_{n=0}^{\infty} \frac{z_0^n}{\sqrt{n!\,2^n}} e^{-\frac{z_0^2}{4}} e^{-i\omega\left(n + \frac{1}{2}\right)t} \psi_n(x)$$
$$= \sum_{n=0}^{\infty} \frac{(z_0 e^{-i\omega t})^n}{\sqrt{n!\,2^n}} e^{-\frac{1}{4}(z_0 e^{-i\omega t})^2} \psi_n(x) \cdot e^{-\frac{i}{2}\omega t - \frac{z_0^2}{4} + \frac{1}{4}(z_0 e^{-i\omega t})^2}$$

となる．最後の表式の前半は，(4.28) で z_0 を $z_0 e^{-i\omega t}$ におきかえたものだから

$$\Psi(x, t) = \frac{1}{\sqrt{\xi}\sqrt{\pi}} e^{-\frac{1}{2}(z - z_0 e^{-i\omega t})^2} e^{-\frac{i}{2}\omega t - \frac{z_0^2}{4} + \frac{1}{4}(z_0 e^{-i\omega t})^2}$$
$$= \frac{1}{\sqrt{\xi}\sqrt{\pi}} e^{-\frac{1}{2}(z - z_0 \cos\omega t)^2 - i z z_0 \sin\omega t} e^{-\frac{i}{2}\omega t} e^{\frac{i}{4} z_0^2 \sin 2\omega t}$$

これは，中心が $x_0 \cos\omega t$ で移動し，波数が $k = -(x_0/\xi^2)\sin\omega t = -(m\omega x_0/\hbar)\sin\omega t$ であるような波束を表している．実際，

$$\bar{x}(t) = \int_{-\infty}^{\infty} x |\Psi(x, t)|^2 \, dx = x_0 \cos\omega t$$
$$\bar{p}(t) = \int_{-\infty}^{\infty} \Psi^*(x, t) \hat{p} \Psi(x, t) \, dx = -m\omega x_0 \sin\omega t$$

が示される．この $\bar{x}(t)$，$\bar{p}(t)$ は古典力学の調和振動子と同じである．また，$\overline{(\Delta x)^2} = \xi^2/2$，$\overline{(\Delta p)^2} = (\hbar^2/2\xi^2) = m\omega/2$ であることもわかり，時間によらず $\sqrt{\overline{(\Delta x)^2}\,\overline{(\Delta p)^2}} = \hbar/2$ である．（このようなものを最小波束という．）

第 5 章

[1] $[\hat{A}, \hat{B}]\hat{C} + \hat{B}[\hat{A}, \hat{C}] = (\hat{A}\hat{B} - \hat{B}\hat{A})\hat{C} + \hat{B}(\hat{A}\hat{C} - \hat{C}\hat{A})$
$= \hat{A}\hat{B}\hat{C} - \hat{B}\hat{C}\hat{A}$

などと変形すればよい.

[2] $\hat{f}\psi_n = f_n\psi_n$ のとき $(\hat{f}\psi_n)^* = f_n^*\psi_n^*$. したがって $\int (\hat{f}\psi_n)^*\psi_n\,dx = f_n^*$. 一方, $\hat{f}$ はエルミートなので $\int (\hat{f}\psi_n)^*\psi_n\,dx = \int \psi_n^*\hat{f}\psi_n\,dx = \int \psi_n^*f_n\psi_n\,dx = f_n$ も成り立つ. よって, $f_n^* = f_n$.

[3] $\tilde{\psi}_m = \psi_m - \psi_n\int \psi_n^*\psi_m\,dx$ (例題 5.3 と同じ)

$\tilde{\psi}_l = \psi_l - \tilde{\psi}_m\int \tilde{\psi}_m^*\psi_l\,dx - \psi_n\int \psi_n^*\psi_l\,dx$

[4] $\left[\dfrac{1}{2m}\hat{p}^2, \hat{p}\right] = 0$, $[V(x), \hat{p}] = V(x)\hat{p} - \hat{p}V(x)$

のうち, (5.20) と同じように第 2 項で $\hat{p}$ が $V(x)$ に演算されるものが余分に残るので, $i\hbar\,\partial V(x)/\partial x$.

[5] (5.45) のように変形すると,

$$\dfrac{d}{dt}\bar{E} = \dfrac{i}{\hbar}\int [\{\hat{H}\,\Psi(x,t)\}^*\,\hat{H}\,\Psi(x,t) - \Psi^*(x,t)\hat{H}\{\hat{H}\,\Psi(x,t)\}]\,dx$$

右辺第 1 項で $\hat{H}$ がエルミート演算子であることを用いると第 2 項と全く同じになり, 両者は打ち消すので $d\bar{E}/dt = 0$.

[6] 積分領域が (5.45) と異なるので, $\hat{H}$ がエルミートであることを用いることができない. 具体的に $\hat{H}$ の形を代入すると, $V(x)$ の項は 2 つの項で打ち消す. 残る項は

$$\dfrac{d}{dt}\int_{-L}^{L}|\Psi(x,t)|^2\,dx = \dfrac{i}{\hbar}\int_{-L}^{L}\left[\left\{-\dfrac{\hbar^2}{2m}\dfrac{\partial^2}{\partial x^2}\Psi(x,t)\right\}^*\Psi(x,t)\right.$$
$$\left. - \Psi^*(x,t)\left\{-\dfrac{\hbar^2}{2m}\dfrac{\partial^2}{\partial x^2}\Psi(x,t)\right\}\right]dx$$

一方, (5.48) の $J(x,t)$ の定義から

$$-\dfrac{\partial}{\partial x}J(x,t) = \dfrac{i\hbar}{2m}\left\{\Psi^*(x,t)\dfrac{\partial^2}{\partial x^2}\Psi(x,t) - \dfrac{\partial^2}{\partial x^2}\Psi^*(x,t)\cdot\Psi(x,t)\right\}$$

これは, 上式の積分の中身と同じである.

(5.47) の左辺の物理的意味は,「領域 $-L < x < L$ で粒子が見出される確率の時間変化」であり, 右辺第 1 項の $-J(L,t)$ は単位時間当りに「$x = L$ で右側に確率密度が流れ出す量」, 右辺第 2 項の $+J(-L,t)$ は「$x = -L$ で左

側から確率密度が流れ込む量」を表すと考えられる．

[7] 運動量演算子を波動関数で挟むと $-i\hbar\Psi^*(x,t)(\partial/\partial x)\Psi(x,t)$ となる．これを質量 m で割れば速度に相当するものとなるが，これだけでは一般に複素数なので物理量としてふさわしくない．そこで，この式の複素共役を足して 2 で割ったものがちょうど $J(x,t)$ の定義式 (5.48) となっている．

[8] §2.3 の問題のとき時間依存性はすべて $e^{-\frac{i}{\hbar}Et}$ $(E=\hbar^2k^2/2m)$ がつくだけである．$x<0$ で $\Psi(x,t)=e^{-\frac{i}{\hbar}Et}(A_1e^{ikx}+A_2e^{-ikx})$ を (5.48) に代入すると

$$J(x,t) = -\frac{i\hbar}{2m}\{e^{\frac{i}{\hbar}Et}(A_1^*e^{-ikx}+A_2^*e^{ikx})\cdot e^{-\frac{i}{\hbar}Et}(ikA_1e^{ikx}-ikA_2e^{-ikx})$$
$$-e^{\frac{i}{\hbar}Et}(-ikA_1^*e^{-ikx}+ikA_2^*e^{ikx})e^{-\frac{i}{\hbar}Et}(A_1e^{ikx}+A_2e^{-ikx})\}$$
$$=\frac{\hbar k}{m}|A_1|^2-\frac{\hbar k}{m}|A_2|^2$$

第 1 項が入射波，第 2 項が反射波の確率の流れの密度である．2 つの平面波の積の項（$A_1^*A_2$ に比例する項）は，ちょうど打ち消すことがわかる．

[9] $\int_{-\infty}^{\infty}|(\hat{x}+ia\hat{p})\phi(x)|^2\,dx$

$$=\int_{-\infty}^{\infty}\{(\hat{x}+ia\hat{p})\phi(x)\}^*(\hat{x}+ia\hat{p})\phi(x)\,dx$$
$$=\int_{-\infty}^{\infty}\{(\hat{x}\phi(x))^*-ia(\hat{p}\phi(x))^*\}(\hat{x}+ia\hat{p})\phi(x)\,dx$$
$$=\int_{-\infty}^{\infty}\phi^*(x)(\hat{x}-ia\hat{p})(\hat{x}+ia\hat{p})\phi(x)\,dx$$
$$=\overline{x^2}+a^2\overline{p^2}+ia\int\phi^*(x)[\hat{x},\hat{p}]\phi(x)\,dx$$
$$=\overline{x^2}+a^2\overline{p^2}-\hbar a=(\Delta x)^2+a^2(\Delta p)^2-\hbar a$$

この式は左辺から考えて正なので
$$(\Delta x)^2+a^2(\Delta p)^2-\hbar a\geq 0$$
である．この式が任意の a に対して成り立つためには，a の 2 次関数と考えたときの判別式が負でなければならない．
$$D=\hbar^2-4(\Delta x)^2(\Delta p)^2\leq 0$$
したがって
$$(\Delta x)(\Delta p)\geq\frac{\hbar}{2}$$
となる．

第 6 章

[1] 各自で確かめること.

[2] $\Delta = \dfrac{1}{r}\dfrac{\partial}{\partial r}\left(r\dfrac{\partial}{\partial r}\right) + \dfrac{1}{r^2}\dfrac{\partial^2}{\partial \theta^2} + \dfrac{\partial^2}{\partial z^2}$

[3] 力 $= L^2/mr^3$,遠心力 mv^2/r に $v = L/mr$ を代入すると $mv^2/r = L^2/mr^3$.

[4] $\hat{L}^2$ は r とは無関係なので,
$$\left[-\dfrac{\hbar^2}{2m}\dfrac{1}{r^2}\dfrac{\partial}{\partial r}\left(r^2\dfrac{\partial}{\partial r}\right),\ \hat{L}^2\right] = 0,\quad [V(r), \hat{L}^2] = 0$$
また,$[\hat{L}^2, \hat{L}^2] = 0$ なので $[\hat{H}, \hat{L}^2] = 0$.

[5] 各自で確かめること.

[6] 各自で確かめること.

[7] (6.37) に代入すると
$$\dfrac{d}{dz}\left[(1-z^2)\dfrac{dP}{dz}\right] = \dfrac{d}{dz}[(1-z^2)(alz^{l-1} + \cdots)] = \dfrac{d}{dz}[-alz^{l+1} + \cdots]$$
$$= -al(l+1)z^l + \cdots$$

[8] 例えば $P_2(z)$ については $P_2(z) = a(z^2 - 1/3)$ とすると
$$\int_{-1}^{1}|P_2(z)|^2\,dz = a^2\int_{-1}^{1}\left(z^2 - \dfrac{1}{3}\right)^2 dz = \dfrac{8}{45}a^2$$
これが 1 になるためには $a = 3\sqrt{5}/2\sqrt{2}$.

[9] $\displaystyle\int_{-1}^{1}\psi_n{}^{*}\dfrac{d}{dz}\left[(1-z^2)\dfrac{d}{dz}\right]\psi_m\,dz$
$$= \psi_n{}^{*}(1-z^2)\dfrac{d}{dz}\psi_m\bigg|_{-1}^{1} - \int_{-1}^{1}\dfrac{d\psi_n{}^{*}}{dz}(1-z^2)\dfrac{d\psi_m}{dz}\,dz$$
$$= -\dfrac{d\psi_n{}^{*}}{dz}(1-z^2)\psi_m\bigg|_{-1}^{1} + \int_{-1}^{1}\dfrac{d}{dz}\left[(1-z^2)\dfrac{d\psi_n{}^{*}}{dz}\right]\cdot\psi_m\,dz$$
$$= \int_{-1}^{1}\left\{\dfrac{d}{dz}\left[(1-z^2)\dfrac{d}{dz}\right]\psi_m\right\}^{*}\psi_n\,dz$$

直交性の証明は (5.40) と同じ,$P_l(z)$ の固有値は $l(l+1)$ なので,異なる l に対して固有値も異なる.

[10] (6.49) を (6.36) の左辺に代入すると

$$\frac{d}{dz}\left[(1-z^2)\frac{d}{dz}\left\{(1-z^2)^{\frac{m}{2}}\frac{d^m P_l}{dz^m}\right\}\right] - \frac{m^2}{1-z^2}(1-z^2)^{\frac{m}{2}}\frac{d^m P_l}{dz^m}$$

$$= \frac{d}{dz}\left[-mz(1-z^2)^{\frac{m}{2}}\frac{d^m P_l}{dz^m} + (1-z^2)^{\frac{m}{2}+1}\frac{d^{m+1}P_l}{dz^{m+1}}\right] - m^2(1-z^2)^{\frac{m}{2}-1}\frac{d^m P_l}{dz^m}$$

$$= -m(m+1)(1-z^2)^{\frac{m}{2}}\frac{d^m P_l}{dz^m} - 2(m+1)z(1-z^2)^{\frac{m}{2}}\frac{d^{m+1}P_l}{dz^{m+1}}$$

$$+ (1-z^2)^{\frac{m}{2}+1}\frac{d^{m+2}P_l}{dz^{m+2}}$$

$$\tag{6.53}$$

一方, (6.37) ($\widetilde{\Lambda} = l(l+1)$) を m 階微分すると

$$\frac{d^{m+1}}{dz^{m+1}}\left[(1-z^2)\frac{dP_l}{dz}\right] = l(l+1)\frac{d^m}{dz^m}P_l$$

左辺は

$$(1-z^2)\frac{d^{m+2}P_l}{dz^{m+2}} + {}_{m+1}\mathrm{C}_1\frac{d}{dz}(1-z^2)\frac{d^{m+1}P_l}{dz^{m+1}} + {}_{m+1}\mathrm{C}_2\frac{d^2}{dz^2}(1-z^2)\frac{d^m P_l}{dz^m}$$

$$= (1-z^2)\frac{d^{m+2}P_l}{dz^{m+2}} - 2(m+1)z\frac{d^{m+1}P_l}{dz^{m+1}} - m(m+1)\frac{d^m P_l}{dz^m}$$

これに $(1-z^2)^{\frac{m}{2}}$ を掛けるとちょうど (6.53) となるので, (6.53) は

$$l(l+1)(1-z^2)^{\frac{m}{2}}\frac{d^m P_l}{dz^m} = l(l+1)P_l^m(z)$$

と等しい. したがって, $P_l^m(z)$ が固有関数である.

[**11**] 例えば

$$\hat{L}_z Y_{11} = (\hat{x}\hat{p}_y - \hat{y}\hat{p}_x)\sqrt{\frac{3}{8\pi}}\left(\frac{x}{r} + i\frac{y}{r}\right)$$

$$= \sqrt{\frac{3}{8\pi}}\left(-i\hbar x\frac{\partial}{\partial y} + i\hbar y\frac{\partial}{\partial x}\right)\left(\frac{x}{r} + i\frac{y}{r}\right)$$

$$= -i\hbar\sqrt{\frac{3}{8\pi}}\left\{x\frac{\partial}{\partial y}\left(\frac{x}{r}\right) + ix\frac{\partial}{\partial y}\left(\frac{y}{r}\right) - y\frac{\partial}{\partial x}\left(\frac{x}{r}\right) - iy\frac{\partial}{\partial x}\left(\frac{y}{r}\right)\right\}$$

$$= -i\hbar\sqrt{\frac{3}{8\pi}}\left\{-\frac{xy}{r^3} + ix\left(\frac{1}{r} - \frac{y^2}{r^3}\right) - y\left(\frac{1}{r} - \frac{x^2}{y^3}\right) + iy\frac{xy}{r^3}\right\}$$

$$= \hbar\sqrt{\frac{3}{8\pi}}\left(\frac{x}{r} + i\frac{y}{r}\right) = \hbar Y_{11}$$

となる.

第 7 章

[**1**] 各自で確かめること.

[2] $\int_0^\infty r^2 R_{10}{}^*(r) R_{20}(r)\, dr = \int_0^\infty a_1{}^* a_2 r^2 \left(\frac{r}{a_B} - 2\right) e^{-\frac{3r}{2a_B}}\, dr$

a_1, a_2 は R_{10} と R_{20} の係数とする。$r/a_B = x$ と変換すると

$$上式 = a_1{}^* a_2 a_B{}^3 \int_0^\infty x^2(x-2) e^{-\frac{3}{2}x}\, dx = 0$$

となり，直交することがわかる．

[3] $R_{31}(r) = ar\left(\frac{r}{a_B} - 4\right) e^{-\frac{r}{3a_B}}$

$R_{41}(r) = ar\left(\frac{r^2}{a_B{}^2} - 10\frac{r}{a_B} + 20\right) e^{-\frac{r}{4a_B}}$

[4] $r^2 R_{10}{}^2(r) = a^2 r^2 e^{-\frac{2r}{a_B}}$ を r について微分してゼロとおくと，

$$2a^2 r e^{-\frac{2r}{a_B}} - \frac{2a^2}{a_B} r^2 e^{-\frac{2r}{a_B}} = 0$$

これを解くと $r = a_B$ のとき最大となる．

r の期待値は

$$\int_0^\infty r^2 \cdot r R_{10}{}^2(r)\, dr = a^2 \int_0^\infty r^3 e^{-\frac{2r}{a_B}} dr = \frac{3}{8} a^2 a_B{}^4$$

a の値は規格化条件によって決めなければならない．

$$\int_0^\infty r^2 R_{10}{}^2(r)\, dr = a^2 \int_0^\infty r^2 e^{-\frac{2r}{a_B}} dr = \frac{1}{4} a^2 a_B{}^3$$

ゆえに $a = 2 a_B{}^{-\frac{3}{2}}$，これを代入すると r の期待値は $3a_B/2$ となる．

[5] $\hat{x}$ と $\hat{p}$ の期待値はゼロなので $\Delta x = \sqrt{\overline{x^2}}$, $\Delta p = \sqrt{\overline{p^2}}$ である．したがって，$\overline{x^2} \cdot \overline{p^2} \geq \hbar^2/4$. これを用いると，調和振動子のエネルギーの期待値は

$$\bar{E} = \frac{1}{2m}\overline{p^2} + \frac{1}{2}m\omega^2 \overline{x^2} \geq \frac{\hbar^2}{8m}\frac{1}{\overline{x^2}} + \frac{1}{2}m\omega^2 \overline{x^2}$$

と評価できる．相加相乗平均を考えると

$$\bar{E} \geq 2\left(\frac{\hbar^2}{8m}\frac{1}{\overline{x^2}} \cdot \frac{1}{2}m\omega^2 \overline{x^2}\right)^{\frac{1}{2}} = \frac{1}{2}\hbar\omega$$

これは第3章の正しい結果と一致している．等号が成り立つのは

$$\overline{x^2} = \frac{\hbar}{2m\omega} = \frac{\xi^2}{2}$$

のときである．

[6] $\psi(x,y,z) = \psi_1(x)\psi_2(y)\psi_3(z)$ とおいて，$\psi_1(z)$ が

$$\left(-\frac{\hbar^2}{2m}\frac{\partial^2}{\partial x^2} + \frac{1}{2}m\omega^2 x^2\right)\psi_1(z) = E_1 \psi_1(z)$$

を満たすとする．$\psi_2(y)$, $\psi_3(z)$ も同じように考えれば $\psi(x,y,z)$ は $\hat{H}$ の固有

関数であることがわかる. このときの, 固有値は $E_1 + E_2 + E_3$ である. したがって, $E = (n_1 + n_2 + n_3 + 3/2)\hbar\omega$.

縮退度は

$E = \dfrac{3}{2}\hbar\omega \cdots (n_1, n_2, n_3) = (0, 0, 0)$ の1重 (s波に相当する)

$E = \dfrac{5}{2}\hbar\omega \cdots (1, 0, 0),\ (0, 1, 0),\ (0, 0, 1)$ の3重 (p_x, p_y, p_z に相当する)

$E = \dfrac{7}{2}\hbar\omega \cdots (1, 1, 0),\ (1, 0, 1),\ (0, 1, 1),\ (2, 0, 0),\ (0, 2, 0),\ (0, 0, 2)$

の6重 (d_{xy}, d_{xz}, d_{yz}, その他に相当する)

$E = \dfrac{9}{2}\hbar\omega \cdots 10$ 重

$E = \dfrac{11}{2}\hbar\omega \cdots 15$ 重

[7] (7.5) からわかるように, $l = 0$ の場合は $F(r) = rR(r)$ の満たす方程式が1次元調和振動子のときのシュレーディンガー方程式と同じ形になる. ただし変数は $r \geqq 0$ であり, $F(0) = 0$ とならなければならないことだけが違う. したがって第3章の解のうち, x に関して奇関数の波動関数 ($n = $ 奇数) のみが $F(r)$ の解となる. これにともなって, エネルギー固有値は

$$E = \dfrac{3}{2}\hbar\omega,\ \dfrac{7}{2}\hbar\omega,\ \dfrac{11}{2}\hbar\omega,\ \cdots$$

となる. これらの固有値は [6] の答に含まれている.

第 8 章

[1] 各自で確かめること.

[2] $\hat{L}_z\hat{L}_-\psi = (\hat{L}_-\hat{L}_z - \hbar\hat{L}_-)\psi = \hat{L}_-l_z\psi - \hbar\hat{L}_-\psi = (l_z - \hbar)(\hat{L}_-\psi)$. したがって, $\hat{L}_-\psi$ は $\hat{L}_z$ の固有関数で, 固有値が $l_z - \hbar$ である.

[3] 例えば

$$\hat{L}_+ Y_{11} = i\hbar\left(-ie^{i\psi}\dfrac{\partial}{\partial\theta} + \dfrac{1}{\tan\theta}e^{i\psi}\dfrac{\partial}{\partial\psi}\right)\sqrt{\dfrac{3}{8\pi}}\sin\theta e^{i\psi}$$

$$= i\hbar\sqrt{\dfrac{3}{8\pi}}\left(-ie^{2i\psi}\cos\theta + \dfrac{i}{\tan\theta}e^{2i\psi}\sin\theta\right) = 0$$

また, $\hat{L}_x = \dfrac{1}{2}(\hat{L}_+ + \hat{L}_-)$ なので

$$\hat{L}_x Y_{11} = \frac{1}{2}(\hat{L}_+ + \hat{L}_-) Y_{11} = 0 + \frac{\sqrt{2}}{2}\hbar Y_{10}$$

$$\hat{L}_x Y_{10} = \frac{1}{2}(\hat{L}_+ + \hat{L}_-) Y_{10} = \frac{\sqrt{2}}{2}\hbar(Y_{11} + Y_{1-1})$$

$$\hat{L}_x Y_{1-1} = \frac{1}{2}(\hat{L}_+ + \hat{L}_-) Y_{1-1} = \frac{\sqrt{2}}{2}\hbar Y_{10}$$

したがって，Y_{11}, Y_{10}, Y_{1-1} は $\hat{L}_x$ の固有関数ではない．

[4] $\hat{L}_x \Leftrightarrow \begin{pmatrix} 0 & \frac{\hbar}{\sqrt{2}} & 0 \\ \frac{\hbar}{\sqrt{2}} & 0 & \frac{\hbar}{\sqrt{2}} \\ 0 & \frac{\hbar}{\sqrt{2}} & 0 \end{pmatrix}$, $\hat{L}_y \Leftrightarrow \begin{pmatrix} 0 & -\frac{i\hbar}{\sqrt{2}} & 0 \\ \frac{i\hbar}{\sqrt{2}} & 0 & -\frac{i\hbar}{\sqrt{2}} \\ 0 & \frac{i\hbar}{\sqrt{2}} & 0 \end{pmatrix}$

$\boldsymbol{L}^2$ は行列で $\hat{L}_x{}^2 + \hat{L}_y{}^2 + \hat{L}_z{}^2$ を計算すればよい．また

$$\hat{L}_x \hat{L}_y \Leftrightarrow \begin{pmatrix} \frac{i\hbar^2}{2} & 0 & -\frac{i\hbar^2}{2} \\ 0 & 0 & 0 \\ \frac{i\hbar^2}{2} & 0 & -\frac{i\hbar^2}{2} \end{pmatrix}$$

$$\hat{L}_y \hat{L}_x \Leftrightarrow \begin{pmatrix} -\frac{i\hbar^2}{2} & 0 & -\frac{i\hbar^2}{2} \\ 0 & 0 & 0 \\ \frac{i\hbar^2}{2} & 0 & \frac{i\hbar^2}{2} \end{pmatrix}$$

したがって

$$\hat{L}_x \hat{L}_y - \hat{L}_y \hat{L}_x \Leftrightarrow \begin{pmatrix} i\hbar^2 & 0 & 0 \\ 0 & 0 & 0 \\ 0 & 0 & -i\hbar^2 \end{pmatrix} \Leftrightarrow i\hbar \hat{L}_z$$

となる．

[5] $\int \psi^* \hat{L}_x{}^2 \psi \, d\boldsymbol{r} = \int \psi^* \hat{L}_x(\hat{L}_x \psi) \, d\boldsymbol{r}$

$\qquad\qquad\qquad = \int (\hat{L}_x \psi)^* (\hat{L}_x \psi) \, d\boldsymbol{r}$

$\qquad\qquad\qquad = \int |\hat{L}_x \psi|^2 \, d\boldsymbol{r} \geqq 0$

[6] $(\hat{L}_+)^+ = \hat{L}_-$ を用いると

$$\int (\hat{L}_+\psi_m)^*(\hat{L}_+\psi_m)\,d\mathbf{r} = \int \psi_m{}^* \hat{L}_-(\hat{L}_+\psi_m)\,d\mathbf{r}$$
$$= \int \psi_m{}^* (\hat{\mathbf{L}}^2 - \hat{L}_z{}^2 - \hbar\hat{L}_z)\psi_m\,d\mathbf{r}$$
$$= \int \psi_m{}^* \{\hbar^2 l(l+1) - \hbar^2 m^2 - \hbar^2 m\}\psi_m\,d\mathbf{r}$$
$$= \hbar^2\{l(l+1) - m(m+1)\}$$
$$= \hbar^2(l-m)(l+m+1)$$

$\hat{L}_-\psi_m$ の方も同様.

[7] 固有値 f_n が M 重に縮退していて固有関数が $\psi_{n,i}$ ($i=1,2,\cdots,M$) の M 個あるとする. すると §8.2 の証明と同じようにして, $\varphi_i = \hat{g}\psi_{n,i}$ は $\hat{f}$ の固有関数であり, 固有値が f_n となることがわかる. したがって, いまの場合, φ_i は $\psi_{n,j}$ ($j=1,\cdots,M$) のある線形結合で表されるはずなので次のように書く.

$$\varphi_i = \sum_{j=1}^{M} C_{ij}\psi_{n,j}$$

1~M のすべての i について同様に調べると M 個の式ができるが, これを行列で書くと

$$\begin{pmatrix}\varphi_1 \\ \vdots \\ \varphi_M\end{pmatrix} = \begin{pmatrix} C_{11} & \cdots & C_{1M} \\ & \vdots & \\ C_{M1} & \cdots & C_{MM} \end{pmatrix} \begin{pmatrix}\psi_{n,1} \\ \vdots \\ \psi_{n,M}\end{pmatrix}$$

となる. この右辺の $M\times M$ 行列はエルミート行列 ($C_{ji}{}^* = C_{ij}$) であり, 線形代数の手法によって対角化することができる. つまりユニタリー変換によって $\psi_{n,j}$ の適当な線形結合 $\sum_{j=1}^{M} u_{\alpha j}\psi_{n,j}$ をつくれば, 行列は対角化される (線形代数の言葉では, 基底の変換に対応する). このとき上式から

$$\sum_{j=1}^{M} u_{\alpha j}\psi_j = \lambda_\alpha \Big(\sum_{j=1}^{M} u_{\alpha j}\psi_{n,j}\Big)$$

となる. λ_α は固有値である.

さらに,

$$\hat{g}\Big(\sum_{j=1}^{M} u_{\alpha j}\psi_{n,j}\Big) = \sum_{j=1}^{M} u_{\alpha j}\hat{g}\psi_{n,j} = \sum_{j=1}^{M} u_{\alpha j}\varphi_j$$
$$= \lambda_\alpha\Big(\sum_{j=1}^{M} u_{\alpha j}\psi_{n,j}\Big)$$

となるので $\sum_{j=1}^{M} u_{\alpha j}\psi_{n,j}$ は $\hat{g}$ の固有関数である. また $\psi_{n,j}$ は $\hat{f}$ の縮退した固有関数なので

$$\hat{f}\Big(\sum_{j=1}^{M} u_{\alpha j}\psi_{n,j}\Big) = f_n\Big(\sum_{j=1}^{M} u_{\alpha j}\psi_{n,j}\Big)$$

である. こうして $\hat{f}$ と $\hat{g}$ に共通の固有関数をつくることができた. これを $\hat{f}$ と $\hat{g}$ が同時対角化されたという.

260　演習問題略解

[8]　共通の固有関数系を $\{\psi_n\}$ とする. ψ_n に対しては
$$\hat{f}\hat{g}\psi_n = \hat{f}(g_n\psi_n) = g_n\hat{f}\psi_n = g_nf_n\psi_n$$
$$\hat{g}\hat{f}\psi_n = \hat{g}(f_n\psi_n) = f_n\hat{g}\psi_n = f_ng_n\psi_n$$
なので $\hat{f}\hat{g}\psi_n = \hat{g}\hat{f}\psi_n$ である. 任意の波動関数を ψ_n で展開すれば $\psi = \sum_n C_n \psi_n$ と書けるので, $\hat{f}\hat{g}\psi = \hat{g}\hat{f}\psi$ も示すことができる. ψ は任意の波動関数なので, このことは $\hat{f}\hat{g} = \hat{g}\hat{f}$ であるといってよい.

[9]　(8.9) と同じように $[\hat{L}^2, \hat{L}_x] = 0$ を示すことができる. また, $\hat{L}^2$ と $\hat{L}_x$ と $\hat{L}_z$ が互いにすべて可換ならば同時対角化可能であるが, いまの場合 $[\hat{L}_x, \hat{L}_z]$ $\neq 0$ なので同時対角化可能ではない.
　　$\hat{H} = (\hat{p}_x^2 + \hat{p}_y^2 + \hat{p}_z^2)/2m$ のとき $\hat{H}$ と $\hat{p}_x, \hat{p}_y, \hat{p}_z$ は互いにどの組み合わせでも可換なので, 4者は同時対角化可能である.

第 9 章

[1]　$\sigma_x\sigma_y = \begin{pmatrix} i & 0 \\ 0 & -i \end{pmatrix}$, $\sigma_y\sigma_x = \begin{pmatrix} -i & 0 \\ 0 & i \end{pmatrix}$ などを用いる.

[2]　各自で確かめること.

[3]　$\hat{S}_x \left| \theta = -\dfrac{\pi}{2} \right\rangle = \dfrac{1}{2}\begin{pmatrix} 0 & 1 \\ 1 & 0 \end{pmatrix} \dfrac{1}{\sqrt{2}}\begin{pmatrix} 1 \\ -1 \end{pmatrix} = \dfrac{1}{2\sqrt{2}}\begin{pmatrix} -1 \\ 1 \end{pmatrix}$
$$= -\dfrac{1}{2}\left| \theta = -\dfrac{\pi}{2} \right\rangle$$

固有値は $-1/2$.

[4]　$\hat{S}_y$ の行列表示は $\dfrac{1}{2}\begin{pmatrix} 0 & -i \\ i & 0 \end{pmatrix}$. この 2×2 行列の固有値, 固有ベクトルを線形代数の手法で求めると
$$\text{固有値 } \dfrac{1}{2}, \quad \text{固有ベクトル } \dfrac{1}{\sqrt{2}}\begin{pmatrix} 1 \\ i \end{pmatrix}$$
$$\text{固有値 } -\dfrac{1}{2}, \quad \text{固有ベクトル } \dfrac{1}{\sqrt{2}}\begin{pmatrix} 1 \\ -i \end{pmatrix}$$
となる.

[5]　各自で確かめること.

[6]　$[\hat{L}_x, \hat{L}_y] = [\hat{L}_{1x} + \hat{L}_{2x}, \hat{L}_{1y} + \hat{L}_{2y}]$
$$= [\hat{L}_{1x}, \hat{L}_{1y}] + [\hat{L}_{1x}, \hat{L}_{2y}] + [\hat{L}_{2x}, \hat{L}_{1y}] + [\hat{L}_{2x}, \hat{L}_{2y}]$$
$$= i\hbar\hat{L}_{1z} + 0 + 0 + i\hbar\hat{L}_{2z} = i\hbar\hat{L}_z$$

第 9 章　261

などが成り立つので，いままでと同じように $[\hat{\bm{L}}^2, \hat{L}_z] = 0$.
また $\hat{\bm{L}}^2 = \hat{\bm{L}}_1^2 + \hat{\bm{L}}_1 \cdot \hat{\bm{L}}_2 + \hat{\bm{L}}_2 \cdot \hat{\bm{L}}_1 + \hat{\bm{L}}_2^2$ であるが，$[\hat{L}_{1x}, \hat{\bm{L}}_1^2] = [\hat{L}_{1y}, \hat{\bm{L}}_1^2] = [\hat{L}_{1z}, \hat{\bm{L}}_1^2] = 0$ なので $[\hat{\bm{L}}^2, \hat{\bm{L}}_1^2] = 0$. 最後に，
$$[\hat{L}_z, \hat{\bm{L}}_1^2] = [\hat{L}_{1z} + \hat{L}_{2z}, \hat{\bm{L}}_1^2]$$
$$= [\hat{L}_{1z}, \hat{\bm{L}}_1^2] + [\hat{L}_{2z}, \hat{\bm{L}}_1^2] = 0$$

など．

[7]　$\hat{L}_- \dfrac{1}{\sqrt{2}} \left(\left|\dfrac{1}{2}\right\rangle \otimes \left|-\dfrac{1}{2}\right\rangle + \left|\dfrac{1}{2}\right\rangle \otimes \left|\dfrac{1}{2}\right\rangle \right)$

$= (\hat{L}_{1-} + \hat{L}_{2-}) \dfrac{1}{\sqrt{2}} \left(\left|\dfrac{1}{2}\right\rangle \otimes \left|-\dfrac{1}{2}\right\rangle + \left|-\dfrac{1}{2}\right\rangle \otimes \left|\dfrac{1}{2}\right\rangle \right)$

$= \dfrac{1}{\sqrt{2}} \Big(\hat{L}_{1-} \left|\dfrac{1}{2}\right\rangle \otimes \left|-\dfrac{1}{2}\right\rangle + \left|\dfrac{1}{2}\right\rangle \otimes \hat{L}_{2-} \left|-\dfrac{1}{2}\right\rangle$
$\qquad + \hat{L}_{1-} \left|-\dfrac{1}{2}\right\rangle \otimes \left|\dfrac{1}{2}\right\rangle + \left|-\dfrac{1}{2}\right\rangle \otimes \hat{L}_{2-} \left|\dfrac{1}{2}\right\rangle \Big)$

$= \dfrac{1}{\sqrt{2}} \left(\left|-\dfrac{1}{2}\right\rangle \otimes \left|-\dfrac{1}{2}\right\rangle + 0 + 0 + \left|-\dfrac{1}{2}\right\rangle \otimes \left|-\dfrac{1}{2}\right\rangle \right)$

$= \sqrt{2} \left|-\dfrac{1}{2}\right\rangle \otimes \left|-\dfrac{1}{2}\right\rangle$

[8]　$|m_1\rangle \otimes |m_2\rangle$ の形で書くと

$l = \dfrac{3}{2}, \ m = \dfrac{3}{2} \quad |1\rangle \otimes \left|\dfrac{1}{2}\right\rangle$

$\qquad\qquad m = \dfrac{1}{2} \quad \dfrac{1}{\sqrt{3}} |1\rangle \otimes \left|-\dfrac{1}{2}\right\rangle + \dfrac{\sqrt{2}}{\sqrt{3}} |0\rangle \otimes \left|\dfrac{1}{2}\right\rangle$

$\qquad\qquad m = -\dfrac{1}{2} \quad \dfrac{\sqrt{2}}{\sqrt{3}} |0\rangle \otimes \left|-\dfrac{1}{2}\right\rangle + \dfrac{1}{\sqrt{3}} |-1\rangle \otimes \left|\dfrac{1}{2}\right\rangle$

$\qquad\qquad m = -\dfrac{3}{2} \quad |-1\rangle \otimes \left|-\dfrac{1}{2}\right\rangle$

$l = \dfrac{1}{2}, \ m = \dfrac{1}{2} \quad \dfrac{\sqrt{2}}{\sqrt{3}} |1\rangle \otimes \left|-\dfrac{1}{2}\right\rangle - \dfrac{1}{\sqrt{3}} |0\rangle \otimes \left|\dfrac{1}{2}\right\rangle$

$\qquad\qquad m = -\dfrac{1}{2} \quad \dfrac{1}{\sqrt{3}} |0\rangle \otimes \left|-\dfrac{1}{2}\right\rangle - \dfrac{\sqrt{2}}{\sqrt{3}} |-1\rangle \otimes \left|\dfrac{1}{2}\right\rangle$

[9]　$l = 2, \ m = 2 \quad |1\rangle \otimes |1\rangle$

$\qquad\quad m = 1 \quad \dfrac{1}{\sqrt{2}} |1\rangle \otimes |0\rangle + \dfrac{1}{\sqrt{2}} |0\rangle \otimes |1\rangle$

$\qquad\quad m = 0 \quad \dfrac{1}{\sqrt{6}} |1\rangle \otimes |-1\rangle + \dfrac{2}{\sqrt{6}} |0\rangle \otimes |0\rangle + \dfrac{1}{\sqrt{6}} |-1\rangle \otimes |1\rangle$

$\qquad\quad m = -1 \quad \dfrac{1}{\sqrt{2}} |0\rangle \otimes |-1\rangle + \dfrac{1}{\sqrt{2}} |-1\rangle \otimes |0\rangle$

$\qquad\quad m = -2 \quad |-1\rangle \otimes |-1\rangle$

$l = 1, \ m = 1 \quad \dfrac{1}{\sqrt{2}}|1\rangle \otimes |0\rangle - \dfrac{1}{\sqrt{2}}|0\rangle \otimes |1\rangle$

$\qquad\quad m = 0 \quad \dfrac{1}{\sqrt{2}}|1\rangle \otimes |-1\rangle - \dfrac{1}{\sqrt{2}}|-1\rangle \otimes |1\rangle$

$\qquad\quad m = -1 \quad \dfrac{1}{\sqrt{2}}|0\rangle \otimes |-1\rangle - \dfrac{1}{\sqrt{2}}|-1\rangle \otimes |0\rangle$

$l = 0, \ m = 0 \quad \dfrac{1}{\sqrt{3}}|1\rangle \otimes |-1\rangle - \dfrac{1}{\sqrt{3}}|0\rangle \otimes |0\rangle + \dfrac{1}{\sqrt{3}}|-1\rangle \otimes |1\rangle$

[10] $\theta = \pi$ では $\left|-\dfrac{1}{2}\right\rangle$ となりスピンが下向きになった状態を表す．$\theta = 2\pi$ では $-\left|\dfrac{1}{2}\right\rangle$ となりスピンが上向きの状態だが，$\theta = 0$ のときの $\left|\dfrac{1}{2}\right\rangle$ と比べるとマイナス符号がついてしまう．つまりスピンの状態は 360° 回して完全に元の状態に戻るわけではない．2回転（4π）回して元に戻るのである．

第 10 章

[1] 各自で確かめること．

[2] (10.20) の代わりに
$$\psi = \psi_n^{(0)} + gC_n^{(1)}\psi_n^{(0)} + \sum_{m \neq n} gC_m^{(1)}\psi_n^{(0)} + \cdots$$
とおいてみると
$$\int |\psi|^2 \, d\boldsymbol{r} = |1 + gC_n^{(1)}|^2 + \sum_{m \neq n}|gC_m^{(1)}|^2 + \cdots$$
$$= 1 + g(C_n^{(1)} + C_n^{(1)*}) + g^2(|C_n^{(1)}|^2 + \sum_{m \neq n}|C_m^{(1)}|^2 + \cdots)$$
となる．規格化条件は右辺が1ということだから，g に比例する項はゼロでなければならない．したがって $C_n^{(1)} + C_n^{(1)*} = 2\operatorname{Re}(C_n^{(1)}) = 0$，つまり $C_n^{(1)}$ は純虚数でなければならない．しかし，この純虚数は ψ 全体に位相 $e^{-ig|C_n^{(1)}|}$ を掛けることによって消し去ることができるので，結局 $C_n^{(1)} = 0$ としてよい．

[3] $V_{mn}{}^* = \left(\int \psi_m^{(0)*} \widehat{V} \psi_n^{(0)} \, d\boldsymbol{r}\right)^*$

$\qquad\quad = \int (\widehat{V}\psi_n^{(0)})^* \psi_m^{(0)} \, d\boldsymbol{r}$

$\qquad\quad = \int \psi_n^{(0)*} \widehat{V} \psi_m^{(0)} \, d\boldsymbol{r} = V_{nm}$

[4] $C_m^{(2)} = \dfrac{1}{E_n^{(0)} - E_m^{(0)}}\left(\sum_l V_{ml}C_l^{(1)} - E^{(1)}C_m^{(1)}\right)$

$\qquad\quad = \dfrac{1}{E_n^{(0)} - E_m^{(0)}}\left(\sum_{l \neq n} \dfrac{V_{ml}V_{ln}}{E_n^{(0)} - E_l^{(0)}} - \dfrac{V_{nn}V_{mn}}{E_n^{(0)} - E_m^{(0)}}\right) \quad (m \neq n)$

第 10 章   263

$C_n^{(2)}$ は規格条件から決まる．［2］で調べた規格化条件の g^2 の項は（$C_n^{(1)} = 0$ を用いて）

$$g^2 \Big(\sum_{m \neq n} |C_m^{(1)}|^2 + C_n^{(0)} C_n^{(2)} + (C_n^{(0)} C_n^{(2)})^* \Big)$$

となる（ただし $C_n^{(0)} = 1$）．これがゼロにならなければならないので

$$C_n^{(2)} = -\frac{1}{2} \sum_{m \neq n} |C_m^{(1)}|^2 = -\frac{1}{2} \sum_{m \neq n} \frac{|V_{mn}|^2}{(E_n^{(0)} - E_m^{(0)})^2}$$

$C_n^{(2)}$ の虚部は決まらないが，［2］と同じ理由で ψ 全体の位相を調整することにより $C_n^{(2)}$ は実数としてよい．

［5］ 各自で確かめること．

［6］ $E^{(1)} = V_{00} = \int \phi_0^*(x) \hat{V} \phi_0(x)\, dx = \int x |\phi_0(x)|^2\, dx = 0$

行列要素 $V_{m0} = \int \psi_m^*(x)\, x\, \phi_0(x)\, dx$ については，(3.19) から $x\,\phi_0(x) \propto \phi_1(x)$ であり，また異なる固有値をもつ波動関数 $\phi_n(x)$ 同士は直交するので，$m \neq 1$ 以外の V_{m0} はゼロであることがわかる．したがって V_{10} のみ計算すればよい．

$$\begin{aligned}
V_{10} &= \int_{-\infty}^{\infty} \psi_1^*(x)\, x\, \phi_0(x)\, dx \\
&= \int_{-\infty}^{\infty} \sqrt{\frac{2}{\xi\sqrt{\pi}}} \frac{x}{\xi} e^{-\frac{x^2}{2\xi^2}} x \frac{1}{\sqrt{\xi\sqrt{\pi}}} e^{-\frac{x^2}{2\xi^2}}\, dx \\
&= \frac{\sqrt{2}}{\sqrt{\pi}} \xi \int_{-\infty}^{\infty} z^2 e^{-z^2}\, dz = \frac{\sqrt{2}}{2} \xi
\end{aligned}$$

したがって，

$$E^{(2)} = \sum_{m \neq 0} \frac{V_{0m} V_{m0}}{E_0^{(0)} - E_m^{(0)}} = \frac{|V_{01}|^2}{E_0^{(0)} - E_1^{(0)}} = -\frac{\xi^2}{2\hbar\omega}$$

$$C_m^{(1)} = \frac{V_{m0}}{E_0^{(0)} - E_m^{(0)}} = -\frac{\sqrt{2}}{2} \frac{\xi}{\hbar\omega} \delta_{m1}$$

となる．

［7］ $\quad \dfrac{1}{2} m\omega^2 x^2 + gx = \dfrac{1}{2} m\omega^2 \Big(x + \dfrac{g}{m\omega^2} \Big)^2 - \dfrac{g^2}{2m\omega^2}$

なので，基底状態のエネルギーは $\xi = \sqrt{\hbar/m\omega}$ を用いて

$$E = \frac{1}{2} \hbar\omega - \frac{g^2}{2m\omega^2} = \frac{1}{2} \hbar\omega - \frac{g^2 \xi^2}{2\hbar\omega}$$

となり，［6］の結果と一致する．また，基底状態の波動関数は

$$\psi(x) = \phi_0 \Big(x + \frac{g}{m\omega^2} \Big) = \frac{1}{\sqrt{\xi\sqrt{\pi}}} e^{-\frac{1}{2\xi^2}\left(x + \frac{g}{m\omega^2}\right)^2}$$

であるが，これを g でテイラー展開すると

$$\psi(x) = \psi_0(x) + \frac{g}{m\omega^2}\psi_0'(x) + \cdots$$

$$= \psi_0(x) - \frac{g}{m\omega^2}\frac{1}{\sqrt{\xi\sqrt{\pi}}}\frac{x}{\xi^2}e^{-\frac{x^2}{2\xi^2}} + \cdots$$

$$= \psi_0(x) - \frac{g}{\hbar\omega}\frac{1}{\sqrt{\xi\sqrt{\pi}}}xe^{-\frac{x^2}{2\xi^2}} + \cdots$$

$$= \psi_0(x) - \frac{\sqrt{2}}{2\hbar\omega}g\xi\,\psi_1(x) + \cdots$$

となり，[6] の結果と一致する．

[8] 摂動がないときの波動関数は $(n = 1, 2, 3, \cdots)\left(E_n^{(0)} = \frac{\hbar^2\pi^2}{8ma^2}n^2\right)$

$$\phi_n(x) = \begin{cases} \dfrac{1}{\sqrt{a}}\cos\dfrac{\pi n x}{2a} & (n = \text{奇数}) \\ \dfrac{1}{\sqrt{a}}\sin\dfrac{\pi n x}{2a} & (n = \text{偶数}) \end{cases}$$

基底状態は $n = 1$ なので，行列要素 V_{n1} を求める必要がある．$V(x)$ は $0 \leq x \leq a$ でのみ 1 の値をもつので

$$V_{n1} = \int_0^a \phi_n^*(x)\cdot 1\cdot \phi_1(x)\,dx$$

を計算すればよい．$n = $ 奇数のときは

$$V_{n1} = \int_0^a \frac{1}{\sqrt{a}}\cos\frac{\pi n x}{2a}\frac{1}{\sqrt{a}}\cos\frac{\pi x}{2a}\,dx = \begin{cases} \dfrac{1}{2} & (n = 1) \\ 0 & (n \neq 1) \end{cases}$$

$n = $ 偶数のときは

$$V_{n1} = \int_0^a \frac{1}{\sqrt{a}}\sin\frac{\pi n x}{2a}\frac{1}{\sqrt{a}}\cos\frac{\pi x}{2a}\,dx$$

$$= \frac{1}{2a}\left[-\frac{2a}{\pi(n+1)}\cos\frac{\pi(n+1)x}{2a} - \frac{2a}{\pi(n-1)}\cos\frac{\pi(n-1)x}{2a}\right]_0^a$$

$$= \frac{2n}{\pi(n^2-1)}$$

したがって

$$E^{(1)} = V_{11} = \frac{1}{2}, \qquad E^{(2)} = -\sum_{n=\text{偶数}}\frac{32ma^2}{\hbar^2\pi^4}\frac{n^2}{(n^2-1)^3}$$

$$C_n^{(1)} = -\frac{16ma^2}{\hbar^2\pi^3}\frac{n}{(n^2-1)^2}$$

となる．

[9] (10.29) の行列の固有値は $\lambda = u \pm v$ である．固有値 $\lambda = u + v$ に対して固有ベクトルは $\dfrac{1}{\sqrt{2}}\begin{pmatrix}1\\1\end{pmatrix}$ である．一方，$\lambda = u - v$ に対して固有ベクトルは

$\frac{1}{\sqrt{2}}\begin{pmatrix} 1 \\ -1 \end{pmatrix}$ である．

[10] $\lambda = (u_1 + u_2 \pm \sqrt{(u_1 - u_2)^2 + 4v^2})/2$, 固有ベクトルは $\varepsilon = \sqrt{(u_1 - u_2)^2 + 4v^2}$ とおいて

$$\begin{pmatrix} \sqrt{\frac{1}{2}\left(1 + \frac{u_1 - u_2}{\varepsilon}\right)} \\ \frac{v}{|v|}\sqrt{\frac{1}{2}\left(1 - \frac{u_1 - u_2}{\varepsilon}\right)} \end{pmatrix} \quad \text{と} \quad \begin{pmatrix} -\frac{v}{|v|}\sqrt{\frac{1}{2}\left(1 - \frac{u_1 - u_2}{\varepsilon}\right)} \\ \sqrt{\frac{1}{2}\left(1 + \frac{u_1 - u_2}{\varepsilon}\right)} \end{pmatrix}$$

[11] 固有値方程式は

$$(\lambda - u_1)^2(\lambda - u_2) - 2v^2(\lambda - u_1) = 0$$

したがって，3つの固有値は

$$\lambda = u_1, \quad \lambda = \frac{1}{2}(u_1 + u_2 \pm \sqrt{(u_1 - u_2)^2 + 8v^2})$$

[12] 図10.8のように $|C_m^{(1)}(t)|^2$ は t が小さいとき，基本的に t^2 に比例する．さらに，図からみてとれるように，t^2 に比例している部分には非常に多くの線が重なっている．

ある時刻 $t - t_0$ を決めたとき，(10.49) から

$$E_m^{(0)} - E_n^{(0)} - \hbar\omega = \varepsilon < \frac{2\hbar}{t - t_0}$$

を満たすような状態 m への遷移確率は，すべて

$$|C_m^{(1)}(t)|^2 = \frac{4|F_{mn}|^2}{\varepsilon^2}\sin^2\left\{\frac{\varepsilon}{2\hbar}(t - t_0)\right\} \approx \frac{|F_{mn}|^2}{\hbar^2}(t - t_0)^2$$

という振舞いをする．逆に $\varepsilon > 2\hbar/(t - t_0)$ の状態は，図のように三角関数の振動がみえ始めてしまい，$(t - t_0)^2$ の振舞いから脱落していく．

したがって，$t - t_0$ が増えていったとき，$(t - t_0)^2$ に比例する遷移確率に寄与する状態の数が $1/(t - t_0)$ に比例して減っていくので，合わせて $(t - t_0)$ に比例した遷移確率が得られるのである．

第 11 章

[1] a が微小量のとき

$$\psi(x_1-a, x_2-a, x_3-a, \cdots) \cong \psi(x_1, x_2, x_3, \cdots) - a\frac{\partial}{\partial x_1}\psi(x_1, x_2, x_3, \cdots)$$
$$- a\frac{\partial}{\partial x_2}\psi(x_1, x_2, x_3, \cdots) - a\frac{\partial}{\partial x_3}\psi(x_1, x_2, x_3, \cdots)$$
$$= \left(1 - a\sum_i \frac{\partial}{\partial x_i}\right)\psi(x_1, x_2, x_3, \cdots)$$
$$= \left(1 - i\frac{a}{\hbar}\sum_i \hat{p}_i\right)\psi(x_1, x_2, x_3, \cdots)$$

全運動量の演算子は $\hat{P} = \sum_i \hat{p}_i$ である．

[2] $\hat{S}_y = \dfrac{\hbar}{2}\sigma_y$, $\sigma_y{}^2 = \mathbf{1}$ を用いる．

[3]
$$\frac{1}{\hbar^2}\hat{L}_z{}^2 \Leftrightarrow \begin{pmatrix} 1 & 0 & 0 \\ 0 & 0 & 0 \\ 0 & 0 & -1 \end{pmatrix}^2 = \begin{pmatrix} 1 & 0 & 0 \\ 0 & 0 & 0 \\ 0 & 0 & -1 \end{pmatrix}$$

$$\frac{1}{\hbar^3}\hat{L}_z{}^3 \Leftrightarrow \begin{pmatrix} 1 & 0 & 0 \\ 0 & 0 & 0 \\ 0 & 0 & -1 \end{pmatrix}^3 = \begin{pmatrix} 1 & 0 & 0 \\ 0 & 0 & 0 \\ 0 & 0 & -1 \end{pmatrix}$$

であるから $e^{-\frac{i}{\hbar}\theta \hat{L}_z}$ は (11.30) のように級数展開して（$\mathbf{1}$ は 3×3 の単位行列）

$$\mathbf{1} - i\theta\begin{pmatrix} 1 & 0 & 0 \\ 0 & 0 & 0 \\ 0 & 0 & -1 \end{pmatrix} + \frac{1}{2}(i\theta)^2\begin{pmatrix} 1 & 0 & 0 \\ 0 & 0 & 0 \\ 0 & 0 & 1 \end{pmatrix} - \frac{1}{3!}(i\theta)^3\begin{pmatrix} 1 & 0 & 0 \\ 0 & 0 & 0 \\ 0 & 0 & -1 \end{pmatrix}$$
$$+ \frac{1}{4!}(i\theta)^4\begin{pmatrix} 1 & 0 & 0 \\ 0 & 0 & 0 \\ 0 & 0 & 1 \end{pmatrix} + \cdots$$

$$= \mathbf{1} - i\sin\theta\begin{pmatrix} 1 & 0 & 0 \\ 0 & 0 & 0 \\ 0 & 0 & -1 \end{pmatrix} + (\cos\theta - 1)\begin{pmatrix} 1 & 0 & 0 \\ 0 & 0 & 0 \\ 0 & 0 & 1 \end{pmatrix}$$

$$= \begin{pmatrix} \cos\theta - i\sin\theta & 0 & 0 \\ 0 & 1 & 0 \\ 0 & 0 & \cos\theta + i\sin\theta \end{pmatrix} = \begin{pmatrix} e^{-i\theta} & 0 & 0 \\ 0 & 1 & 0 \\ 0 & 0 & e^{i\theta} \end{pmatrix}$$

[4] [3] と同じように計算する．

$$\frac{1}{\hbar^2}\hat{L}_x{}^2 \Leftrightarrow \begin{pmatrix} 0 & \frac{1}{\sqrt{2}} & 0 \\ \frac{1}{\sqrt{2}} & 0 & \frac{1}{\sqrt{2}} \\ 0 & \frac{1}{\sqrt{2}} & 0 \end{pmatrix}^2 = \begin{pmatrix} \frac{1}{2} & 0 & \frac{1}{2} \\ 0 & 1 & 0 \\ \frac{1}{2} & 0 & \frac{1}{2} \end{pmatrix}$$

$$\frac{1}{\hbar^3}\hat{L}_x^3 \Leftrightarrow \begin{pmatrix} 0 & \frac{1}{\sqrt{2}} & 0 \\ \frac{1}{\sqrt{2}} & 0 & \frac{1}{\sqrt{2}} \\ 0 & \frac{1}{\sqrt{2}} & 0 \end{pmatrix}^3 = \begin{pmatrix} 0 & \frac{1}{\sqrt{2}} & 0 \\ \frac{1}{\sqrt{2}} & 0 & \frac{1}{\sqrt{2}} \\ 0 & \frac{1}{\sqrt{2}} & 0 \end{pmatrix}$$

したがって

$$e^{-\frac{i}{\hbar}\theta \hat{L}_x} \Leftrightarrow \mathbf{1} - i\sin\theta \begin{pmatrix} 0 & \frac{1}{\sqrt{2}} & 0 \\ \frac{1}{\sqrt{2}} & 0 & \frac{1}{\sqrt{2}} \\ 0 & \frac{1}{\sqrt{2}} & 0 \end{pmatrix} + (\cos\theta - 1)\begin{pmatrix} \frac{1}{2} & 0 & \frac{1}{2} \\ 0 & 1 & 0 \\ \frac{1}{2} & 0 & \frac{1}{2} \end{pmatrix}$$

$$= \begin{pmatrix} \cos\theta + \frac{1}{2} & -\frac{i}{\sqrt{2}}\sin\theta & \cos\theta - 1 \\ -\frac{i}{\sqrt{2}}\sin\theta & \cos\theta & -\frac{i}{\sqrt{2}}\sin\theta \\ \cos\theta - 1 & -\frac{i}{\sqrt{2}}\sin\theta & \cos\theta + \frac{1}{2} \end{pmatrix}$$

[5] $\sin(\pi - \theta) = \sin\theta$, $\cos(\pi - \theta) = -\cos\theta$, $e^{im(\varphi+\pi)} = (-1)^m e^{im\varphi}$
を用いれば，(6.51) は上からパリティは

Y_{00}偶, Y_{10}奇, Y_{11}奇, Y_{1-1}奇, Y_{20}偶, Y_{11}偶, Y_{22}偶

規則は $(-1)^l$ である．

[6] $Y_{l0}(\theta, \varphi)$ は $P_l(z)$ $(z = \cos\theta)$ に比例する．空間反転で $\cos\theta$ は $\cos(\theta + \pi) = -\cos\theta$ に変換されるので $z \to -z$ となる．l が偶数なら $P_l(z)$ は z の偶関数，l が奇数なら z の奇関数なので，$P_l(-z) = (-1)^l P_l(z)$ といえる．したがって，$Y_{l0}(\theta, \varphi)$ のパリティは $(-1)^l$ で [5] で調べたことと一致する．

[7] $\psi_+ = \psi + \hat{I}\psi$ をつくると，$\hat{I}\psi_+ = \hat{I}(\psi + \hat{I}\psi) = \hat{I}\psi + \hat{I}^2\psi = \hat{I}\psi + \psi = \psi_+$ なので，パリティが偶の固有関数である．また $\psi_- = \psi - \hat{I}\psi$ をつくると $\hat{I}\psi_- = \hat{I}\psi - \psi = -\psi_-$ なので，パリティが奇の固有関数となる．

[8] （コラムを参照）これは心理学の問題だと思われるが，結局，鏡に正対して自分を映したとき，自分が鏡の裏側にまわりこんでこちらを向いた状況を思い浮かべてしまうので，右手を動かしたときに，鏡の中の自分の「左手」が動いたと思うのだろう．試しに横向きに寝そべった状態を鏡に映して，そのまま床の上を移動して鏡の裏側にまわりこんだと考えれば足のところに頭がくるであろう．

索引

イ

1次摂動 194
　　波動関数の—— 194
1重項（シングレット）
　186
位相 37
位置座標の不確定性 76
井戸型ポテンシャル 41

ウ

上向きスピン 168
運動量演算子 23
　角—— 114
運動量の確率分布 238
運動量の不確定性 76

エ

f 軌道 123
s 軌道 123
永年方程式 197
エネルギー固有値 21, 87
エネルギーの量子化 3, 54, 60
エルミート演算子 96, 97
エルミート多項式 60
エルミートの微分方程式 57
エーレンフェストの定理 84

演算子 20, 86
　——の行列表示 157
　——の交換関係 95
　——の固有値 21
　運動量—— 23
　角運動量—— 114
　下降—— 153, 154
　共役—— 96
　自己共役—— 97
　昇降—— 153
　上昇—— 153, 154
　スピン—— 166
　ハミルトン—— 20
　無限小並進操作の——
　212

オ

オイラーの関係式 12

カ

解の重ね合わせ 15
可換（交換可能）151
　反—— 172
角運動量演算子 114
角運動量の代数 148, 151
確率解釈 16
確率の流れの密度 40, 106
確率密度 16

下降演算子 153, 154
干渉効果 4
関数の一価性 117
完全系 90

キ

q‐number 87
規格化 16
　波動関数の—— 17
期待値 64, 94
基底状態 22
軌道角運動量 123, 179
　——演算子 179
球面調和関数 116
強度分布 3
共役演算子 96
行列要素 192

ク

偶然縮退 133
クーパー対 179
グラム‐シュミットの直交化 101
クロネッカーのδ 92, 231
群速度 80

ケ

ケット 168
　ブラ—— 168
原子のスペクトル 141

コ

交換可能（可換） 151
光電効果 2
古典極限 14
固有関数 18, 21, 87
固有状態 18, 21, 87
固有値 87
 エネルギー —— 21, 87
 演算子の —— 21
 —— の縮退 100

サ

3 重項（トリプレット） 186
座標演算子 94
散乱状態 45

シ

c‐number 87
g 因子 176
時間並進対称性 104
磁気量子数 119
自己共役演算子 97
仕事関数 31
自然界の階層構造 107
下向きスピン 168
磁場中のスピンのラーモア歳差運動 178
自由粒子 11
 —— の波動関数 22
縮退 21, 27
 偶然 —— 133

固有値の —— 100
主量子数 141
シュレーディンガー方程式 13
準古典的な量子化 120
昇降演算子 153
上昇演算子 153, 154
状態の重ね合わせ 15
シングレット（1 重項） 186

ス

スピノン 71
スピン 163, 166
 —— 軌道相互作用 179
 —— 演算子 166
 上向き —— 168
 下向き —— 168
スペクトル 88
 —— 線 142

セ

正規完全直交系 92
正規直交性 92
摂動論 189
ゼーマン相互作用 176
ゼーマン分裂 177
遷移確率 202
線形結合 15

ソ

束縛状態 41

タ

対応原理 14
代数関係 148

チ

超関数 235
直積 180
直交する 68
直交性 68
 正規 —— 92

テ

δ 関数 48, 234
$d_{3z^2-r^2}$ 軌道 127
$d_{x^2-y^2}$ 軌道 127
d_{xy} 軌道 127
d_{yz} 軌道 127
d_{zx} 軌道 127
d 軌道 123, 140
定在波 30
定常状態 20, 103
ディラックの記法 168

ト

透過波 40
透過率 40
同時対角化 117
 —— 可能 96, 151
ド・ブロイ波 4
トリプレット（3 重項） 186
トンネル効果 49

ニ

2次摂動 195
入射波 31, 40

ハ

パウリ行列 171
パウリの原理 165
波数空間 75
波束 72
パッシェン系列 143
波動関数 13
　──の1次摂動 194
　──の規格化 17
　──の節 63
　自由粒子の── 22
　平面波の── 22
波動方程式 9
ハミルトニアン 20
ハミルトン演算子 20
パリティが奇 44
パリティが偶 44
パリティが正 221
パリティが負 221
バルマー系列 143
反可換 172
反射波 31, 40
反射率 40
反粒子 129

ヒ

p_x軌道 126
p_y軌道 126
p_z軌道 126
p軌道 123

左向きの波 27

フ

フェイゾン 71
フェルミエネルギー 129
フェルミの黄金則 204
フェルミ粒子 165
フォノン 70
不確定性関係 76
不確定性原理 8
ブラ 168
　──ケット 168
プラズモン 71
プランク定数 3
プランクの輻射式 3
フーリエ解析 231
フーリエ変換 232

ヘ

平面波の波動関数 22
変数分離 116

ホ

ボーア磁子 176
ボーア半径 136
方位量子数 123
ボース-アインシュタイン凝縮 165
ボース粒子 164
ポーラノン 71
ホール 129
ホロン 71

マ

マグノン 71

ミ

右向きの波 27

ム

無限小並進操作の演算子 212
無限小変換 211

ラ

ライマン系列 143
ラゲールの陪微分方程式 137
ラプラシアン 109

リ

離散的 2, 43
離散スペクトル 88
リプロン 71
両面性 3

ル

ルジャンドル多項式 121
ルジャンドルの陪多項式 121
ルジャンドルの陪微分方程式 121
ルジャンドルの微分方程式 121

索　　引　271

　　　　　レ　　　　　零点振動　44, 63
　　　　　　　　　　　連続スペクトル　88
励起状態　22

―――――――――――――――

著者略歴

1960年 東京都出身．東京大学理学部物理学科卒，同大学大学院理学系研究科物理学専攻．理学博士．東京大学物性研究所助手，東京大学大学院総合文化研究科助教授を経て，現在，同大学大学院理学系研究科教授．途中，スイス連邦工科大学（チューリヒ）およびプリンストン大学でポスドク．

　　主な著書：「振動・波動」（裳華房テキストシリーズ-物理学，裳華房），「量子工学ハンドブック」（共著，朝倉書店），「Mesoscopic Physics and Electronics」（共著，Springer-Verlag），「キーポイント多変数の微分積分」（岩波書店），「高温超伝導最前線（現代物理学最前線4）」（共立出版），「物理数学Ⅰ」（共著，朝倉書店）

裳華房テキストシリーズ-物理学　**量子力学**

| 検印省略 | 2007年11月25日　第1版発行
2009年9月10日　第2版1刷発行
2017年3月30日　第2版5刷発行 |

定価はカバーに表示してあります．

著　者　　小形正男（おがたまさお）

発行者　　吉野和浩

発行所　　〒102-0081 東京都千代田区四番町8-1
　　　　　電話　03-3262-9166〜9
　　　　　株式会社　裳華房

印刷所　　中央印刷株式会社

製本所　　株式会社　松岳社

増刷表示について
2009年4月より「増刷」表示を『版』から『刷』に変更いたしました．詳しい表示基準は弊社ホームページ
http://www.shokabo.co.jp/
をご覧ください．

社団法人　自然科学書協会会員

JCOPY 〈(社)出版者著作権管理機構 委託出版物〉
本書の無断複写は著作権法上での例外を除き禁じられています．複写される場合は，そのつど事前に，(社)出版者著作権管理機構（電話03-3513-6969，FAX 03-3513-6979，e-mail: info@jcopy.or.jp）の許諾を得てください．

ISBN 978-4-7853-2229-8

© 小形正男，2007　　Printed in Japan

裳華房フィジックスライブラリー

木下紀正 著	大学の物理	定価（本体 2800 円＋税）
高木隆司 著	力学（Ⅰ）・（Ⅱ）	（Ⅰ）定価（本体 2000 円＋税） （Ⅱ）定価（本体 1900 円＋税）
久保謙一 著	解析力学	定価（本体 2100 円＋税）
近桂一郎 著	振動・波動	定価（本体 3300 円＋税）
原 康夫 著	電磁気学（Ⅰ）・（Ⅱ）	（Ⅰ）定価（本体 2300 円＋税） （Ⅱ）定価（本体 2300 円＋税）
中山恒義 著	物理数学（Ⅰ）・（Ⅱ）	（Ⅰ）定価（本体 2300 円＋税） （Ⅱ）定価（本体 2500 円＋税）
香取眞理 著	統計力学	定価（本体 3000 円＋税）
小野寺嘉孝 著	演習で学ぶ量子力学	定価（本体 2300 円＋税）
坂井典佑 著	場の量子論	定価（本体 2900 円＋税）
塚田 捷 著	物性物理学	定価（本体 3100 円＋税）
十河 清 著	非線形物理学	定価（本体 2300 円＋税）
松下 貢 著	フラクタルの物理（Ⅰ）・（Ⅱ）	（Ⅰ）定価（本体 2400 円＋税） （Ⅱ）定価（本体 2400 円＋税）
齋藤幸夫 著	結晶成長	定価（本体 2400 円＋税）
中川・蛯名・伊藤 著	環境物理学	定価（本体 3000 円＋税）
小山慶太 著	物理学史	定価（本体 2500 円＋税）

裳華房テキストシリーズ―物理学

川村 清 著	力学	定価（本体 1900 円＋税）
宮下精二 著	解析力学	定価（本体 1800 円＋税）
小形正男 著	振動・波動	定価（本体 2000 円＋税）
小野嘉之 著	熱力学	定価（本体 1800 円＋税）
兵頭俊夫 著	電磁気学	定価（本体 2600 円＋税）
阿部龍蔵 著	エネルギーと電磁場	定価（本体 2400 円＋税）
原 康夫 著	現代物理学	定価（本体 2100 円＋税）
原・岡崎 著	工科系のための現代物理学	定価（本体 2100 円＋税）
松下 貢 著	物理数学	定価（本体 3000 円＋税）
岡部 豊 著	統計力学	定価（本体 1800 円＋税）
香取眞理 著	非平衡統計力学	定価（本体 2200 円＋税）
小形正男 著	量子力学	定価（本体 2900 円＋税）
松岡正浩 著	量子光学	定価（本体 2800 円＋税）
窪田・佐々木 著	相対性理論	定価（本体 2600 円＋税）
永江・永宮 著	原子核物理学	定価（本体 2600 円＋税）
原 康夫 著	素粒子物理学	定価（本体 2800 円＋税）
鹿児島誠一 著	固体物理学	定価（本体 2400 円＋税）
永田一清 著	物性物理学	定価（本体 3600 円＋税）

裳華房ホームページ　http://www.shokabo.co.jp/　　2017 年 3 月現在